素粒子物理

現代物理学叢書

素粒子物理

戸塚洋二著

岩波書店

現代物理学叢書について

小社は先年，物理学の全体像を把握し次世代への展望を拓くことを意図し，第一級の物理学者の絶大な協力のもとに，岩波講座「現代の物理学」(全21巻)を2度にわたって刊行いたしました．幸い，多くの読者の厚いご支持をいただき，その後も数多くの巻についてさらに再刊を望む声が寄せられています．そこで，このご要望にお応えするための新しいシリーズとして，「現代物理学叢書」を刊行いたします．このシリーズには，読者のご要望に応じながら，岩波講座「現代の物理学」の各巻を順次できるかぎり収めてまいります．装丁は新たにしましたが，内容は基本的に岩波講座の第2次刊行のものと同一です．本シリーズによって貴重な書物群が末永く読みつがれることを願ってやみません．

まえがき

素粒子の実験屋は，中間子や陽子，中性子などを日常的に観測している．実験の立場からは，それらはまさに粒子である．つまり，エネルギーと運動量の保存，さらにLorentz力の法則を使えば，それらの挙動を正確にとらえることができる．適当な検出器を使えば，粒子の飛跡を見ることもできる．しかし，中間子や陽子，中性子の特性や相互作用の詳細は，古典的な描像がまったく当てはまらないことを明示している．また，それらは有限な大きさをもち，複雑な内部構造があることも分かっている．素粒子の実験屋は複雑な作業が嫌いであるから，内部構造の影響が効かないさらに高いエネルギーで仕事を行ない，中間子などの粒子は単にプローブとして使っているのみである．

素粒子とは究極の粒のことであるから，内部に構造があってはならないし，作用する力もたいへん単純であるべきである．願わくんば力は1種類であってほしいし，素粒子の数も最小限であってほしい．原子の発見から始まった素粒子の研究は，現在でもこの素朴な原則で行なわれている．

われわれは現在，クォークとレプトンという名で総称される粒子にようやくたどりついた．世界最大の加速器を使った実験によっても，クォークやレプトンの内部構造は見えない．力は4種類みつかっているが，現在われわれが実験しているエネルギー領域でクォークやレプトンをみるかぎり，重力を除外した

3つの力で十分である．クォークとレプトンは探し求めていた究極の素粒子だろうか．イエスかも知れないし，ノーかも知れない．

クォークとレプトンを点状の素粒子と考え，作用する3種類の力をゲージ不変性の原理をもとに定式化した理論を標準模型という．不幸なことに，加速器実験で得られた結果は，すべて標準模型で説明することができる．なぜ不幸かというと，第1にもうやることがなくなってしまうこと，第2に，標準模型は究極の素粒子理論ではないことが分かっており，したがって現在の実験結果は究極の素粒子理論に向けてのとっかかりを何も与えてくれないからである．

そこで，われわれ実験屋のあらゆる努力は，標準模型に矛盾した現象を発見する熾烈な競争に向けられている．そのために，われわれは加速器のみならず，天に上がって宇宙をにらみ，地に潜って地球外から飛来するニュートリノを捕らえ，いつ起こるかも知れない陽子崩壊をじっと待っている．また，多くの研究者が国家的事業として超大型加速器の建設を推進している．これらの努力が報われるかも知れないし，報われないかも知れない．

要するに素粒子物理学は現在，まさに大きな曲がり角にかかっているのである．著者が本書の執筆を頼まれた理由は，もしかすると，加速器実験のみならず，ニュートリノ宇宙物理学や陽子崩壊実験にも携わり，素粒子の見方が伝統的な高エネルギー実験屋より少しひねくれているためかも知れない．

本書は以上のような素粒子物理学の現場で作業している一研究者が，日頃考えていることをまとめて教科書にしたものである．第1章で素粒子物理学の現状を概観する．後の章はそれに肉付けをしたものである．第2章は最低限必要な理論の準備にあてられている．くわしくは本講座第3巻『量子力学』(河原林研著)，第5巻『場の量子論』(大貫義郎著)と第20巻『ゲージ場の理論』(藤川和男著)を勉強しなければならない．

第3章は標準模型を解説する前段階で，いくつかの実験結果とともに，結果と比較するための計算式を示してある．第4章と第5章は標準模型と実験結果の解説で，本書の主要部分である．ただし，紙数の関係でいくつかの重要なテーマ，たとえば高エネルギーニュートリノ散乱や電子散乱の記述を省かざるを得なくなった．何を重点的に取り上げるかには，むろん著者の嗜好と過去の経験が反映されている．本書では著者が昔参加し，経験のある電子・陽電子衝突の実験の記述がほとんどを占めることになった．

第6章と第7章は，標準模型を越えようとする努力と，もしかしたら標準模型を越えた新しい現象かも知れない観測結果を記述する．第7章も著者の嗜好が濃厚に反映されているので注意を要するが，よい演習問題と思って読んでいただきたい．

大昔の宇宙に，陽子や中性子さえ溶かしてしまう超高温の世界があったかどうかは，素粒子物理学にもたいへん重要な意味をもつ．この方面での実験的・観測的研究はようやく始まったばかりであり，目の離せないテーマである．本書にもときどき宇宙と関連した記述がでてくるが，本講座第11巻『宇宙物理』(佐藤文隆著)も参照して欲しい．

本書のどこかにまだ見当違いな記述があるかも知れず，いささか心配であるが，もし見つけたら，見当違いのままでもこの分野で生きていかれる証拠と思っていただきたい．実験屋は常にオプティミストである．

最後に，本書の執筆を強くお勧めいただいた編集委員の佐藤文隆先生，大貫義郎先生に，このような機会を与えて下さったことを感謝いたします．また執筆にさいして，荒船次郎先生にいろいろと貴重なご助言をいただきました．厚くお礼申し上げます．

1992年3月24日

戸塚洋二

目次

1 概観

本章で素粒子物理学を概観する．過去に陽子や中性子を究極の粒子と考えて素粒子と名づけたが，それらの粒子がさらに内部構造をもつことがわかった．「素」という語を使う際には慎重を要する．そこで，素粒子物理学を単に粒子物理学という方が一般的である．以下で述べることは粒子物理学に関する今日の現状であって，決して後の章のための準備段階ではない．個々のくわしい議論は後の章で行なう．したがって，もし本章での議論がすべて理解できているならば，その読者は本書を読む必要はない．

1-1 目的と現状および将来

素粒子物理学(particle physics)の目的は2つある．まず，物質を構成している根源的な粒子を同定すること，次に，それらの粒子間に作用する力の法則を解明することである．現実には，粒子間に働く力は4種類あることが知られているが，研究者の努力は各力の法則間の関係の解明，そして最終的にはそれらの法則を統一する方向にいくものと思われる．また，粒子に付属する特性(種類数，質量など)も最終法則によって規定されると思ってよい．要するに，素粒子物理学は，宇宙を記述する最も基本的な方程式を探索することを目的とするものである．当然のことながら，その方程式は必要にして十分なパラメーターのみによって記述されねばならない．

大上段に振りかぶった議論を行なったが，じつは素粒子物理学を専門に研究している研究者の信条はもっと単純なものであろう．すなわち，そこにまだ未知の真実が隠されているから研究するのである．宇宙を記述する**最終理論**(theory of everything)がそもそも存在するかどうかは全くわからない．そこには，宇宙は単純であるべし(principle of simplicity)という希望的観測がはいっていることも確かである．

物理学は自然を探求する学問であるから，単位をもつ数値が本質的役割を演じる．自然を記述するのに必要な最小限の単位は，「距離」,「時間」および「質量」である．すなわち，物理学にはどうしても3つのパラメーターが必要である．われわれはすでに3つの基本的定数を知っている．それらは，光速 c,

$$c = 299{,}792{,}458 \quad \mathrm{m/s} \tag{1.1}$$

Planck 定数(を 2π で割ったもの) $\hbar$,

$$\hbar = 6.5821220 \times 10^{-22} \quad \mathrm{MeV \cdot s} \tag{1.2}$$

および，重力定数 G_{N},

$$G_{\mathrm{N}}/\hbar c = 6.70711 \times 10^{-39} \quad (\mathrm{GeV}/c^2)^{-2} \tag{1.3}$$

である．ただし，使用した単位系は素粒子物理学でよく使われるものを用いた．

われわれは本書の中で大量のパラメーター(物理量)に遭遇するが，素粒子物理学の希望は，それらのパラメーターを3つの基本的パラメーターによって表現することである，と考えてもよいと思う．

素粒子物理学の現状は，以上の目標を達成するための一歩をようやく踏み出したところである．現在，根源的粒子は**クォーク**と**レプトン**であると考えられている．クォークとレプトンにさらに構造があるという実験的証拠はない．クォークは6種類，レプトンも6種類あることがわかっている．クォークとレプトンはよい対称性をもっている．

粒子は「場」として記述できる．粒子間に働く力は，よく知られているように4種類，**重力**，**弱い力**，**電磁力**，**強い力**が存在する．重力はあまりにも弱く，現在素粒子実験が可能なエネルギー領域では完全に無視できるが，理論面では粒子間に働く重力(量子重力)の研究が活発に行なわれている．弱い力と電磁力は統一した記述が可能で，**電弱力**とよばれる．この電弱統一理論は近年における素粒子物理学の最大の業績である．

これらの力による粒子間の相互作用，すなわち，強い相互作用および電弱相互作用は，**ゲージ場**の理論によって記述されるというモデルが**標準模型**であって，現在までの「あらゆる」実験事実はこの標準模型に矛盾せず，不幸なことに，年々実験と標準模型の一致はよくなるばかりである．この事実は一見大変な成果のように見える．しかし，標準模型は依然として理論では決定できない18のパラメーターを含んでおり，とうてい最終理論といえるものではない．現在最も必要とされていることは，標準模型を越える新しい実験事実の発見である．新事実がもし1つでも発見されれば，1970年代に起こった怒濤のような進歩が間違いなく起こるであろう．素粒子物理学はちょうどそのような過渡期にかかっている．

最後に，1000年後にまだ素粒子物理学の研究が存在するかという質問に対するR. Feynmanの回答を又聞きではあるが書いておこう．答えは，終わっている．なぜなら，1000年たたないうちに最終理論が得られ，もうやることがなくなる．または，最終理論が得られない場合には，退屈さのために誰も興味をもたなくなる．このペシミズムには素粒子物理学が固体物理学や生物物理学などの分野と比較して，本来単純な学問であるという思いがあるからであろう．しかし，実験においても理論においても，われわれは当分このような心配をする必要はなさそうである．

1-2 単位系

以後，本書でよく使われる単位系を要約しておく．

エネルギーはeVが基本単位で，1000倍増える毎に，keV, MeV, GeV,

TeV と表わされる．1 TeV＝1.6 erg である．運動量は eV/c が基準で，GeV/c などと表わす．長さは fm（フェルミ，10^{-13} cm）が基準である．散乱断面積は cm^2，および b（バーン，$10^{-24}\,\mathrm{cm}^2$）であり，1/1000 ずつ減る毎に，mb，μb，nb，pb と表わす．質量は $E=mc^2$ の関係から，eV/c^2 が基準となり，たとえば，電子の質量は 0.511 MeV/c^2 となる．また簡単に c^2 を略して eV で表わすことも多い．

力の強さは**結合定数**として表現される．電磁力の結合定数は電子の電荷の絶対値 e であるが，無次元化して**微細構造定数** α が使用される．

$$\alpha = \frac{e^2}{4\pi\hbar c} = \frac{1}{137.0359895} \tag{1.4}$$

強い相互作用では結合定数は g_s，構造定数は α_s と書き，(1.4)式と同様な関係式がある．ただし構造定数を単に結合定数とよぶことも多いので，文面から g なのか α なのかを区別する必要がある．

最も頻発するパラメーターは c と $\hbar$ であるので，$c=\hbar=1$ と置いた単位系を使用するのが常識である．また，必要なときには Boltzmann 定数 k も 1 と置く．すなわち，温度 T を［eV］の単位で話をするわけである．われわれが使用する**断面積**や**崩壊寿命**は関与する粒子の質量やエネルギーの関数として表わされる．たとえば，

$$\mathrm{e}^+ + \mathrm{e}^- \to \mu^+ + \mu^- \tag{1.5}$$

という反応の断面積 σ は，重心系におけるビームエネルギーを E として，

$$\sigma = \frac{\pi\alpha^2}{3E^2} \tag{1.6}$$

と表わされる．ただし，α は微細構造定数である．右辺の単位は eV^{-2} であり，左辺は cm^2 である．この式に c と $\hbar$ を適当にいれて，両辺が等しい単位をもつようにする．それには，

$$\hbar c = 197.327 \quad \mathrm{MeV \cdot fm} \tag{1.7}$$

が最も便利である．具体的数値を扱う実験家は $\hbar c$ を 0.2 GeV･fm と必ず記憶しておかなければならない．これを知っていれば，(1.6)式の右辺に $(\hbar c)^2$ を

かければ直ちに正しい数値が得られる．すなわち，E を GeV 単位で測ると，$\sigma=\pi\alpha^2(\hbar c)^2/3E^2=(22/E^2)$ nb となる．

もう 1 つ例を挙げておく．π^+ メソンの質量 m は，140 MeV/c^2 である．Compton 波長 $\lambda\!\!\!^-$（波長 λ を 2π で割ったもの）は $1/m$ であるから，それを長さの単位に直すには，

$$\lambda\!\!\!^- = \frac{\hbar c}{mc^2} \tag{1.8}$$

として，197/140 fm＝1.41 fm．したがって，π^+ メソンの Compton 波長の 2 乗は 2.0×10^{-26} cm²，すなわち，20 mb である．π^+ メソンは強い相互作用をする代表的な粒子であるが，20 mb に π をかけた 60 mb は強い相互作用の典型的な断面積を表わすので，かつては π^+ メソンの Compton 波長の 2 乗＝20 mb も実験家がかならず記憶しなければならない基本的な数値であった．現在は e^+e^- 反応が基本であるので，むしろ(1.6)式を 88 nb/$(2E(\text{GeV}))^2$ とおぼえている人が多い．ただし，$2E$ は重心系全エネルギーを GeV で測ったものである．

弱い相互作用の結合定数は伝統的に **Fermi 定数** G_F とよばれている．その数値は，

$$G_\text{F}/(\hbar c)^3 = 1.16637\times10^{-5}\quad \text{GeV}^{-2} \tag{1.9}$$

である．たとえば，荷電レプトンの 1 つミューオン μ^- は平均寿命 $\tau=2.2\,\mu$s (2.2×10^{-6} s)で，次のような粒子に崩壊する．

$$\mu^- \to \nu_\mu \mathrm{e}^- \bar{\nu}_\mathrm{e} \tag{1.10}$$

ミューオンの**崩壊率** Γ（単位：s^{-1}）は平均寿命 τ の逆数であるが，弱い相互作用から

$$\Gamma = \tau^{-1} = \frac{G_\text{F}{}^2 m^5}{192\pi^3} \tag{1.11}$$

と計算されている．ここで m はミューオンの質量で，105.7 MeV である．読者は平均寿命が 2.2 μs になることを確かめられたい．

G_F は電磁力や強い力の結合定数 α，α_s と異なり，重力と同様な GeV^{-2} の次

元をもっている．いま，

$$G_{\rm F} = 1/m_{\rm F}{}^2 \tag{1.12}$$

$$G_{\rm N} = 1/m_{\rm Pl}{}^2 \tag{1.13}$$

と置くと，

$$m_{\rm F} = 293 \quad {\rm GeV} \tag{1.14}$$

$$m_{\rm Pl} = 1.22\times 10^{19} \quad {\rm GeV} \tag{1.15}$$

となり，弱い力および重力に固有のエネルギースケールとなっている．$m_{\rm Pl}$は特に**Planck 質量**とよばれ，重力を扱うときによく出合う基本定数であり，宇宙論に関わりをもつ者は必ず記憶しておく必要がある．

$m_{\rm F}$，$m_{\rm Pl}$が何を意味するかについて付言しておく．全重心系エネルギー$E_{\rm cm}$をもつ相互作用においては，不確定性原理から$1/E_{\rm cm}$の空間的広がりが反応に関与する．したがって，この相互作用の断面積は大ざっぱにいって$\pi E_{\rm cm}{}^{-2}$以下である．弱い相互作用に関与する次元をもった量は高エネルギーでは$G_{\rm F}$と$E_{\rm cm}$のみである．断面積σの次元は$[{\rm E}^{-2}]$であるから，次元的に考えて可能な表現は

$$\sigma = G_{\rm F}{}^2 E_{\rm cm}{}^2 \tag{1.16}$$

である．すなわち，断面積σは重心系エネルギーの2乗に比例して増大する．しかし，σは$\pi E_{\rm cm}{}^{-2}$よりも小さくなければならないことから，$E=m_{\rm F}$あたりで，弱い相互作用は許される最大の強さになってしまう，つまり次元をもった定数$G_{\rm F}$のためにエネルギー$m_{\rm F}$で論理的に矛盾をきたすことになる．このように，$m_{\rm F}$は弱い相互作用の論理が破綻するエネルギーを示している．この困難を克服したのが，弱い相互作用と電磁相互作用を統一した**電弱統一理論**なのである．

重力の一般相対性理論も同様に関与するエネルギーがPlanck質量の近辺で破綻をきたすはずである．この困難をどのように克服するかという問題に対する解答はまだないし，実験的にそれが問題となるのは遠い将来のことである．

また，なぜこのように17桁も違う2つのエネルギースケールが，相互に干渉しあわずに存在できるのかは，現在でも素粒子物理学の謎の1つである．

1-3 Lorentz 不変性

われわれが扱う粒子間の反応は，粒子の静止エネルギーより大きいのが普通である．したがって，運動する系を考えるときには，必ず特殊相対性理論に由来する Lorentz 変換を考えなければならない．また，Lorentz 変換の煩雑さをなくすため，理論式は Lorentz 不変量を用いて表現される．以下によく使用される Lorentz 不変量を説明する．

図 1-1 のように，粒子 1 と 2 が衝突して粒子 3 と 4 になった反応を考える．

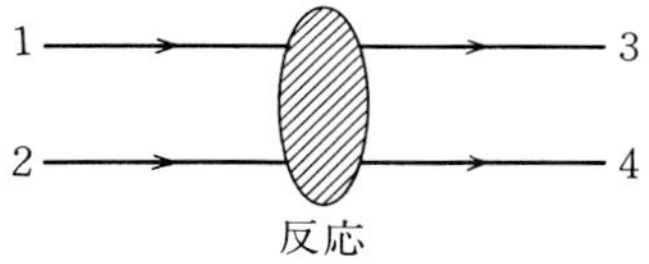

図 1-1 粒子 1 と粒子 2 が反応して，粒子 3 と粒子 4 になる反応．

粒子 i のエネルギー運動量を $p_i(E_i, \boldsymbol{p}_i)$，質量を m_i とする．よく知られているように，2 つの 4 元ベクトル $p^\mu(p_0, \boldsymbol{p})$，$q^\mu(q_0, \boldsymbol{q})$ の積

$$p \cdot q = p_\mu q^\mu = p_0 q_0 - \boldsymbol{p} \cdot \boldsymbol{q} \tag{1.17}$$

は Lorentz 不変量である．ただし，q_μ は q^μ の共変形ベクトルで，$(q_0, -\boldsymbol{q})$ と空間成分の符号が逆になっている．むろん，$m_1{}^2 = p_1 \cdot p_1 = p_1{}^2 = E_1{}^2 - \boldsymbol{p}_1{}^2$ である．これを使用して，

$$s = (p_1 + p_2)^2 = (p_1 + p_2)^\mu (p_1 + p_2)_\mu = (p_3 + p_4)^2 \tag{1.18}$$

は不変量であり，重心系は $\boldsymbol{p}_1 + \boldsymbol{p}_2 = 0$ の系であるから，s は重心系全エネルギーの 2 乗 $(E_1 + E_2)^2 = (E_3 + E_4)^2$ に等しい．s を用いると(1.6)式は

$$\sigma = \frac{4\pi}{3} \frac{\alpha^2}{s} \tag{1.19}$$

となり，σ を Lorentz 不変量 s で表わすことができる．

交換運動量(momentum transfer squared)は

$$t = q^2 = (p_1 - p_3)^2 = (p_2 - p_4)^2 \tag{1.20}$$

である．ただし $q = p_1 - p_3 = p_4 - p_2$ である．たとえば，図 1-1 で粒子 1 と 2 の

弾性散乱を考える．すなわち，$m_1=m_3$，$m_2=m_4$．重心系では，$|\boldsymbol{p}_1|=|\boldsymbol{p}_3|=|\boldsymbol{p}_2|=|\boldsymbol{p}_4|=p$ である．このとき，

$$t = p_3{}^2+p_1{}^2-2p_3\cdot p_1 = 2m_1{}^2-2(E_1{}^2-p^2\cos\theta) \tag{1.21}$$

ただし，θ は散乱角である．前方散乱($\theta\ll 1$)で，かつ高エネルギー($E_1\gg m_1$)とすると，

$$t = -(p\theta)^2 = -p_{\mathrm{t}}{}^2 \tag{1.22}$$

となる．ただし，p_{t} は横向き運動量($p_{\mathrm{t}}=p\sin\theta$)といわれる量で，Lorentz 不変量である．このように t は一般に負であるから，

$$Q^2 = -q^2 = -t \tag{1.23}$$

なる正の量がよく使われる．

1-4 クォークとレプトン

レプトンは直接観測にかかる粒子であり，荷電レプトンと電気的に中性なニュートリノに分類される．スピンは1/2．レプトンの最大の特徴は，それらが強い力を感じないことである．荷電レプトンはさらに3種類，電子，ミューオン，タウオンに分かれ，それに対応してニュートリノにも電子ニュートリノ，ミューニュートリノ，タウニュートリノが存在する．タウニュートリノの直接観測はまだ成功していないが，タウオンの崩壊の詳細な解析から，タウニュートリ

表 1-1 レプトン

名称	Q	J	I^3	M(MeV)	τ(s)
e	-1	1/2	$-1/2$	0.51099	∞
μ	-1	1/2	$-1/2$	105.658	2.197×10^{-6}
τ	-1	1/2	$-1/2$	1784 ± 4	$3.04\pm0.09\times10^{-13}$
ν_{e}	0	1/2	1/2	<0.00001	
ν_μ	0	1/2	1/2	<0.25	
ν_τ	0	1/2	1/2	<35	

〔注〕 Q：電荷(e を単位として)，J：スピン，I^3：弱アイソスピンの第3成分，M：質量，τ：平均寿命．ニュートリノの寿命はまだ測定されていない．

ノの存在は確実であると考えてよい．表1-1にその特性をまとめてある．

荷電レプトンは高エネルギー e^+e^- 反応，

$$e^+ + e^- \to l^+ + l^- \tag{1.24}$$

によって，くわしく調べることができる．ただし，$l^{+,-}$ は荷電レプトンを表わす．この反応には強い力が関与せず，$\mu^+\mu^-$ および $\tau^+\tau^-$ 生成全断面積は電磁力によって計算され，(1.19)式で与えられる(e^+e^- 生成断面積はもうすこし複雑である)．この式は荷電レプトンが点状であり構造をもたないとした場合で，もし構造があるとすると，(1.19)式に構造関数*といわれる係数がかかる．したがって，上の反応の精密測定により，荷電レプトンの広がりを調べることができる．結果は，広がりの程度を r_l とすると，

$$r_l < 10^{-16} \quad \mathrm{cm} \tag{1.25}$$

となり，広がりを示す実験的証拠はない．

荷電レプトンのうち電子のみが安定で，μ や τ レプトンは弱い力の作用のもとに崩壊する．電子ニュートリノはたぶん安定であろうが，ν_μ や ν_τ の寿命はそれらの質量と，e, μ, τ を区別している量子数(電子数，ミュー粒子数，タウ粒子数とよばれる)の破れの度合いに依存している．現在のところ質量，安定性ともに実験的に有限な値が観測されていない．また，使用するパラメーターの値が不明なので，寿命の理論的予想もない．

電子はわれわれを形作っている物質の重要な構成粒子である．ニュートリノは中性であるため，物質を構成することはできないが，宇宙の重要な構成粒子である(ビッグバン宇宙を仮定したとき)．

実験で直接観測にかかる粒子としては，その他に，強い力を感じるメソンとバリオンがあり，電磁力や弱い力も作用する．バリオンは，それらがたとえ崩壊したとしても崩壊産物として必ず陽子 p が残るものをいう．典型的なバリオンは陽子と中性子である．バリオンの一種 Σ^+ は，$\Sigma^+ \to p\pi^0$ のように崩壊す

* 構造関数 $F(r)$ はふつう $F(r) = \exp(-r^2/r_e^2)$ のような Gauss 型を仮定する．不確定性原理から，運動量に対して，$F(q^2) = \exp(-q^2/\Lambda^2) \cong 1/(1+q^2/\Lambda^2)$ のようになる．ただし q^2 は交換運動量(1.21)である．点粒子を仮定したときの断面積 σ に対して構造の効果は $\sigma[F(q^2)]^2$ となる．

る．これに対してメソンは，崩壊によって最終的にレプトンとフォトンになってしまう．たとえば，π^+メソンは$\pi^+\to\mu^+\nu_\mu$のように崩壊する．メソンとバリオンはスピンと質量に関して，じつに多様性に富んでいる．同種のメソンで電荷の異なるものが多くある．たとえば，π^+, π^0, π^- は同じパイメソンの異なった電荷表現になっている．よく知られているように，電荷 $+, 0, -$ をスピンの第3成分のように考えれば，アイソスピンなる量が考えられ，荷電表現を分類することができる．たとえば，パイメソンはアイソスピン1をもつ粒子である．アイソスピンの多様性を考えずに現在その存在が観測されている粒子を数えてみると（すなわち，π メソンを1つと数える），メソンで 72個，バリオンで61個となる（1990年現在）．表1-2および表1-3に粒子の名称，質量，アイソスピン，G パリティー，スピン，パリティー，荷電共役性を示す．

さらに，バリオンである陽子や中性子は高エネルギー電子との弾性散乱がくわしく調べられ，両者ともに有限な広がりと構造をもつ粒子であることがわかった．そこで，約130個にもなるメソンやバリオンをさらに基本的な粒子の複合状態と考えるのが最も自然であり，当然のことながら，必要にして最小限の基本粒子が導入された．これがクォークである．

メソンをクォーク・反クォーク（クォークの反粒子）の束縛状態，またバリオンを3つのクォークの束縛状態と考える．そのとき，観測されたメソンとバリオンの種類および電荷状態は6種類のクォークの組合せで作ることができる．ただし，それらのクォークが保持しなければならない量子数は一義的に決まって，表1-4のようになる．ここでクォークの種類は**フレーバー**（香り）とよばれ，u, d, s, c, b と書く．クォークは当然のことながら半端なバリオン数と電荷をもつ．長らく存在が確認されなかったtクォークも，1995年，ようやく観測にかかった．tクォークの存在によりレプトンとクォークの弱アイソスピンの対応がたいへんよくなる．

表1-5はクォーク・反クォーク束縛状態と観測されたメソンの対応を示してある．図1-2にバリオンが3個のクォークによってどのように作られているかを示した．クォークや反クォークを結びつけているのは強い力である．その理

表1-2 メソン(•は存在が確実なもので，短寿命($\tau \leqq 10^{-22}$ s).
†は存在が確実なもので，長寿命($\tau \cong 10^{-17} \sim 10^{-8}$ s))

非ストレンジ($S=0$)						ストレンジ($\lvert S \rvert=1$)	
名称	$I^G(J^{PC})$	名称	$I^G(J^{PC})$	名称	$I^G(J^{PC})$	名称	$I(J^P)$
† π (140)	$1^-(0^{-+})$	• ω_3 (1670)	$0^-(3^{--})$	• η_c (1S)(2980)	$0^+(0^{-+})$	† K (495)	$1/2(0^-)$
† η (550)	$0^+(0^{-+})$	• π_2 (1670)	$1^-(2^{-+})$	• J/ψ(1S)(3097)	$0^-(1^{--})$	• K* (892)	$1/2(1^-)$
• ρ (770)	$1^+(1^{--})$	• ϕ (1680)	$0^-(1^{--})$	• χ_{c0}(1P)(3415)	$0^+(0^{++})$	• K_1 (1270)	$1/2(1^+)$
• ω (783)	$0^-(1^{--})$	• ρ_3 (1690)	$1^+(3^{--})$	• χ_{c1}(1P)(3511)	$0^+(1^{++})$	• K_1 (1400)	$1/2(1^+)$
• η' (958)	$0^+(0^{-+})$	• ρ (1700)	$1^+(1^{--})$	• χ_{c2}(1P)(3556)	$0^+(2^{++})$	• K* (1415)	$1/2(1^-)$
• f_0 (975)	$0^+(0^{++})$	• f_2 (1720)	$0^+(2^{++})$	• ψ (2S)(3686)	$0^-(1^{--})$	• K_0^* (1430)	$1/2(0^+)$
• a_0 (980)	$1^-(0^{++})$	• f_2 (2010)	$0^+(2^{++})$	• ψ (3770)	(1^{--})	• K_2^* (1430)	$1/2(2^+)$
• ϕ (1020)	$0^-(1^{--})$	• f_4 (2050)	$0^+(4^{++})$	• ψ (4040)	(1^{--})	• K* (1715)	$1/2(1^-)$
• h_1 (1170)	$0^-(1^{+-})$	• f_2 (2300)	$0^+(2^{++})$	• ψ (4160)	(1^{--})	• K_2 (1770)	$1/2(2^-)$
• b_1 (1235)	$1^+(1^{+-})$	• f_2 (2340)	$0^+(2^{++})$	• ψ (4415)	(1^{--})	• K_3^* (1780)	$1/2(3^-)$
• a_1 (1260)	$1^-(1^{++})$			• Υ (1S)(9460)	(1^{--})	• K_4^* (2075)	$1/2(4^+)$
• f_2 (1270)	$0^+(2^{++})$			• χ_{b0}(1P)(9860)	$(\ ^{++})$	チャーム($\lvert C \rvert=1$)	
• η (1280)	$0^+(0^{-+})$			• χ_{b1}(1P)(9892)	(1^{++})		
• f_1 (1285)	$0^+(1^{++})$			• χ_{b2}(1P)(9913)	(2^{++})	† D (1865)	$1/2(0^-)$
• π (1300)	$1^-(0^{-+})$			• Υ (2S)(10023)	(1^{--})	• D* (2010)	$1/2(1^-)$
• a_2 (1320)	$1^-(2^{++})$			• χ_{b0}(2P)(10235)	$(\ ^{++})$	• D_1 (2420)	1/2(　)
• f_0 (1400)	$0^+(0^{++})$			• χ_{b1}(2P)(10255)	$(\ ^{++})$	† D_S (1972)	$0(0^-)$
• f_1 (1420)	$0^+(1^{++})$			• χ_{b2}(2P)(10269)	$(\ ^{++})$	† D_S^* (2113)	$0(0^-)$
• η (1430)	$0^+(0^{-+})$			• Υ (3S)(10355)	(1^{--})	ボトム($\lvert B \rvert=1$)	
• f'_2 (1525)	$0^+(2^{++})$			• Υ (4S)(10580)	(1^{--})	† B (5271)	$1/2(0^-)$
• f_1 (1530)	$0^+(1^{++})$			• Υ (10860)	(1^{--})	† B* (5330)	$1/2(0^-)$
• f_0 (1590)	$0^+(0^{++})$			• Υ (11020)	(1^{--})		

〔注〕 ∘ S はストレンジネス．名称の後に示す(　)内の数字は，質量を MeV で表わしたもの．$I^G J^{PC}$ は，順にアイソスピン，G パリティー，スピン，パリティー(P)，荷電共役性(C)を表わす．
∘ †のついた粒子は電弱相互作用の下で崩壊するが，•のついた粒子は強い相互作用で崩壊するため極めて短寿命である．
∘ $G=e^{i\pi I^2}C$ でよい固有値をもつもの．I^2 はアイソスピンの第2成分．強い相互作用において $G=+$ のメソンは偶数個の π に，また $G=-$ のメソンは奇数個の π に崩壊できる．ただし，電磁相互作用，弱い相互作用では G は反応の前後で保存されない．
∘ C は荷電共役性で，中性粒子に対してよい量子数である．(3-3節参照)

論である**量子色力学**(quantum chromodynamics，QCD)を応用すれば，原理的にメソンやバリオンの質量がすべて計算できるはずであるが，まだそこまでの計算はなされていない．

表 1-3 バリオン

N(939) P_{11}	Δ(1232)P_{33}	Λ(1116)P_{01}	Σ(1193)P_{11}	Ξ(1318)P_{11}
N(1440)P_{11}	Δ(1620)S_{31}	Λ(1405)S_{01}	Σ(1385)P_{13}	Ξ(1530)P_{13}
N(1520)D_{13}	Δ(1700)D_{33}	Λ(1520)D_{03}	Σ(1660)P_{11}	Ξ(1690)
N(1535)S_{11}	Δ(1900)S_{31}	Λ(1600)P_{01}	Σ(1670)D_{13}	Ξ(1820) $_{13}$
N(1650)S_{11}	Δ(1905)F_{35}	Λ(1670)S_{01}	Σ(1750)S_{11}	Ξ(1950)
N(1675)D_{15}	Δ(1910)P_{31}	Λ(1690)D_{03}	Σ(1775)D_{15}	Ξ(2030) $_{1}$
N(1680)F_{15}	Δ(1920)P_{33}	Λ(1800)S_{01}	Σ(1915)F_{15}	
N(1700)D_{13}	Δ(1930)D_{35}	Λ(1810)P_{01}	Σ(1940)D_{13}	Ω(1672)P_{03}
N(1710)P_{11}	Δ(1950)F_{37}	Λ(1820)F_{05}	Σ(2030)F_{17}	Ω(2250)
N(1720)P_{13}	Δ(2420)H_{311}	Λ(1830)D_{05}	Σ(2250)	
N(2000)F_{15}		Λ(1890)P_{03}		Λ_c(2285)
N(2080)D_{13}		Λ(2100)G_{07}		Σ_c(2455)
N(2190)G_{17}		Λ(2110)F_{05}		Ξ_c(2460)
N(2220)H_{19}		Λ(2350)H_{09}		
N(2250)G_{19}				
N(2600)I_{111}				

〔注〕 ( )内の数字は質量(MeV), 次はバリオンを複合粒子としてその角運動量状態を表わしたもので, L_{2S2J} である. ただし, L は軌道角運動量, S, J はスピン, 全角運動量を表わす. L_{2S2J} の表示が不完全なものはまだ実験的に確定されていない. (3-3 節参照)

N, Δ, Λ, Σ, Ξ, Ω の表示に対する量子数は以下のとおりである.

	I	B	S	C	B^*
N	1/2	1	0	0	0
Δ	3/2	1	0	0	0
Λ	0	1	−1	0	0
Σ	1	1	−1	0	0
Ξ	1/2	1	−2	0	0
Ω	0	1	−3	0	0
Λ_c	0	1	−1	1	0
Σ_c	1	1	−1	1	0
Ξ_c	1/2	1	−2	1	0

〔注〕 ここで, I : アイソスピン, B : バリオン数, S : ストレンジネス, C : チャーム数, B^* : ボトム数である.

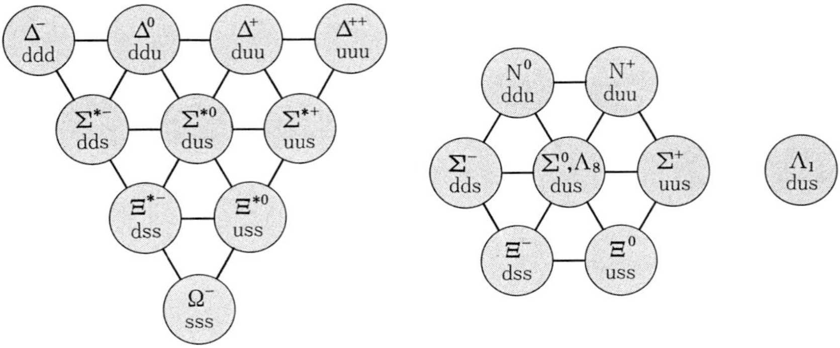

図 1-2 バリオンの構造をクォーク(u, d, s)の束縛状態で表わしたもの. 3-3 節でくわしく議論する.

表 1-4 クォークの種類数(フレーバー)と量子数

	量子数					
フレーバー	d	u	s	c	b	t
Q	$-\frac{1}{3}$	$+\frac{2}{3}$	$-\frac{1}{3}$	$+\frac{2}{3}$	$-\frac{1}{3}$	$+\frac{2}{3}$
I^3	$-\frac{1}{2}$	$+\frac{1}{2}$	0	0	0	0
S	0	0	−1	0	0	0
C	0	0	0	+1	0	0
B^*	0	0	0	0	+1	0
T	0	0	0	0	0	+1
B	$\frac{1}{3}$	$\frac{1}{3}$	$\frac{1}{3}$	$\frac{1}{3}$	$\frac{1}{3}$	$\frac{1}{3}$
I	$-\frac{1}{2}$	$\frac{1}{2}$	$-\frac{1}{2}$	$\frac{1}{2}$	$-\frac{1}{2}$	$\frac{1}{2}$
m	9.9±1.1	5.6±1.1	199±33	1350±50	~5000	176000 ±13000

〔注〕 Q:電荷, I^3:アイソスピンの第3成分, S:ストレンジネス, C:チャーム数, B^*:ボトム数, T:トップ数, B:バリオン数, I:弱アイソスピンの第3成分, m:質量(単位はMeV).

表 1-5 クォーク・反クォーク束縛状態と観測されたメソンとの対応

$^{2S+1}L_J$	J^{PC}	$u\bar{d}, u\bar{u}, d\bar{d}$ $I=1$	$u\bar{u}, d\bar{d}, s\bar{s}$ $I=0$	$c\bar{c}$ $I=0$	$b\bar{b}$ $I=0$	$\bar{s}u, \bar{s}d$ $I=1/2$	$c\bar{u}, c\bar{d}$ $I=1/2$	$c\bar{s}$ $I=0$	$\bar{b}u, \bar{b}d$ $I=1/2$
$^1S_0$	0^{-+}	π	η, η'	η_c		K	D	D_2	B
$^3S_1$	1^{--}	ρ	ϕ, ω	J/ψ	Υ	$K^*(892)$	$D^*(2010)$		
$^1P_1$	1^{+-}	$b_1(1235)$	$h_1(1170)$			K_{1B}			
$^3P_0$	0^{++}	$a_0(980)$	$f_0(975), f_0(1400)$	$\chi_{c0}(1P)$	$\chi_{b0}(1P)$	$K_0^*(1430)$			
$^3P_1$	1^{++}	$a_1(1260)$	$f_1(1285), f_1(1420)$	$\chi_{c1}(1P)$	$\chi_{b1}(1P)$	K_{1A}			
$^3P_2$	2^{++}	$a_2(1320)$	$f_2'(1525), f_2(1270)$	$\chi_{c2}(1P)$	$\chi_{b2}(1P)$	$K_2^*(1430)$			
$^1D_2$	2^{-+}	$\pi_2(1670)$							
$^3D_1$	1^{--}			$\psi(3770)$					
$^3D_2$	2^{--}					$K_2(1770)$			
$^3D_3$	3^{--}	$\rho_3(1690)$	$\omega_3(1670)$			$K_3^*(1780)$			

〔注〕 Iはアイソスピンの大きさを表わす. S, L, Jはそれぞれスピン, 軌道角運動量, 全角運動量であり, また, P, Cはパリティー, 荷電共役数を表わす. 軌道角運動量S, P, Dはそれぞれ0, 1, 2に相当する分光学的名称である. $\bar{d}$はdの反粒子を表わす. 他の$\bar{u}, \bar{s}, \bar{c}, \bar{b}$も同様である. (3-3節を参照)

いままで多くの実験でクォークの飛跡を直接観測しようとしたが成功しなかった．クォークは単独では存在できないらしい．これは量子色力学によって説明することができる．クォークの質量は直接測定が不可能なためあまり意味がないが，一応の目安を表 1-4 に示しておいた．

クォークによってメソンやバリオンの分類ができ，基本粒子の個数を大幅に減らすことができたが，そもそもクォークが実在するという実験的根拠はあるのだろうか．高エネルギー e^+e^- 衝突で，2 ジェット現象とよばれる反応がある．多数のメソンがシャワー状に集中して放出される現象を一般的にジェットとよぶが，e^+e^- 衝突では 2 つのジェットが直線状反対方向に放出される現象がよくみられる．図 1-3 に LEP とよばれる大型 e^+e^- 衝突器(コライダー)で観測された 2 ジェット現象を示してある．これは，重心系エネルギー $\sqrt{s}=90$ GeV で，

$$e^+ + e^- \rightarrow q + \bar{q} \qquad (1.26)$$

のように，クォーク対 $q\bar{q}$ が作られた反応である($\bar{q}$ は反クォークを表わす)．クォークは裸で飛び出すことができないので，直ちに多数のメソンに「分解」(fragmentation)してしまう．メソンは放出の際もつ横向き運動量(運動量の進行方向に垂直な成分)が小さい($p_t \cong 400$ MeV/c)ので，生成粒子は横にあまり広がらず前方に集中して出てくるのである．要するに，ジェット現象はクォークを「ほとんど」直接に観察していることになる．つまり，ジェットのエネルギーや放出角を測定すれば，それらはそのままクォークのエネルギーと放出角であると考えてよいのである．このようなジェット現象は他の高エネルギー反応，たとえば，pp 衝突や νp 反応でもよくみられ，クォークが放出されているのがわかる(p, ν はそれぞれ陽子とニュートリノを表わす)．

$q\bar{q}$ 対生成全断面積は q の電荷を Q として(e を単位として)，(1.19)式を少し拡張した

$$\sigma = \frac{4\pi}{3}\frac{\alpha^2 Q^2}{s} \qquad (1.27)$$

で与えられる．しかし，この式によって計算した断面積は実験的に得られたも

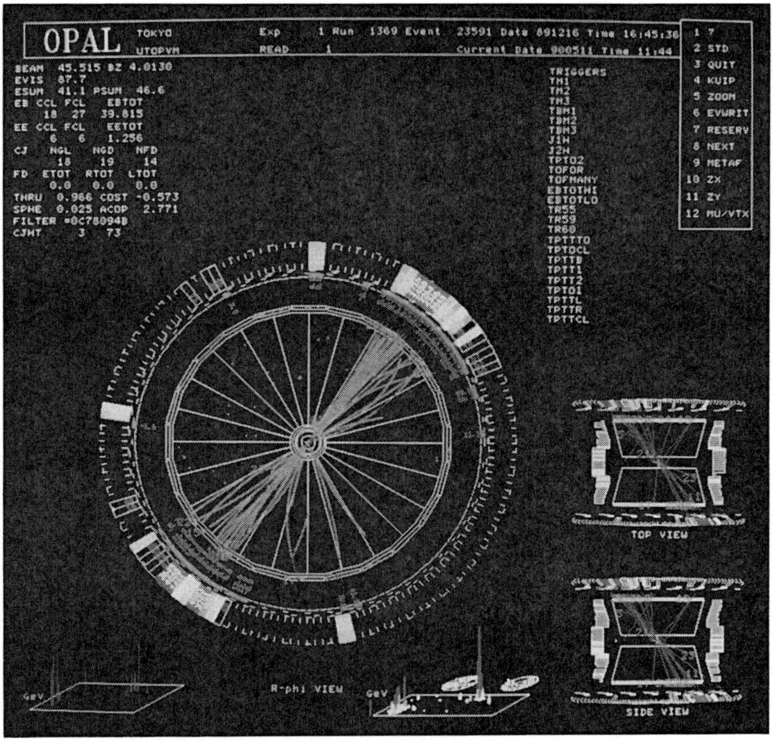

図 1-3 LEP の OPAL 測定器で観測された反応 $e^+e^- \to$ ハドロン群のグラフィックディスプレー．R-phi VIEW では，e^+ と e^- ビームが紙面に垂直に入射し，中心で衝突している．中心部で荷電粒子を測定し，その外側は電磁成分（γ や e）を測定する部分である．TOP VIEW，SIDE VIEW は上面図，側面図で，ビームは紙面に平行に走って中心で衝突している．下の，平面に棒が立ったような図（レゴプロット）は，側面の電磁成分測定器を展開して，各部のエネルギーの大きさを高さとして表わしたもの．2つのジェットに対応して，2つの大きなエネルギー流があることがわかる．（東京大学理学部素粒子物理国際センター提供）

ののちょうど 1/3 であった．この不一致は 1 つのクォークフレーバーにさらに 3 種類の自由度が存在しているとすれば解決することができる．これを**カラー自由度**といい，たとえば，u クォークは u_R, u_B, u_G のように色の 3 原色に相当する R, B, G のサフィックスをつけた 3 種類からなっている．他のフレーバーも同様である．R, B, G は**カラー荷**（color charge）または単純にカラーとよばれ，電磁力における電荷に相当して，強い力の発生源となるものである．自然に安定に存在できる粒子はすべてカラーが「無色」のものばかりである．裸のクォークが観測されないことがこれから理解できる．

クォークの構造は荷電レプトンの場合と同様にして，実験的に調べることができる．ただし，(1.27)式を3倍することを忘れてはいけない．結果はやはり，

$$r_{\mathrm{q}} < 10^{-16} \quad \mathrm{cm} \tag{1.28}$$

で，点状である．

クォークのうち，u クォークは最も質量が軽いので，電荷の保存により安定である(レプトンに半端電荷の粒子は存在しない)．他の重いクォークは弱い相互作用のもとで終局的に u クォークにまで崩壊する．バリオンのうち最も軽い陽子は非常に安定で，実験的にその崩壊は観測されていない(寿命$>10^{32}$年)．この事実を説明するために，バリオン数という量子数が導入され，バリオン数が正確に保存されると仮定して，陽子がずっと軽いレプトンに崩壊するのを防いでいる．たとえば，$\mathrm{p}\to\mathrm{e}^+\gamma$ という陽子崩壊は原理的に可能であるが，崩壊の前後のバリオン数はそれぞれ1と0であり，バリオン数が保存していないので，バリオン数保存を仮定すればこの崩壊を禁止することができる．しかし，大統一理論ではクォークとレプトンを同一に扱うので，バリオン数の保存は破れ，たとえば，

$$\mathrm{u}+\mathrm{u} \to \mathrm{e}^+ + \bar{\mathrm{d}} \tag{1.29}$$

という反応が可能で，陽子は結局，

$$\mathrm{p} = \mathrm{uud} \to \mathrm{e}^+ + (\bar{\mathrm{d}}\mathrm{d}) = \mathrm{e}^+ + \pi^0 \to \mathrm{e}^+ + \gamma + \gamma \tag{1.30}$$

のように崩壊するはずである．実験的検証が待たれている．

以上がレプトンとクォークに関する簡単な紹介である．これまで素粒子物理学はメソンやバリオン等の複合粒子を扱ってきたため，議論がたいへん複雑であった．しかし，今後の素粒子実験の大きな部分は，高エネルギー散乱で生成されたジェットを精密に解析することによってクォークの情報を直接引き出すことになろう．これによって議論が大幅に簡単化されるとともに，理論との直接比較が可能となる．

1-5 ゲージ粒子と Higgs 粒子

粒子間に作用する3種の力(重力を除く)は，粒子を記述する場の理論を基礎として定式化することができる．その際もっとも基本的な概念は，ゲージ変換と，理論のゲージ変換に対する不変性である．ゲージ変換は，質量をもたないベクトル粒子(スピン1の粒子で**ゲージ粒子**という)が介在することによって行なわれる．ゲージ不変性を要求することによって，ゲージ変換を受けるもともとの粒子とゲージ粒子との作用が発生する．この作用が，いま考えているゲージ変換に対応する力によるものと考えるわけである．この考えはもちろん電磁力の一般化により得た理論形式であるが，強い相互作用をも驚くほどよく説明できることがわかった．ゲージ不変性を武器として，弱相互作用を理解する試みが多く行なわれたが，電磁相互作用と弱相互作用を同時に考慮する(統一する)ことにより，その定式化が初めて成功した．それを**電弱統一理論**，または関与した人物の名前から，Glashow-Weinberg-Salam 理論とよばれる．

それでは各力に対応するゲージ粒子を挙げてみよう．表1-6がそれで，電磁力のフォトンはよく知られている．弱い力のゲージ粒子 W と Z は欧州原子核研究所(CERN)の高エネルギー $p\bar{p}$ コライダー(SP$\bar{\text{P}}$S)や e^+e^- コライダー(LEP)によって実験的に直接観測された．強い力のゲージ粒子であるグルーオンはカラーを有しているため，クォーク同様自然界に単独で存在できない．グルーオンの質量がゼロというのは，クォーク質量と同様に，予想値である．重力のゲージ粒子グラビトンは重力のゲージ理論から出てくるもので，重力波を量子化した粒子と考えればよい．重力は電磁力と同様に長距離力(r^{-2} 則)であるから，質量は当然ゼロで安定な粒子のはずである．

表1-6でもっとも目を引くのは W, Z がたいへん大きな質量をもっていることである．W, Z 粒子の有限質量は明らかにゲージ不変性を破る．電弱理論はこの困難を Higgs 機構(Higgs mechanism)によって巧妙に避けることができた．すなわち，ゲージ粒子はあくまで質量ゼロの粒子とし，W, Z の有限質量

表 1-6 ゲージ粒子

名　称	J^{PC}	質 量 (GeV)	崩壊幅 Γ (d) (GeV)	関与する力
γ (フォトン)	1^{--}	$< 3\times10^{-39}$	0	電磁力
$W^{+,-}$	1(a)	80.13 ± 0.3	< 6.5	弱い力
Z^0	1(a)	91.177 ± 0.031	2.497 ± 0.015	弱い力
$G_1 \sim G_8$ (グルーオン)	1^{-}(b)	0(c)	0	強い力
g (グラビトン)	2	0	0	重力(e)

〔注〕(a) 弱い力はパリティー，C を破るので定義できない．
(b) グルーオンは，$R\bar{B}$ のように複合カラーをもつので，C のよい量子状態になっていない．
(c) 単独で観測できないので実測は不可能である．
(d) 粒子の平均寿命 τ は，$\tau=\Gamma^{-1}$ で与えられる．
(e) 重力のゲージ粒子は原理的に考えられるが，重力理論の量子化にまだ成功していない．

は真空すなわち最低エネルギー状態の変更によっておこるとされる．これを簡単に説明するには，プラズマ中に置かれた電子の Coulomb 場がよいアナロジーとなる．電子はプラズマ中の陽イオンを近くに引き寄せて，自分の負電荷を遮蔽し(Debye shielding)，結果的に Coulomb 場を短距離力にしてしまう．いま，イオン(または電子)の数密度を n，プラズマ温度を T(イオン，電子は同じ温度とする)としたとき，

$$m^2 = \frac{ne^2}{T} = \frac{4\pi n\alpha}{T} \tag{1.31}$$

とすると，Debye 長 λ は，$\lambda=1/m$ となり，電場のポテンシャル ϕ の満たす Poisson 方程式は，原点以外で

$$\Delta\phi - m^2\phi = 0 \tag{1.32}$$

この解はよく知られているように，

$$\phi = \frac{e^{-mr}}{r} \tag{1.33}$$

でたしかに短距離力となった．(1.31)式は質量 m をもつ粒子に対応した場の

方程式(Klein-Gordon 方程式)にほかならない(2-1 節参照). すなわち, ゲージ粒子のフォトンγはプラズマの影響によって等価的に質量mをもったことになる.

電弱理論においては, 上記のプラズマに相当する役割を果たすものとしてHiggs 場とよばれる場ϕを新しく導入する. 空間にベタッとはりついた場ϕの影響によって, ゲージ粒子 W, Z が等価的に質量をもつことになる. 真空の場ϕは本来観測にかからないが, その影響で新しく中性のスカラー粒子ηの存在を予言する. ηは**Higgs 粒子**(Higgs particle)とよばれる. 残念ながら, 電弱理論のみではHiggs 粒子の質量を予言することができない. Higgs 粒子はW, Z 粒子同様, 電弱相互作用に関与するクォークやレプトンにも質量を付与する役割を負っていると考えられている.

このように, Higgs 粒子は電弱理論および粒子の質量の起源に本質的な役割を担っており, 過去10数年に建設されたほとんどの巨大コライダーが第1に掲げた目標がHiggs 粒子の直接観測であったのである. 残念ながらまだ発見されておらず, Higgs 粒子の質量m_ηは

$$m_\eta > 46 \quad \mathrm{GeV} \tag{1.34}$$

と下限が与えられているのみである.

1-6 素粒子実験

素粒子実験は典型的な巨大科学である. 典型的な素粒子実験とは, 粒子(電子, 陽電子, 陽子, 反陽子をよく使う)を高エネルギーに加速して相互に衝突させ, 衝突で発生した粒子のエネルギーや放出角を測定する(図1-4). また, 加速された高エネルギー粒子を適当な物質に入射して, 希望する粒子(ミューニュートリノ, ミューオンやπ, K メソン)をビームとして取り出す. それらの2次粒子を標的にぶつけて生成された粒子のエネルギーや放出角を測定することもよく行なわれている実験である. しかし, 現在では相互衝突型実験が主流を占めている. 表1-7に代表的な加速器を示した.

図 1-4 e^+e^- コライダー TRISTAN. わが国で作られた最も大きな加速器であり，わが国の多くの大学や研究機関が共同で製作・運転し，大きな成果を上げた.（高エネルギー物理学研究所提供）

アメリカの陽子・陽子コライダー SSC (Superconducting Super-Collider) は周長 87 km の略円形軌道をもつ衝突型加速器で，東京の JR 山の手線よりもだいぶ大きい．理由は簡単で，運動量 p(GeV/c)の陽子を半径 r(m)の円形軌道に保つためには，陽子に及ぼす磁場の強さ B(tesla)は

$$B = \frac{p}{0.3r} \tag{1.35}$$

でなければならない．超伝導コイルを使っても B はたかだか 5 T である．SSC の設計ビームエネルギーは 20 TeV であるから，軌道半径は $r=13$ km となる．これから必要な周長は 84 km，実験エリアを作るためにはそれ以上の長さを必要とする．

コライダーの条件はこれだけではない．クォーク・クォーク間の反応断面積は点粒子間の反応と考えて，

$$\sigma = n\frac{4\pi{\alpha_s}^2}{3s} \tag{1.36}$$

としてよかろう．ただし，n はカラー自由度($n=3$)，α_s は強い相互作用の結

表 1-7 代表的な加速器の名称とその型，エネルギーおよびルミノシティー

加速器(研究所名)	稼動年	型	最大ビームエネルギー(GeV)	ルミノシティー($10^{30}\,cm^{-2}s^{-1}$)	周長(km)
SPEAR(SLAC)	1972	e^+e^- コライダー	4	10 @ 3 GeV	0.234
DORIS(DESY)	1973	e^+e^- コライダー	5.6	33 @ 5.3 GeV	0.288
PETRA(DESY)	1978	e^+e^- コライダー	22		
CESR(Cornell)	1979	e^+e^- コライダー	6	100 @ 5.3 GeV	0.768
PEP(SLAC)	1980	e^+e^- コライダー	15	60	2.2
TRISTAN(KEK)	1987	e^+e^- コライダー	32	14	3.02
SLC(SLAC)	1989	e^+e^- コライダー	50	1.8×10^{-2}	2.9
LEP(CERN)	1989	e^+e^- コライダー	60	17	26.7
SP$\bar{\mathrm{P}}$S(CERN)	1981	$p\bar{p}$ コライダー	315	3	6.9
TEVATRON(FNAL)	1987	$p\bar{p}$ コライダー	1000	7	6.3
HERA(DESY)	1992	ep コライダー	e : 26, p : 820	16	6.3
LHC(CERN)	2004	pp コライダー	8000	40000	26.7
SSC(SSC)	中止	pp コライダー	20000	1000	87.1

合定数である．α_s は高エネルギーで約 0.1 の大きさをもつ．s はクォーク・クォーク間の重心系エネルギーを 2 乗したものであるから，簡単のためにビームエネルギーが 3 つのクォークに等分配されるとすれば 20 TeV のビームエネルギーに対して $s=1.7\times10^8\,\mathrm{GeV}^2$ である．したがって，断面積の大きさは，

$$\sigma = 3\times10^{-37}\quad \mathrm{cm}^2 \tag{1.37}$$

となる．

コライダーの基本的パラメーターにルミノシティー(luminosity) L がある．単位は $\mathrm{cm}^{-2}\mathrm{s}^{-1}$ で，L と σ により，1 秒当りの反応数 N は

$$N = L\sigma \tag{1.38}$$

であたえられる．いま，実験の条件として，興味ある観測数は 1 時間当り 1 例以上は必要と考えてみよう．すると，必要なルミノシティーは

$$L = 10^{33}\quad \mathrm{cm}^{-2}\mathrm{s}^{-1} \tag{1.39}$$

である．断面積の定義を思い出してみよう．断面積 σ にターゲット粒子の個

数，それに入射粒子の流量(粒子数/cm^2)をかければ反応数となる．コライダーの2つのビームが粒子数N_1, N_2の塊(バンチ，bunch)からなり，かつビーム当りのバンチ数がB，ビームの横方向の広がり(断面積)をA(cm^2)とする．さらに，粒子が光速でコライダーを1周する時間をT(s)とする．ビーム同士が正面衝突を行なうとすれば，ルミノシティーLは

$$L = \frac{N_1 N_2 B}{AT} \tag{1.40}$$

で与えられる．ビームの横方向の広がりはGauss分布をしており，2方向の広がりをσ_x, σ_yとすると，ビームの横方向断面積Aは

$$A = 4\pi\sigma_x\sigma_y \tag{1.41}$$

となる．また，ビーム電流I_1, I_2は

$$I_1 = N_1 Be/T, \qquad I_2 = N_2 Be/T \tag{1.42}$$

であるから，Lはさらに

$$L = \frac{I_1 I_2 T}{e^2 AB} \tag{1.43}$$

となる．ビームの広がりを当たってみよう．SSCの設計図によると，バンチ当り粒子数は0.8×10^{10}で，バンチ数は1.6×10^4である．$L=10^{33}\ \mathrm{cm^{-2}s^{-1}}$を得るためには，ビームの広がりとして

$$\sigma = \sigma_x = \sigma_y = 5.3 \quad \mu\mathrm{m} \tag{1.44}$$

となる．したがって，そこそこのルミノシティーを得るためには，きわめて正確なビーム光学技術を駆使しなければならない(周長87 km，相互衝突の位置精度≪1 μmに注意せよ)．

陽子・陽子反応の全断面積は(1.37)式の値に比べると11桁も大きく，約60 mbである．これは，陽子が有限な広がりr_pをもっているためで，全断面積が$\pi r_\mathrm{p}{}^2$であることを考えれば理解できる(クォークやレプトンは点粒子であることに注意せよ)．ほとんどの反応はQ^2((1.23)式参照)がきわめて小さい端かすめ(peripheral)反応である．しかし，これらの役に立たない反応(junk events)は興味ある現象の観測にはたいへん邪魔になる．また，その頻度は6

$\times 10^7$ events/s という膨大なものとなり，それらの事例を処理するための電子回路やコンピュータは前例を見ないほどの複雑さをもつ．

なお残念ながら，SSC の建設は 1993 年突然中止された．

素粒子物理学の発展は，加速器技術の発展に支えられてきたといっても過言でない．ある型の加速器の能力が限界にくると，かならず新しい原理の加速器が発明され，粒子の加速エネルギーは飛躍的に上昇してきた．図 1-5 は，加速エネルギーが年とともにどのような変遷をたどったのかを示したものである（Livingston チャートという）．ただし，縦軸は実験室系（静止した標的を使う実験）のエネルギー T を表わしている．重心系エネルギー $\sqrt{s}$ と T との関係は高エネルギーで，

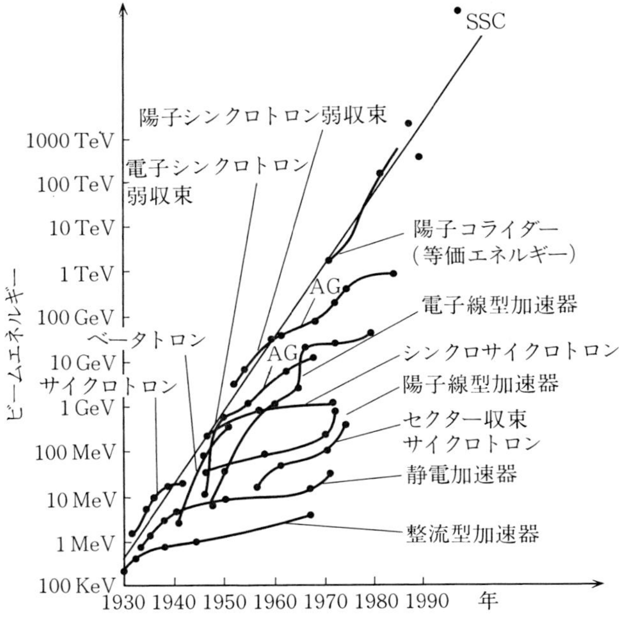

図 1-5 加速器がつくり出すビームエネルギーの年次変化．コライダーのビームエネルギーは実験室系（静止ターゲット系）に焼き直してある．いろいろな種類の加速器について表わしてあるが，同一種の加速器は線で結んである．ビームエネルギーは 6 年毎に約 10 倍になっている（Livingston チャートによる）．

$$T = \frac{s}{2m_{\mathrm{N}}} \tag{1.45}$$

である．ただし，m_{N} は核子(陽子または中性子)の質量を表わす．6年毎に加速エネルギーが10倍になっており，いぜんとして指数関数的上昇に止まりが見えない．しかしながら，加速器の建設費用も指数関数的に上昇してきていることを忘れてはいけない．いまや，コストダウンを伴う新しい加速器技術の発明が切に望まれているのである．

今後われわれが研究したいと思うエネルギー領域(重心系エネルギー)は，まず大統一のエネルギー領域である 10^{15}～10^{16} GeV，次に重力が無視できなくなる Planck 質量 10^{19} GeV に違いない．SSC のエネルギーは 4×10^{4} GeV であるから，もし Livingston チャートが人類の英知によってそのまま延びるとすれば，西暦2170年に人類の加速器はついに Planck 質量に到達できるのである．悲観的になる必要はない．

他の分野と比較すれば，加速器技術の進歩はめざましいものがある．図1-6に光学望遠鏡のサイズ(直径)の年次変化を示した．180年かかって直径がやっと10倍になっているに過ぎないのである．

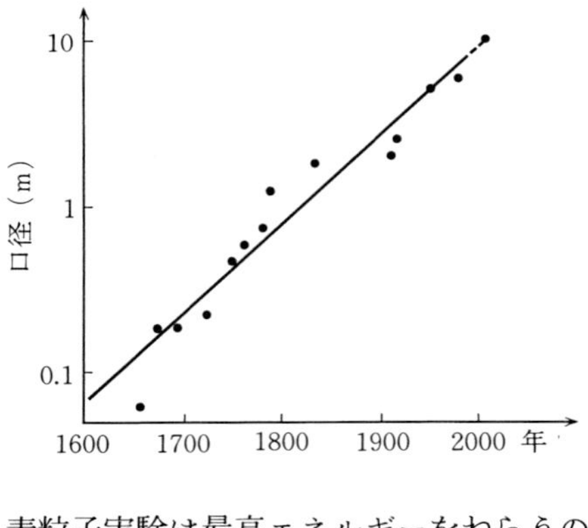

図1-6 光学望遠鏡の口径の年次変化．180年毎に約10倍になっている(Livingston チャート)．

素粒子実験は最高エネルギーをねらうのが唯一の方法ではない．ビームの強度を最高度に上げた加速器も特徴のある研究ができる．大強度の陽子加速器を用いて，その2次ビームである π メソン，K メソンやミューオンを大量に生成することができる．これらのビームを使うことによって，π, K, μ の希崩壊のうちで，標準模型では禁止されるようなモードを探索する．また，CP 非保存(4-5 節参照)をさらに研究するために，大強度の低エネルギー(約 13 GeV) e^+e^- コライダーによって，大量の B^0 メソン(クォーク $b\bar{b}$ の束縛状態)を作る施設(B-factory)の建設も重要である．

さらに，大強度のニュートリノビーム(主に ν_μ)を作り，荷電カレント反応によって作られる μ を加速器からの距離の関数として測定し，ν_μ が他のニュートリノ，特に ν_τ に変換される現象(ニュートリノ振動，7-1 節参照)を探索して，ニュートリノの質量や混合角を決定する実験も極めて重要な研究である．

加速器があまりに高価になったため，加速を使わずに素粒子研究を行なう実験が急速に発達してきている．典型的なものに，バリオン数非保存の直接的帰結である陽子崩壊の探索がある(7-4 節参照)．すでに陽子の寿命は崩壊モード $p\to e\pi^0$ で 8×10^{32} 年より長いことがわかっている．陽子崩壊をさらに 10^{34} 年以上まで探索しようという野心的な実験装置 Super-Kamiokande(スーパー神岡)の運用が始まった．陽子の寿命を τ_p とすれば，全陽子数 N のうち時間 dt の間に崩壊する陽子数 dN は

$$dN = -N\frac{dt}{\tau_p} \tag{1.46}$$

で与えられる．$\tau_p=10^{34}$ 年で，陽子崩壊を 10 年間に 5 例観測するためには，検出効率を 0.5 として 10^{34} 個の陽子を装置に組み込まなくてはならない．陽子源として水を使用すれば，装置の有効重量は 30000 トン以上でなければならない．Super-Kamiokande は有効質量の周りを 20000 トンの水でさらに囲み，外部からのバックグラウンドを落としている．このため，装置の総重量は 50000 トンに上る．Super-Kamiokande は巨大な装置であるが，その建設費は大加速器の 1/10～1/100 に過ぎない．

さらに目を地球外に向けて，宇宙物理学と同時に素粒子物理学の研究を行なう，いわゆる「粒子天文学」も急速に発展してきた．これは伝統的な「宇宙線物理学」の現代版と思えばよい．ニュートリノで天体を観察するニュートリノ

天文学が素粒子物理学にも重要な寄与をしている．天体ニュートリノは星の中心部で作られるため，そのエネルギーは 1～10 MeV で，かなりな低エネルギーである．天体ニュートリノに最も特徴的なものは 2 つある．

第 1 に，ニュートリノの飛行距離が地上実験に比べて極端に長い．地上実験では飛行距離はたかだか 0.01～1 km であるが，太陽ニュートリノは 1.5×10^{8} km を飛行して地球に到達する．1987 年に観測に成功した，大マゼラン星雲の超新星爆発から飛来したニュートリノは，じつに 1.5×10^{18} km を飛行してきた．このため，天体ニュートリノは，ニュートリノ振動やニュートリノの崩壊(もしあれば)にたいへん敏感である．

第 2 に，ニュートリノは星の中心部で作られるから，星の外に飛び出すまでに，実験室ではとうてい到達不可能な高密度の物質を通過しなければならない．ニュートリノ振動は高密度物質の影響を大いに受け，その観測によってニュートリノ質量と混合角の決定が期待されている．特に，太陽ニュートリノのフラックスについて観測と理論の間に大きな不一致があり，現在，物質中でのニュートリノ振動によって電子ニュートリノ(もともとの太陽ニュートリノ)がミューニュートリノに変化したという説明がいちばん可能性がある(7-2 節参照)．上記のスーパー神岡実験は太陽ニュートリノの観測にも大きな威力を発揮し，太陽ニュートリノ問題の解決が期待されている．

宇宙がビッグバンで始まったとすると，過去に宇宙は超高温状態にあったはずである．宇宙初期の超高温状態の名残りが現在の宇宙にまだ残っている可能性がある．最も有名なものは，現在の宇宙に残っている温度 2.7 K の黒体輻射であるが，この輻射はビッグバン 10 万年後に存在した 3000 K の光が赤方変移した「ほてり」である．さらに宇宙初期にさかのぼれば，宇宙の高温状態に生成されたニュートリノや新しい素粒子が宇宙膨張から取り残されて現在の宇宙にただよっている可能性が大きく，観測によってその存在が確かめられている宇宙の**暗黒物質**(dark matter)は，これらの素粒子が重力によって集まった状態かもしれない．したがって，これらの「化石粒子」を観測する実験は宇宙初期を積極的に利用した素粒子実験と考えることができる．

このように，素粒子実験は，加速器実験，非加速器実験，宇宙線物理学が互いに独立なデータを提供し，しかも相互に影響しあって新しい知見をもたらしていくと思われる．

2 粒子と相互作用の理論的記述

本章では相互作用の理論的側面について簡単に議論する．素粒子理論は場の理論に立脚しており，その解説は容易なことではない．ここでは後の議論に必要な部分のみを記述する．標準模型に到達するまでの苦闘にみちた研究活動を歴史的に記述するのも1つの方法である．しかし，今後の素粒子物理学をさらに発展させるには，現在の標準模型を出発点ととらえ，その上に，過去にとらわれない発想で研究を行なうことも1つの方法と思われる．本章では，まず標準模型にはいるまでの準備を行なう．

2-1 粒子の記述

粒子は場として記述される．物質を構成する粒子はすべてスピンが1/2（フェルミオンまたはDirac粒子とよばれる）であり，4成分をもつスピノル場 ψ として表現される．自由粒子 ψ はDirac方程式をみたす．粒子の質量を m とすれば，Dirac方程式は，外場の無いときには

$$(\not{p}-m)\psi=0 \tag{2.1}$$

ここに，p は運動量演算子で，

$$p^{\mu} = (E, \boldsymbol{p}) = \left(i\frac{\partial}{\partial t}, \ -i\frac{\partial}{\partial \boldsymbol{x}}\right) = i\partial^{\mu} \tag{2.2}$$

$$p_{\mu} = (E, -\boldsymbol{p}) = \left(i\frac{\partial}{\partial t}, \ i\frac{\partial}{\partial \boldsymbol{x}}\right) = i\partial_{\mu} \tag{2.3}$$

スラッシュ／はガンマ行列との内積を表わす．

$$\not{p} = p_{\mu}\gamma^{\mu} = i\gamma^0\frac{\partial}{\partial t}+i\gamma^1\frac{\partial}{\partial x^1}+i\gamma^2\frac{\partial}{\partial x^2}+i\gamma^3\frac{\partial}{\partial x^3} \tag{2.4}$$

このように共役ベクトルとの積があったときは和をとることにする．γ^{μ} は 4 行 4 列の行列で，次の反交換関係をみたす．

$$\gamma^{\mu}\gamma^{\nu}+\gamma^{\nu}\gamma^{\mu} = 2g^{\mu\nu} \tag{2.5}$$

ただし，$g^{\mu\nu}$ は 4 行 4 列の Minkowski 計量で，非対角成分はすべて 0，対角成分は，1，−1，−1，−1 をもつ．つまり，γ^0 は Hermite，γ^i $(i=1,2,3)$ は反 Hermite である．

γ^{μ} の具体的な表現はいろいろあるが，たとえば，

$$\gamma^i = \begin{pmatrix} 0 & \sigma^i \\ -\sigma^i & 0 \end{pmatrix}, \qquad \gamma^0 = \begin{pmatrix} 1 & 0 \\ 0 & -1 \end{pmatrix} \tag{2.6}$$

である $(i=1,2,3)$．ただし，σ^i は Pauli 行列で，以下の表現がよく使われる．

$$\sigma^1 = \begin{pmatrix} 0 & 1 \\ 1 & 0 \end{pmatrix}, \qquad \sigma^2 = \begin{pmatrix} 0 & -i \\ i & 0 \end{pmatrix}, \qquad \sigma^3 = \begin{pmatrix} 1 & 0 \\ 0 & -1 \end{pmatrix} \tag{2.7}$$

γ_{μ} は共役ベクトルで，

$$\gamma_0 = \gamma^0 = (\gamma^0)^{\dagger}, \qquad \gamma_i = -\gamma^i = (\gamma^i)^{\dagger} \tag{2.8}$$

である．ただし，† は Hermite 共役を表わす．これは(2.7)式から直接確かめることができる．

静止している粒子の解はすぐ求めることができる．4 つの独立な解があり，それぞれを

$$\begin{aligned} \psi_1 &= u_1 e^{-imt}, \qquad \psi_2 = u_2 e^{-imt} \\ \psi_3 &= v_1 e^{imt}, \qquad \psi_4 = v_2 e^{imt} \end{aligned} \tag{2.9}$$

と書くと，u_1, u_2, v_1, v_2 は

$$u_1 = \begin{pmatrix} 1 \\ 0 \\ 0 \\ 0 \end{pmatrix}, \quad u_2 = \begin{pmatrix} 0 \\ 1 \\ 0 \\ 0 \end{pmatrix}, \quad v_2 = \begin{pmatrix} 0 \\ 0 \\ 1 \\ 0 \end{pmatrix}, \quad v_1 = \begin{pmatrix} 0 \\ 0 \\ 0 \\ 1 \end{pmatrix} \qquad (2.10)$$

と，極めて簡単に表わされる．(2.9)式の指数の符号から明らかなように，ψ_1, ψ_2 は正エネルギーに対応する解であり，ψ_3, ψ_4 は負エネルギーに対応する．v_1, v_2 がひっくり返っているのは，負エネルギー状態を反粒子と考えるとき，スピンの向きが逆転するためである．

運動している粒子の解は，(2.9)式を Lorentz ブーストして得ることができる．

4 行 4 列の行列 γ^5 を定義しておこう．

$$\gamma_5 = \gamma^5 = (\gamma^5)^\dagger = i\gamma^0\gamma^1\gamma^2\gamma^3 \qquad (2.11)$$

で，$\gamma_5{}^2=1$ である．

次に，特別な場合として，質量が 0 の場合を考えてみよう．γ 行列の表現としては，以下のものが便利である．

$$\gamma^0 = \begin{pmatrix} 0 & 1 \\ 1 & 0 \end{pmatrix}, \quad \gamma^i = \begin{pmatrix} 0 & \sigma^i \\ -\sigma^i & 0 \end{pmatrix}, \quad \gamma_5 = \begin{pmatrix} -1 & 0 \\ 0 & 1 \end{pmatrix} \qquad (2.12)$$

ψ を分解して，

$$\psi = \begin{pmatrix} \chi_\mathrm{L} \\ \chi_\mathrm{R} \end{pmatrix} = \begin{pmatrix} u_\mathrm{L} \\ u_\mathrm{R} \end{pmatrix} e^{-i(Et-\boldsymbol{px})} \qquad (2.13)$$

としよう．$u_\mathrm{L}, u_\mathrm{R}$ は 2 成分スピノルである．このとき，粒子のエネルギー，運動量を $E, \boldsymbol{p}$ $(E=|\boldsymbol{p}|)$ として，Dirac 方程式は $\chi_\mathrm{L}, \chi_\mathrm{R}$ について分解され，

$$\frac{\boldsymbol{p}\cdot\boldsymbol{\sigma}}{E}u_\mathrm{R} = u_\mathrm{R}, \quad \frac{\boldsymbol{p}\cdot\boldsymbol{\sigma}}{E}u_\mathrm{L} = -u_\mathrm{L} \qquad (2.14)$$

となる．すなわち，$\chi_\mathrm{R}, \chi_\mathrm{L}$ はヘリシティー(運動方向のスピン成分)の固有状態で，それぞれ右巻きと左巻き状態(ヘリシティー $+1$ と -1)に相当する．また，演算子 $P_\mathrm{L}, P_\mathrm{R}$ を

$$P_\mathrm{L} = \frac{1-\gamma_5}{2}, \quad P_\mathrm{R} = \frac{1+\gamma_5}{2} \qquad (2.15)$$

と定義する．

$$\psi_{\mathrm{L}} = P_{\mathrm{L}}\psi = \begin{pmatrix}\chi_{\mathrm{L}} \\ 0\end{pmatrix}, \qquad \psi_{\mathrm{R}} = P_{\mathrm{R}}\psi = \begin{pmatrix}0 \\ \chi_{\mathrm{R}}\end{pmatrix} \tag{2.16}$$

である．すなわち，$P_{\mathrm{L}}, P_{\mathrm{R}}$ はそれぞれ左巻きおよび右巻き成分を取り出す写影演算子となっている．$P_{\mathrm{L}}, P_{\mathrm{R}}$ の役割は一般的なもので，質量をもった粒子についても同様である．また(2.16)式から，当然のことながら，

$$\psi = \psi_{\mathrm{L}} + \psi_{\mathrm{R}} \tag{2.17}$$

である．

スピン演算子は Pauli 行列を使って，

$$\boldsymbol{\sigma}^i = \begin{pmatrix}\sigma^i & 0 \\ 0 & \sigma^i\end{pmatrix} \tag{2.18}$$

とすればよい．このとき，全角運動量

$$J^i = (\boldsymbol{r}\times\boldsymbol{p})^i + \frac{1}{2}\boldsymbol{\sigma}^i \tag{2.19}$$

が保存することを証明することができる．また，u_1, u_2, v_1, v_2 は

$$\boldsymbol{\sigma}^3 u_1 = u_1, \qquad \boldsymbol{\sigma}^3 u_2 = -u_2, \qquad (-\boldsymbol{\sigma}^3) v_2 = -v_2, \qquad (-\boldsymbol{\sigma}^3) v_1 = v_1 \tag{2.20}$$

をみたすので，スピンの第3成分の固有状態である（＋の固有状態を上向き，－の固有状態を下向きという）．

次に，スピンが0または1のボソンを考えよう．外場のないボソンの運動方程式は **Klein-Gordon 方程式**である．

$$(\partial_\mu \partial^\mu + m^2)\phi = 0 \tag{2.21}$$

$$(\partial_\mu \partial^\mu + m^2)A^\nu = 0 \tag{2.22}$$

ただし，ϕ, A^ν はそれぞれスピン 0, 1，質量 m の粒子を表わす波動関数（場）である．左辺の括弧内の演算子は，単に式 $p_\mu p^\mu = m^2$ に(2.2)，(2.3)式の演算子を代入したものに他ならない．ボソンにもフェルミオンと同様に負のエネルギー状態が存在する．

2-2 $U(1)$ ゲージ場の理論のエッセンス*

粒子にはたらく3力を記述する理論はすべて，理論のゲージ不変性から導出することができる．ゲージ変換とは，粒子場 $\psi(x)$ に対して

$$\psi(x) \rightarrow \psi'(x) = e^{-iQ\theta(x)}\psi(x) \qquad (2.23)$$

なる変換を任意の時空 x で行なうことである．ここで $\theta(x)$ は実関数である．Q は粒子の群 $U(1)$ による表現であって，電磁力では電荷の大きさを e の単位で測ったものに相当する．

ゲージ不変性とは，ゲージ変換した場 $\psi'(x)$ が $\psi(x)$ と同じ関係式(たとえばラグランジアン密度)を満たしているということである．

このような自由度があるとき，2点 x と y における場 $\psi(x)$, $\psi(y)$ はどのように関係づけたらよいのだろうか(図2-1)．

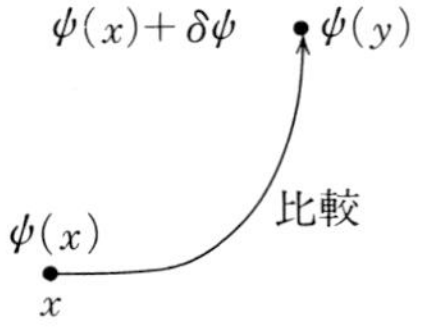

図 2-1 $y=x+dx$ における場 $\psi(y)$ と $\psi(x)$ との関係．

$y=x+dx$ としよう．$\psi(x)$ を点 y に移動させたとき，$\psi+\delta\psi$ になったとする．$\delta\psi$ は無限小変換であるから，一般的に次のように書くことができる．

$$\delta\psi = ieQA_\mu dx^\mu\psi \qquad (2.24)$$

ここで，A_μ はベクトル場であり，e は移動に関係する結合定数である．また，長さ $\psi^\dagger\psi$ が保存すると仮定する($\psi^\dagger$ は ψ の Hermite 共役)．すなわち，

$$(\psi+\delta\psi)^\dagger(\psi+\delta\psi) = \psi^\dagger\psi \qquad (2.25)$$

これから，

$$A_\mu^\dagger = A_\mu \qquad (2.26)$$

---

* 益川敏英：'ゲージ理論とは', 物質の窮極を探る（日本物理学会編)(培風館, 1982) 第11章.

すなわち，A_μ は実場でなければならない．

次に，$\psi+\delta\psi$ にゲージ変換をほどこす．

$$\begin{aligned}\psi+\delta\psi \;\to (\psi+\delta\psi)' &= e^{-iQ\theta(x+dx)}(\psi+\delta\psi)\\ &= e^{-iQ\theta}[1-iQ\partial_\mu\theta dx^\mu][1+ieQA_\mu dx^\mu]\psi \end{aligned}\tag{2.27}$$

また，ψ の移動を行なった後にゲージ変換をほどこすと，

$$\begin{aligned}\psi+\delta\psi &= (1+ieQA_\mu dx^\mu)\psi \;\to (1+ieQA'_\mu dx^\mu)\psi'\\ &= (1+ieQA'_\mu dx^\mu)e^{-iQ\theta}\psi \end{aligned}\tag{2.28}$$

である．これから，A_μ のゲージ変換は(2.27)と(2.28)を比較することにより，

$$A_\mu \to A'_\mu = A_\mu - \frac{1}{e}\partial_\mu\theta \tag{2.29}$$

で与えられる．実ベクトル A_μ はゲージ場とよばれ，対応する粒子がゲージ粒子である．A_μ は電磁相互作用におけるベクトルポテンシャルに相当する．

次に，拡張された微分(covariant derivative)を作る．

$$\psi(x+dx)-(\psi+\delta\psi) \equiv D_\mu\psi dx^\mu \tag{2.30}$$

$$D_\mu = \partial_\mu - ieQA_\mu \tag{2.31}$$

あきらかに $D_\mu\psi$ は ψ と同じゲージ変換に従う．

$$D_\mu\psi \;\to e^{-iQ\theta}D_\mu\psi \tag{2.32}$$

次に，2 重の移動を考える(図 2-2)．$x\to x+dx\to x+dx+dy$ に対して，

$$[1+ieQA_\mu(x+dx)dy^\mu][1+ieQA_\mu(x)dx^\mu]\psi \tag{2.33}$$

$x\to x+dy\to x+dx+dy$ に対して，

$$[1+ieQA_\mu(x+dy)dx^\mu][1+ieQA_\mu(x)dy^\mu]\psi \tag{2.34}$$

道筋の差は，したがって，

$$\varDelta\psi = ieQ[\partial_\mu A_\nu - \partial_\nu A_\mu]dx^\mu dy^\nu\psi = ieQF_{\mu\nu}dx^\mu dy^\nu\psi \tag{2.35a}$$

$$F_{\mu\nu} \equiv \partial_\mu A_\nu - \partial_\nu A_\mu \tag{2.35b}$$

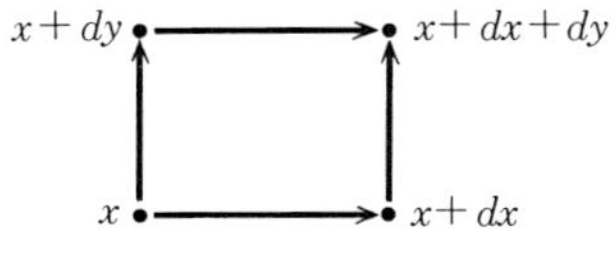

図 2-2

$\varDelta\psi$ のゲージ変換を考えれば，

$$\varDelta\psi \to e^{-iQ\theta}[ieQF_{\mu\nu}dx^{\mu}dy^{\nu}\psi]$$
$$\to ieQF'_{\mu\nu}dx^{\mu}dy^{\nu}\psi' = ieQF'_{\mu\nu}dx^{\mu}dy^{\nu}e^{-iQ\theta}\psi \qquad (2.36)$$

したがって，

$$F_{\mu\nu} \to F'_{\mu\nu} = F_{\mu\nu} \qquad (2.37)$$

となり，$F_{\mu\nu}$ はゲージ変換によって変化しない．

外場のないときの粒子 ψ が従う方程式はすでに示したが，対応するラグランジアン密度 L の表式は，ψ をフェルミオンとして，

$$L = \bar{\psi}i\gamma_{\mu}\partial^{\mu}\psi - m\bar{\psi}\psi \qquad (2.38)$$

ただし，$\bar{\psi}$ は

$$\bar{\psi} = \psi^{\dagger}\gamma^{0} \qquad (2.39)$$

である*．

また，スピンが0の粒子 ϕ に対しては，

$$L = (\partial_{\mu}\phi)^{\dagger}(\partial^{\mu}\phi) - m^2\phi^{\dagger}\phi \qquad (2.41)$$

である．これらのラグランジアン密度は明らかにゲージ不変ではない．そこで，L を次のように拡張する．

$$L = -\frac{1}{4}F_{\mu\nu}F^{\mu\nu} + \bar{\psi}i\gamma_{\mu}D^{\mu}\psi - m\bar{\psi}\psi + (D_{\mu}\phi)^{\dagger}(D^{\mu}\psi) - m^2\phi^{\dagger}\phi \qquad (2.42)$$

ここで，ゲージ場の運動項を新しく導入した（49 頁補注参照）．このように表わしたラグランジアン密度は明らかにゲージ不変である．

ラグランジアン密度 L から所定の方法で運動方程式を出してみよう．まず，スピノル場に対しては，

$$(i\not{D} - m)\psi = [i\gamma_{\mu}(\partial^{\mu} - ieQA^{\mu}) - m]\psi = 0 \qquad (2.43)$$

すなわち，ゲージ不変性の要求から，必然的にゲージ粒子との相互作用が生じる．相互作用項は

---

* 運動方程式は，

$$\partial^{\mu}\left[\frac{\partial L}{\partial(\partial^{\mu}\psi)}\right] - \frac{\partial L}{\partial\psi} = 0 \qquad (2.40)$$

で与えられる．ψ の代わりに ϕ や A^{ν} を使えばそれらに対する運動方程式が得られる．

$$L_{\mathrm{int}} = eQA_\mu(\bar{\psi}\gamma^\mu\psi) \tag{2.44}$$

である．第2量子化の言語を使えば，この式は伝播してきたフォトン A_μ が電流を作った粒子 ψ に吸収され相互作用が生じたことを示している．

スピン0粒子に対する運動方程式は，

$$(D_\mu D^\mu + m^2)\phi = 0 \tag{2.45}$$

である．ゲージ粒子の運動方程式は，

$$\partial_\mu F^{\mu\nu} = j^\nu \tag{2.46}$$

$$j^\mu = ieQ[\phi^\dagger D^\mu\phi - (D^\mu\phi)^\dagger\phi] + eQ\bar{\psi}\gamma^\mu\psi \tag{2.47a}$$

$$= ieQ[\phi^\dagger\partial^\mu\phi - (\partial^\mu\phi)^\dagger\phi] + eQ\bar{\psi}\gamma^\mu\psi \tag{2.47b}$$

ここに，j^μ は電流を表わす．よく使われる記号として，

$$\phi^\dagger\overleftrightarrow{\partial^\mu}\phi = \phi^\dagger\partial^\mu\phi - (\partial^\mu\phi)^\dagger\phi \tag{2.48}$$

があるので注意しておく(表6-1も参照せよ)．(2.47)式のように導出された電流は保存する．すなわち，

$$\partial_\mu j^\mu = 0 \tag{2.49}$$

また，Lorentz 条件

$$\partial_\mu A^\mu = 0 \tag{2.50}$$

を *ad hoc* に要求すれば，(2.46)式は

$$\partial_\mu\partial^\mu A^\nu = ieQ\phi^\dagger\overleftrightarrow{\partial^\nu}\phi + eQ\bar{\psi}\gamma^\nu\psi \tag{2.51}$$

となる．

ここで，たいへん重要なことを1つあげる．ゲージ粒子はゲージ不変性のためにその質量は0でなければならない．(2.42)式からも明らかであるが，ラグランジアン密度に質量項

$$L_m = -m^2A_\mu A^\mu \tag{2.52}$$

を加えると，ゲージ変換(2.29)式に対して不変でなくなる．すなわち，ゲージ粒子は次元(ゲージ)のあるパラメーターをもつことができない．これはゲージ不変性を粒子の立場で表わしたものにほかならない．

次元についてすこし言及しておく．ラグランジアン密度を空間積分したものがラグランジアンである．

$$\mathscr{L} = \int L\, d^3x \tag{2.53}$$

ラグランジアンの次元は $[E]$（E はエネルギー）である．したがって，ラグランジアン密度の次元は $[E^4]$ であり，(2.38)，(2.41)，(2.42)式から明らかなように，ϕ, ψ, A_μ の次元はそれぞれ $[E], [E^{3/2}], [E]$ である．

なぜ $U(1)$ ゲージかというと，(2.23)式が Abel 群 $U(1)$ の定義式になっているからである．

2-3 非可換ゲージ場の理論のエッセンス

前節で行なった $U(1)$ についての議論を，もっと大きな非可換群 $SU(2)$ に拡張してみよう．

粒子場 ψ を多成分スピノルとする．たとえば，レプトンやクォークの弱アイソスピン表現を考えれば，アイソスピン 1/2 の 2 成分スピノルである．すなわち，

$$\psi = \begin{pmatrix} \psi^1 \\ \psi^2 \end{pmatrix} \tag{2.54}$$

このとき，ψ のゲージ変換は次のように定義される．

$$\psi^i \to \psi^{i\prime} = e^{-iL^a\theta^a}\psi^i = U^i_j\psi^j \qquad (a=1,2,3) \tag{2.55}$$

ここで，L^a は $SU(2)$ 生成元で，ψ の次元に対応する表現を取る．$L^a\theta^a$ は $a=1,2,3$ の和を意味する．アイソスピン 1/2 に対しては，

$$L^a = \frac{1}{2}\tau^a \tag{2.56}$$

で，τ^a は Pauli 行列(2.7)式である．

ψ を x から $x+dx$ に移動させたとき，ψ の変化分 $\delta\psi$ は一般的に，

$$\delta\psi = igA^a_\mu L^a dx^\mu \psi \tag{2.57}$$

とかける．A^a_μ は3つのゲージ場であり，g は移動に関する結合定数である．$\psi^\dagger\psi$ の保存から，

$$(A_\mu^a L^a)^\dagger = A_\mu^a L^a \tag{2.58}$$

L^a は Hermite ($L^\dagger = L$) だから,

$$(A_\mu^a)^\dagger = A_\mu^a \tag{2.59}$$

で，実場である．ゲージ場 A_μ のゲージ変換は前節と全く同じ議論によって，

$$A_\mu^a L^a \to A'^a_\mu L^a = U(A_\mu^a L^a)U^{-1} - i\frac{1}{g}(\partial_\mu U)U^{-1} \tag{2.60}$$

となる．

拡張された微分 D_μ は行列で，

$$(D_\mu)^i_j = \partial_\mu \delta^i_j - ig(A_\mu^a L^a)^i_j \tag{2.61}$$

さらに，ゲージ場のテンソルの定義は，

$$\begin{aligned} F_{\mu\nu}^c &= \partial_\mu A_\nu^c - \partial_\nu A_\mu^c + (g\varepsilon^{abc} A_\mu^a A_\nu^b) \\ &= \partial_\mu A_\nu^c - \partial_\nu A_\mu^c + g(A_\mu \times A_\nu)^c \end{aligned} \tag{2.62}$$

と，だいぶややこしくなる．ここで，ε は完全反対称テンソルで，

$$\varepsilon^{123} = 1, \quad \varepsilon^{132} = -1, \quad \varepsilon^{122} = 0, \quad \cdots \tag{2.63}$$

ε^{abc} は L^a の交換関係に出てくる係数である．すなわち，

$$[L^a, L^b] = i\varepsilon^{abc} L^c \tag{2.64}$$

以上から $SU(2)$ ゲージ変換に対して不変なラグランジアン密度は，フェルミオン ψ，ボソン ϕ およびゲージ粒子 A_μ^a に対して，

$$L = -\frac{1}{4} F_{\mu\nu}^a F^{a\,\mu\nu} + \bar{\psi} i\gamma_\mu D^\mu \psi - m\bar{\psi}\psi + (D_\mu \phi)^\dagger (D^\mu \phi) - m^2 \phi^\dagger \phi \tag{2.65}$$

となり，形式的に(2.42)式とほとんど違わない．また，ゲージ粒子は質量をもってはいけない．しかし，ゲージ粒子に対して $U(1)$ の場合と本質的に違う点がある．$SU(2)$ のような非可換群によるゲージ変換では，対応するゲージ粒子が力の源になり，ゲージ粒子を発生することができる．電磁相互作用のフォトンはむろん電荷をもたず，したがって，フォトンがフォトンを発生させることはない．

最後に，$SU(3)$ ゲージ変換に対して付言しておく．粒子 ψ にたとえば3成分をもつカラー自由度を考える(5-1節参照)．

$$\psi = \begin{pmatrix} \psi^1 \\ \psi^2 \\ \psi^3 \end{pmatrix} \tag{2.66}$$

ψ は $SU(3)$ の基本表現になっている．このとき，ゲージ変換その他は $SU(2)$ の場合と全く同様に議論することができる．(2.66)に対応する行列 L^a は

$$L^a = \frac{1}{2}\lambda^a \qquad (a=1,2,\cdots,8) \tag{2.67}$$

さらに，ε^{abc} の代わりに，f^{abc} と書いて，

$$[L^a, L^b] = if^{abc}L^c \tag{2.68}$$

となり，Lie 環の代数を満足する．λ^a の基本表現と f^{abc} の値を表 2-1 に示しておく．ゲージ場 A_μ^a $(a=1,2,\cdots,8)$ はまさに強い相互作用のグルーオンに該当する(5-1 節参照)．

表 2-1 λ^a $(a=1,2,\cdots,8)$ の基本表現と f^{abc} の値

$$\lambda^1 = \begin{pmatrix} 0 & 1 & 0 \\ 1 & 0 & 0 \\ 0 & 0 & 0 \end{pmatrix}, \quad \lambda^2 = \begin{pmatrix} 0 & -i & 0 \\ i & 0 & 0 \\ 0 & 0 & 0 \end{pmatrix}, \quad \lambda^3 = \begin{pmatrix} 1 & 0 & 0 \\ 0 & -1 & 0 \\ 0 & 0 & 0 \end{pmatrix}$$

$$\lambda^4 = \begin{pmatrix} 0 & 0 & 1 \\ 0 & 0 & 0 \\ 1 & 0 & 0 \end{pmatrix}, \quad \lambda^5 = \begin{pmatrix} 0 & 0 & -i \\ 0 & 0 & 0 \\ i & 0 & 0 \end{pmatrix}, \quad \lambda^6 = \begin{pmatrix} 0 & 0 & 0 \\ 0 & 0 & 1 \\ 0 & 1 & 0 \end{pmatrix}$$

$$\lambda^7 = \begin{pmatrix} 0 & 0 & 0 \\ 0 & 0 & -i \\ 0 & i & 0 \end{pmatrix}, \quad \lambda^8 = \frac{1}{\sqrt{3}}\begin{pmatrix} 1 & 0 & 0 \\ 0 & 1 & 0 \\ 0 & 0 & -2 \end{pmatrix}$$

abc	f^{abc}
123	1
147	1/2
156	−1/2
246	1/2
257	1/2
345	1/2
367	−1/2
458	$\sqrt{3}/2$
678	$\sqrt{3}/2$

〔注〕 f^{abc} は添え字の a, b, c の順番の入れ替えに対して奇になっている．すなわち，奇数回の入れ替えに対して符号が変わり，偶数回に対しては符号が変わらない．

後で使うので，もうすこし数式を書かせて頂きたい．一般に，行列 L^i $(i=1,2,\cdots,n^2-1$，$SU(n)$ に対応)の基本表現は

$$(L^i)^c_d \equiv (L^a_b)^c_d = \delta^c_b\delta^a_d - \frac{1}{n}\delta^a_b\delta^c_d \tag{2.69}$$

と取る$(a,b=1,2,\cdots,n)$．しかし，対角行列 L^a_a (和を取らない)は独立でなく，

$$\sum_a L^a_a = 0 \tag{2.70}$$

そこで，独立な $n-1$ 個の行列を，たとえば表 2-2 のように取る．すると，$SU(2)$，$SU(3)$ に対する L^a_b を具体的に書いてみると，表 2-3 のようになる．このように取ると，交換関係が，

$$[L^a_b, L^c_d] = \delta^a_d L^c_b - \delta^c_b L^a_d \tag{2.71}$$

となる．

表 2-2　対角行列のとり方

$\dfrac{1}{\sqrt{2k(k+1)}}\begin{pmatrix} 1 & & & & & & & \\ & 1 & & & & & & \\ & & \ddots & & & & & \\ & & & 1 & & & & \\ & & & & -k & & & \\ & & & & & 0 & & \\ & & & & & & \ddots & \\ & & & & & & & 0 \end{pmatrix}$	$\begin{pmatrix} k=1,2,\cdots,n-1 \\ \text{ただし 1 は } k \text{ 個ならぶ} \end{pmatrix}$

表 2-3　$SU(2)$，$SU(3)$ に対する L^a_b の表現

$SU(2)$ の場合	$L^1_1 = \begin{pmatrix} 1/2 & 0 \\ 0 & -1/2 \end{pmatrix}$, $L^1_2 = \begin{pmatrix} 0 & 0 \\ 1 & 0 \end{pmatrix}$, $L^2_1 = \begin{pmatrix} 0 & 1 \\ 0 & 0 \end{pmatrix}$
$SU(3)$ の場合	$L^1_1 = \begin{pmatrix} 1/2 & 0 & 0 \\ 0 & -1/2 & 0 \\ 0 & 0 & 0 \end{pmatrix}$, $L^1_2 = \begin{pmatrix} 0 & 0 & 0 \\ 1 & 0 & 0 \\ 0 & 0 & 0 \end{pmatrix}$, $L^2_1 = \begin{pmatrix} 0 & 1 & 0 \\ 0 & 0 & 0 \\ 0 & 0 & 0 \end{pmatrix}$ $L^1_3 = \begin{pmatrix} 0 & 0 & 0 \\ 0 & 0 & 0 \\ 1 & 0 & 0 \end{pmatrix}$, $L^3_1 = \begin{pmatrix} 0 & 0 & 1 \\ 0 & 0 & 0 \\ 0 & 0 & 0 \end{pmatrix}$ $L^2_2 = \dfrac{1}{2\sqrt{3}}\begin{pmatrix} 1 & 0 & 0 \\ 0 & 1 & 0 \\ 0 & 0 & -2 \end{pmatrix}$, $L^2_3 = \begin{pmatrix} 0 & 0 & 0 \\ 0 & 0 & 0 \\ 0 & 1 & 0 \end{pmatrix}$, $L^3_2 = \begin{pmatrix} 0 & 0 & 0 \\ 0 & 0 & 1 \\ 0 & 0 & 0 \end{pmatrix}$

場 ψ が n 次元の基本表現になっているとき，その成分を ψ^a $(a=1,2,\cdots,n)$ と書く．ψ^a の Hermite 共役の場 $\psi^\dagger_a$ は n^* 次元に属する．n^* 次元表現の行列 $L^a_b(n^*)$ と n 次元の行列 L^a_b とは

$$L_b^a(n^*) = -(L_b^a)^{\mathrm{T}} = -L_a^b \tag{2.72}$$

で定義される．ただし，(2.69)式で定義された L_b^a は Hermite 行列ではないので，それらの適当な1次結合をとることにより，Hermite 化を行なわなければならない．

さて，ゲージ変換で $L^a A^a$ (A の添え字 μ 省略)という表現がよく出てくるので，それを1つの Hermite 行列に表現する．

$$A \equiv \sqrt{2} L^a A^a \tag{2.73}$$

表 2-4 に行列 A の要素を $SU(2)$, $SU(3)$ について示した．このとき，

$$\mathrm{Tr}(A^2) = A^i A^i \tag{2.74}$$

となる．また，この行列を使うと，ゲージ場の数式がすこし節約される．

$$(D_\mu)_b^a \psi^b = (\partial_\mu - igA_\mu^i L^i)_b^a \psi^b = (\partial_\mu - i\frac{g}{\sqrt{2}} A_\mu)_b^a \psi^b \tag{2.75}$$

$$(D_\mu)_a^b \psi_b^\dagger = (\partial_\mu - igA_\mu^i L^i(n^*))_a^b \psi_b^\dagger = (\partial_\mu + i\frac{g}{\sqrt{2}} A_\mu)_a^b \psi_b^\dagger \tag{2.76}$$

表 2-4 ゲージ場 A の行列表現

$SU(2)$
$$A = \begin{pmatrix} \frac{A^3}{\sqrt{2}} & A_2^1 \\ A_1^2 & -\frac{A^3}{\sqrt{2}} \end{pmatrix}$$

$SU(3)$
$$A = \begin{pmatrix} \frac{A^3}{\sqrt{2}} + \frac{A^8}{\sqrt{6}} & A_2^1 & A_3^1 \\ A_1^2 & -\frac{A^3}{\sqrt{2}} + \frac{A^8}{\sqrt{6}} & A_3^2 \\ A_1^3 & A_2^3 & -\frac{2}{\sqrt{6}} A^8 \end{pmatrix}$$

ただし，

$$A_2^1 = \frac{1}{\sqrt{2}}(A^1 - iA^2), \quad A_1^2 = \frac{1}{\sqrt{2}}(A^1 + iA^2)$$

$$A_3^1 = \frac{1}{\sqrt{2}}(A^1 - iA^3), \quad A_1^3 = \frac{1}{\sqrt{2}}(A^1 + iA^3)$$

$$A_3^2 = \frac{1}{\sqrt{2}}(A^2 - iA^3), \quad A_2^3 = \frac{1}{\sqrt{2}}(A^2 + iA^3)$$

という表式になる．Hermite 共役場はゲージ場との結合に対して負の結合定数をもつことに注意する．$F_{\mu\nu}$ も当然行列化できる．

$$L = -\frac{1}{4}F^i_{\mu\nu}F^{i\,\mu\nu} = -\frac{1}{4}\,\mathrm{Tr}(F_{\mu\nu}F^{\mu\nu}) \tag{2.77}$$

$$F_{\mu\nu} = \partial_\nu A_\mu - \partial_\mu A_\nu - \frac{ig}{\sqrt{2}}(A_\mu A_\nu - A_\nu A_\mu) \tag{2.78}$$

表 2-4 をもういちど見てみよう．$SU(2)$ ゲージ理論では，$SU(2)$ の基本表現 **2** に属する粒子，たとえば

$$l_\mathrm{e} = \begin{pmatrix} \nu_\mathrm{e} \\ e \end{pmatrix}$$

は，2 種類の荷(charge) w_1，w_2 をもつ単一の粒子と考えることができる．そうすると，$\mathbf{2}^*$ に属する

$$l_\mathrm{e}^\dagger = \begin{pmatrix} e^\dagger \\ \nu_\mathrm{e}^\dagger \end{pmatrix}$$

は，荷 w_1^*，w_2^* をもつ．ゲージ粒子 A_2^1，A_1^2，A^3 は，複合荷 $w_1w_2^*$，$w_2w_1^*$，$w_1w_1^* - w_2w_2^*$ をもつと考えることができる．もう 1 つの組合せ $w_1w_1^* + w_2w_2^*$ は $SU(2)$ 1 重項であるので，$SU(2)$ ゲージ粒子となり得ないのである．

$SU(3)$ ゲージ粒子も同様に，3 種類の荷 R, B, G と R*, B*, G* の複合荷 RB*, RG*, … をもつ．ただし，RR* + BB* + GG* は $SU(3)$ 1 重項であるから，ゲージ粒子から除外する．

以上，きわめて形式的な議論をしてきたが，その詳細な解析により，いくつかの重要な特性がわかっている．第 1 に，ゲージ場の理論は「くりこみ可能」であること，すなわち，観測可能な量を正確に計算できることが最も大切である．それ以外に，いろいろ微妙で複雑な特性がわかっている．たとえば，強い相互作用の理論と信じられている $SU(3)$ ゲージ理論の帰結として，等価的な，すなわち観測にかかる力の大きさ(結合定数の大きさ)が，関与するエネルギーとともに減少する「漸近自由性」の発見などがある(5-7 節参照)．漸近自由性はすでに実験的に検証されている．

いままでの議論はあくまでも第2量子化を考えない古典的な場の理論である．空間的に広がった場を粒子の描像に変換するには，さらに個数の概念を導入する必要がある．1つだけ注意すべきことがある．粒子場は第2量子化によって，粒子数を1個減らす消滅演算子，かつ反粒子を1個増やす生成演算子になっていることは記憶しておかなければならない．

2-4 パリティー反転(P 変換)，荷電共役変換(C 変換)，時間反転(T 変換)

P, C, T 変換はいずれも非連続変換である．粒子間にはたらく相互作用の種類に応じて，それらは保存されたり，破れたりする．C 変換は電荷を反転させるので，電磁相互作用を考える必要がある．

ゲージ粒子に対する P, C, T 変換を求めるには，粒子場の移動の式(2.24)の不変性を使う．dx^μ はベクトルであるから，A^μ も当然ベクトルである．これから P, T 変換に対して，

$$x^\mu \xrightarrow{\mathrm{P}} x^\mu, \qquad A^0(x) \xrightarrow{\mathrm{P}} A^{\mathrm{P}0}(x) = A^0(t, -\boldsymbol{x})$$
$$A^i(x) \xrightarrow{\mathrm{P}} A^{\mathrm{P}i}(x) = -A^i(t, -\boldsymbol{x}) \qquad (2.79)$$

$$x^\mu \xrightarrow{\mathrm{T}} x^\mu, \qquad A^0(x) \xrightarrow{\mathrm{T}} A^{\mathrm{T}0}(x) = -A^0(-t, \boldsymbol{x})$$
$$A^i(x) \xrightarrow{\mathrm{T}} A^{\mathrm{T}i}(x) = A^i(-t, \boldsymbol{x}) \qquad (2.80)$$

を導くことができる．ただし，P や T の上つき記号は場の変換を陽に示したものである．C 変換は電荷 eQ を $-eQ$ に変換するから，eQA_μ の不変性より，

$$A_\mu(x) \xrightarrow{\mathrm{C}} A_\mu^{\mathrm{C}}(x) = -A_\mu(x) \qquad (2.81)$$

である．

スカラー粒子は1成分の場であるが，それに対する P, C, T 変換を考えるには，電磁場を含むラグランジアン密度と作用が基本となる．すなわち，ラグラ

ンジアン密度は，

$$L = [(\partial_\mu + ieQA_\mu)\phi^\dagger][(\partial^\mu - ieQA^\mu)\phi] - m^2\phi^\dagger\phi$$

さらに作用（action）S として，

$$S = \int L\, d^4x \tag{2.82}$$

を導入する．S が P, T 変換に対して不変なことから，

$$x^\mu \xrightarrow{\mathrm{P}} x^\mu, \quad \phi(x) \xrightarrow{\mathrm{P}} \phi^{\mathrm{P}}(x) = \pm\phi(t, -\boldsymbol{x}) \tag{2.83}$$

$$x^\mu \xrightarrow{\mathrm{T}} x^\mu, \quad \phi(x) \xrightarrow{\mathrm{T}} \phi^{\mathrm{T}}(x) = \pm\phi(-t, \boldsymbol{x}) \tag{2.84}$$

が得られる．ただし，パリティー変換が負の粒子は**擬スカラー粒子**（pseudo-scalar particle）とよばれる．C 変換の関係式は，L が $-eQ$ の電荷に対するラグランジアン密度になるように工夫する．すなわち，

$$\phi(x) \xrightarrow{\mathrm{C}} \phi^{\mathrm{c}}(x) \tag{2.85}$$

とおいて，

$$L = [(\partial_\mu - ieQA_\mu)\phi^{\mathrm{c}\dagger}][(\partial^\mu + ieQA^\mu)\phi^{\mathrm{c}}] - m^2\phi^{\mathrm{c}\dagger}\phi^{\mathrm{c}} \tag{2.86}$$

になればよい．L がもとにもどるためには，

$$\phi^{\mathrm{c}}(x) = \phi^\dagger(x) \tag{2.87}$$

である．

次に，Dirac 粒子に対する P, C, T 変換を考えよう．ラグランジアン密度は，

$$L = \bar{\psi} i\gamma_\mu \partial^\mu \psi - m\bar{\psi}\psi \tag{2.88}$$

いま，P 変換後の場を

$$x^\mu \xrightarrow{\mathrm{P}} x^\mu, \quad \psi(x) \xrightarrow{\mathrm{P}} \psi^{\mathrm{P}}(x) = S\psi(t, -\boldsymbol{x}) \tag{2.89}$$

とする．ただし，S はよぶんに必要なユニタリー行列である．ψ^{P} のためのラグランジアン密度は P 変換後に $\boldsymbol{x} \to -\boldsymbol{x}$ として（こうしても作用 S は不変），

$$L = \bar{\psi}^{\mathrm{P}} i(\gamma^0\partial_0 - \gamma^i\partial_i)\psi^{\mathrm{P}} - m\bar{\psi}^{\mathrm{P}}\psi^{\mathrm{P}} \tag{2.90a}$$

$$= \bar{\psi}(t, \boldsymbol{x}) S^{-1}\gamma^0 i(\gamma^0\partial_0 - \gamma^i\partial_i) S\psi(t, \boldsymbol{x}) - m\bar{\psi}(t, \boldsymbol{x})\psi(t, \boldsymbol{x}) \tag{2.90b}$$

となる．ただし，$\bar{\psi}$ に注意すること((2.39)式参照)．作用が不変になるには，

$$\gamma^0 S^{-1}(\gamma^0\gamma^i)S = -\gamma^i \tag{2.91}$$

任意の位相項 $\exp(i\phi)$ を別にすれば，この式から簡単に，

$$S = \gamma^0 \tag{2.92}$$

となる．表現(2.6)式を使い，静止した Dirac 粒子の解(2.9)，(2.10)に P 変換を作用させてみよう．

$$\psi_1^{\mathrm{P}} = \psi_1, \quad \psi_2^{\mathrm{P}} = \psi_2, \quad \psi_3^{\mathrm{P}} = -\psi_3, \quad \psi_4^{\mathrm{P}} = -\psi_4 \tag{2.93}$$

すなわち，負エネルギー状態のパリティーは正エネルギー状態の逆になる．

次に C 変換である．このためにはラグランジアン密度に電磁場を導入しなければならない．

$$L = \bar{\psi}i\gamma_\mu(\partial^\mu - ieQA^\mu)\psi - m\bar{\psi}\psi \tag{2.94}$$

ここで，C 変換後の場 ψ^{c} のラグランジアン密度の式

$$L = \overline{\psi^{\mathrm{c}}}i\gamma_\mu(\partial^\mu + ieQA^\mu)\psi^{\mathrm{c}} - m\overline{\psi^{\mathrm{c}}}\psi^{\mathrm{c}} \tag{2.95}$$

を何とか変形して $-L$ と比較する*．

$$\psi^{\mathrm{c}} = C\psi^* \tag{2.96}$$

とする．C は必要なユニタリー行列である．$\bar{\psi}$ に注意し，かつ γ^0 が Hermite であることに注意すれば，満たすべき式は，

$$C^\dagger\gamma^\mu C = -\gamma^{\mu*} \tag{2.97}$$

である．γ^i の反 Hermite 性に注意すれば，任意の位相項を除いて，

$$C = i\gamma^2 \tag{2.98}$$

であればよい．i を付けたのは，(2.6)式の表現で C が実数となるようにした．すなわち，

$$C = \begin{pmatrix} 0 & 0 & 0 & 1 \\ 0 & 0 & -1 & 0 \\ 0 & -1 & 0 & 0 \\ 1 & 0 & 0 & 0 \end{pmatrix} \tag{2.99}$$

---

* マイナス符号は Dirac 粒子の交換に対して符号がかわるため．これは Dirac 粒子が Fermi 統計にしたがうためである．たとえば，(2.95)式右辺第 2 項は $+m\psi^{\mathrm{T}}\gamma^0\psi^*$ となるが，この項を $m[\psi^{*\mathrm{T}}\gamma^0\psi]^{\mathrm{T}} = m\bar{\psi}\psi$ とするときに符号をかえなければならない．ただし T は転置を表わす．また(2.95)式を $-L^*$ と比較することによっても同様の議論ができる．

静止したDirac粒子のC変換は,

$$\psi_1^c = \psi_4, \quad \psi_2^c = -\psi_3, \quad \psi_3^c = -\psi_2, \quad \psi_4^c = \psi_1 \qquad (2.100)$$

となる.負エネルギー状態は荷電反転した正エネルギー状態に対応する.すなわち**反粒子**(antiparticle)である.ただし,ついでにスピンも逆転してしまう.そのために(2.10)式で,v_1, v_2がわざと逆転されているのである.また(2.20)式の第3,4式のσ^3にマイナス記号をつけた.これは,負エネルギー粒子と対応する反粒子とでは,時空における進行方向が反対向きであるため($E\to -E$, $\boldsymbol{p}\to -\boldsymbol{p}$),このようにした.この点は,C変換が複素変換をともなうため,進行波$\exp(-ip\cdot x)$が$\exp(ip\cdot x)=\exp(-i(-p)\cdot x)$となることに注意すれば,理解できよう.

反粒子を粒子の荷電反転したものと定義すれば,反粒子のパリティーは粒子のそれと逆である.これは負エネルギー状態での議論で明らかであるが,$(\psi^c)^P=\gamma^0(i\gamma^2\psi^*)=-(\psi^P)^c$からも理解できる.

もう1つ重要な点を補足しておく.アイソスピン2重項を考える.弱アイソスピンの例を参考にすると,電子型レプトンは

$$l_e = \begin{pmatrix} \nu_e \\ e \end{pmatrix} \qquad (2.101)$$

と表わすことができる.それでは反電子型レプトンl_e^cの表式はどうしたらよいのだろうか.ν_e, eの反粒子をそれぞれν_e^c, e^+(陽電子)と書けば,l_e^cは

$$l_e^c = \begin{pmatrix} e^+ \\ -\nu_e^c \end{pmatrix} \qquad (2.102)$$

と,ν_e^cの前にマイナス符号がつく.これはC変換を拡張して,2重項の場合

$$C = (i\gamma^2)(i\tau^2) \qquad (2.103)$$

としたことに対応する.ただし,τ^2はPauli行列の第2成分で,(2.7)式の表現を使えば,

$$i\tau^2 = \begin{pmatrix} 0 & 1 \\ -1 & 0 \end{pmatrix} \qquad (2.104)$$

となる.これは,$SU(2)$ゲージのラグランジアン密度L((2.65)式)に対する

作用 S((2.82)式)の不変性を使えば簡単に導き出すことができる．むずかしくいえば，$l_e^\dagger$ は $SU(2)$ の $\mathbf{2}^*$ 表現に属するので，すこし変形して l_e^c を $\mathbf{2}$ 表現にしている．

最後に T 変換を考える．T 変換した場を ψ^T と書くとき，

$$x^\mu \xrightarrow{\mathrm{T}} x^\mu, \qquad \psi(x) \xrightarrow{\mathrm{T}} \psi^{\mathrm{T}}(x) = T\psi^*(-t, \boldsymbol{x}) \tag{2.105}$$

とおけば，ユニタリー行列 T は

$$T = i\gamma^1\gamma^3 \tag{2.106}$$

である．

3 重変換 PCT は

$$\psi(x) \xrightarrow{\mathrm{PCT}} \psi^{\mathrm{PCT}}(x) = \gamma_5\psi(-x) \tag{2.107}$$

と簡単な式になる．

2-5 Dirac 粒子と Majorana 粒子

電子やクォークは Dirac 方程式で記述され，またそれらの反粒子(荷電共役粒子)も存在する．したがって，電子(荷電レプトン)やクォークは Dirac 粒子とよばれる．Dirac 粒子は当然，粒子と反粒子を区別する量子数をもつ．荷電レプトンは電荷 -1 をもち，反荷電レプトンは電荷 $+1$ をもつから，粒子，反粒子はそれぞれの電荷によって明確に区別できる．クォークも同様である．ところが，ニュートリノは電気的に中性である．ニュートリノは荷電レプトンやクォークのように明確に区別できる反粒子をもつ Dirac 粒子なのだろうか．

ニュートリノの質量は相棒の荷電レプトンと比べると極端に小さく，実験的にはその上限が決定されているのみである(表 1-1 参照)．ニュートリノの質量は正確にゼロかも知れない．実際，標準模型ではニュートリノの質量を恒等的にゼロとしている．そのとき，(2.12)～(2.14)式で示したように，場 ψ は左巻きと右巻きに分解され，かつ右巻き，左巻きが相互に混じりあうことがない

(ヘリシティーがよい量子数となっている).このことは単純に理解できる.質量0の粒子は光速で走っており,観測者がその粒子を追い越すことができない.したがって,粒子が特定のヘリシティーをもてば,それは運動によって変化しないのである(追い越して振り返ったときにヘリシティーは反転する).過去における膨大なベータ崩壊の研究により,ニュートリノは左巻き,すなわちヘリシティー -1 の固有状態であることがわかっている.すなわち,(2.13)式の2成分スピノルを使えば,

$$\nu = \nu_{\mathrm{L}} = \begin{pmatrix} u_{\mathrm{L}} \\ 0 \end{pmatrix} e^{-ip\cdot x} \tag{2.108}$$

である.ただしニュートリノの記号 ν をそのままスピノルの記号として使った.反ニュートリノはそれをC変換したもので,

$$\nu^{\mathrm{c}} = i\gamma^2 (P_{\mathrm{L}}\nu)^* = P_{\mathrm{R}}[(i\gamma^2)\nu^*] = \nu_{\mathrm{R}}^{\mathrm{c}} = \begin{pmatrix} 0 \\ u_{\mathrm{R}}^{\mathrm{c}} \end{pmatrix} e^{+ip\cdot x} \tag{2.109}$$

となり,右巻きである.

しかしながら,ニュートリノの質量を正確に0と要求する物理的な根拠(ある種の対称性)はなく,むしろ,3力の統一を目指す大統一理論では有限な質量をもつ方が自然である.それでは,どのようにしてニュートリノの微小な質量を説明したらよいのだろうか.(2.17)式から

$$\nu = \nu_{\mathrm{L}} + \nu_{\mathrm{R}} \tag{2.110}$$

添え字LとRはそれぞれ左巻きと右巻きを表わす.ラグランジアン密度の中の質量項 $-L_{\mathrm{m}}$ は,

$$-L_{\mathrm{m}} = m\bar{\nu}\nu = m(\overline{\nu_{\mathrm{L}}}\,\nu_{\mathrm{R}} + \overline{\nu_{\mathrm{R}}}\,\nu_{\mathrm{L}}) \tag{2.111}$$

ただし,スピノルの上についている — には注意が必要である.たとえば,$\overline{\nu_{\mathrm{L}}}$ は $(\bar{\nu})_{\mathrm{L}}$ ではなく,$(\overline{\nu_{\mathrm{L}}})$ である.すなわち,

$$\overline{\nu_{\mathrm{L}}} = (P_{\mathrm{L}}\nu)^\dagger \gamma^0 = \bar{\nu} P_{\mathrm{R}} \tag{2.112}$$

であることに注意する.したがって,有限な質量をもつためには,右巻きと左巻きの両方の成分が必要である.逆に,片方のヘリシティーしかもたないDirac粒子は,その質量が0でなければならない.

もし，粒子，反粒子の区別を気にしなければ，スピノルとして，

$$\nu_{\mathrm{M}} = \nu_{\mathrm{L}} + \nu_{\mathrm{R}}^{\mathrm{c}} \tag{2.113}$$

のように，粒子，反粒子の混合状態も Dirac 方程式を満たす．ν_{M} の反粒子は

$$\nu_{\mathrm{M}}^{\mathrm{c}} = (\nu_{\mathrm{L}})^{\mathrm{c}} + (\nu_{\mathrm{R}}^{\mathrm{c}})^{\mathrm{c}} = \nu_{\mathrm{L}} + \nu_{\mathrm{R}}^{\mathrm{c}} = \nu_{\mathrm{M}} \tag{2.114}$$

であるから，粒子，反粒子は同一である．このような特別な粒子を **Majorana**（マヨラナ）**粒子**とよぶ．

Majorana 粒子 ν_{M} の質量項は

$$-L_{\mathrm{M}} = M\,\overline{\nu_{\mathrm{M}}}\,\nu_{\mathrm{M}} = M(\overline{\nu_{\mathrm{L}}}\,\nu_{\mathrm{R}}^{\mathrm{c}} + \overline{\nu_{\mathrm{R}}^{\mathrm{c}}}\,\nu_{\mathrm{L}}) \tag{2.115}$$

となる．一般的な質量項は L_{m} と L_{M} という 2 種類の質量項の和と考えられる．

$$-L_{\mathrm{mM}} = m(\overline{\nu_{\mathrm{L}}}\,\nu_{\mathrm{R}} + \overline{\nu_{\mathrm{R}}}\,\nu_{\mathrm{L}}) + M(\overline{\nu_{\mathrm{L}}}\,\nu_{\mathrm{R}}^{\mathrm{c}} + \overline{\nu_{\mathrm{R}}^{\mathrm{c}}}\,\nu_{\mathrm{L}}) \tag{2.116}$$

$$= (\overline{\nu_{\mathrm{L}}} \quad \overline{\nu_{\mathrm{L}}^{\mathrm{c}}})\begin{pmatrix} M & m/2 \\ -m/2 & 0 \end{pmatrix}\begin{pmatrix} \nu_{\mathrm{R}}^{\mathrm{c}} \\ \nu_{\mathrm{R}} \end{pmatrix} + (\overline{\nu_{\mathrm{R}}^{\mathrm{c}}} \quad \overline{\nu_{\mathrm{R}}})\begin{pmatrix} M & -m/2 \\ m/2 & 0 \end{pmatrix}\begin{pmatrix} \nu_{\mathrm{L}} \\ \nu_{\mathrm{L}}^{\mathrm{c}} \end{pmatrix} \tag{2.117}$$

ただし，第 2 項は第 1 項の Hermite 共役（h.c. と書く）である．

観測される粒子は L_{mM} の固有値でなければならない．$M \gg m$ のとき，固有値と固有関数を表 2-5 に示してある．すなわち，

$$L_{\mathrm{mM}} = M(\overline{\nu_{1\mathrm{L}}}\,\nu_{1\mathrm{R}} + \overline{\nu_{1\mathrm{R}}}\,\nu_{1\mathrm{L}}) + \frac{m^2}{4M}(\overline{\nu_{2\mathrm{L}}}\,\nu_{2\mathrm{R}} + \overline{\nu_{2\mathrm{R}}}\,\nu_{2\mathrm{L}}) \tag{2.118}$$

おもしろいことに，2 番目の固有値は係数 m/M だけ小さくなる．この状態 ν_2 を観測されるニュートリノと解釈できないだろうか．このときに，ν_2 は Majorana 型となる．このように，ニュートリノは Majorana 粒子である可能

表 2-5 ニュートリノ質量の固有値と固有関数

固有値	固　有　関　数
M	$\nu_1 = \nu_{\mathrm{R}}^{\mathrm{c}} + \nu_{\mathrm{L}} - \frac{m}{2M}(\nu_{\mathrm{L}}^{\mathrm{c}} - \nu_{\mathrm{R}})$
$\frac{m^2}{4M}$	$\nu_2 = \nu_{\mathrm{R}} + \nu_{\mathrm{L}}^{\mathrm{c}} - \frac{m}{2M}(\nu_{\mathrm{R}}^{\mathrm{c}} - \nu_{\mathrm{L}})$

性が高いのである．また，もう1つの Majorana ニュートリノ ν_1 の質量は M でたいへん重い．

M がどの程度の大きさなのか当たってみよう．m は対応する荷電レプトンの質量としてよかろう．太陽ニュートリノのフラックスが太陽理論の半分以下しかないことが観測されているが(7-2節参照)，もしそれがニュートリノの有限な質量に起因するとしてデータを解析すると，電子およびミューニュートリノの質量は

$$m(\nu_e) \ll 10^{-3} \quad \text{eV} \tag{2.119}$$

$$m(\nu_\mu) \cong 10^{-3} \quad \text{eV} \tag{2.120}$$

程度となる．$m_\mu=0.1$ GeV であるから，M は

$$M = 2\times 10^9 \quad \text{GeV} \tag{2.121}$$

と，Planck 質量と弱い相互作用のスケール((1.14),(1.15)式)のちょうど中間あたりにくる．

また，m として弱い力のエネルギースケールを取るのも自然である．すなわち(1.14)式から，

$$m = m_{\rm F} = 293 \quad \text{GeV} \tag{2.122}$$

すると M は，

$$M = 2.1\times 10^{16} \quad \text{GeV} \tag{2.123}$$

となり，まさに「超対称性大統一理論」(H-6節参照)のエネルギースケールに近く，たいへんおもしろい．

このように，ニュートリノの質量と，ニュートリノが Majorana 粒子かどうかは，標準模型を越えたエネルギースケールでの素粒子物理学に関係している可能性があり，それらを実験的に研究することがたいへん重要である．

補注(34頁)　ゲージ場 A_μ のエネルギー密度は，この場合 $(\boldsymbol{E}^2+\boldsymbol{B}^2)/2$ であり，通常の $(\boldsymbol{E}^2+\boldsymbol{B}^2)/8\pi$ と，係数 $1/4\pi$ だけ違う．ただし $E^i=F^{0i}$，$B^i=-\varepsilon^{ijk}F^{ik}$ である．このため，微細構造定数の定義式 $\alpha=e^2/4\pi$ に係数 $1/4\pi$ が入ってくる．

3 種類の相互作用

素粒子の研究は，素粒子間に作用する相互作用を通して素粒子自体の特性や相互作用そのものの解明を目指す．前章でゲージ変換に基礎をおいた理論形式を導入したが，それをもとに素粒子間の散乱過程や素粒子の崩壊過程を定量的に計算し，実験結果と照らし合わせる．およそすべての理論形式は実験による淘汰を受けなければならないことを忘れてはいけない．

本章ではまず，電磁力，弱い力，強い力による相互作用を考察する．いわば標準模型完成前夜のお話である．

3-1　電磁相互作用，弱い相互作用，散乱振幅，断面積，崩壊率

ここで，伝統的な電磁相互作用と弱い相互作用を説明する．実際の観測と比較するためには，断面積や崩壊率の計算が必要である．それらの簡単な紹介を行なう．

電磁相互作用は $U(1)$ ゲージ理論の定式化であらゆる現象が説明できる．ラグランジアン密度の相互作用項を取り出すと，

$$L_{\mathrm{int}} = A_\mu j^\mu \tag{3.1}$$

となることはすでに説明した((2.44)式)．ここで，A_μ はフォトン場，j^μ は電流である．具体的に考えると，電子の $U(1)$ 表現は電荷 $Q=-1$ であるから，

$$j^\mu(x) = -e\bar{e}(x)\gamma^\mu e(x) \tag{3.2}$$

と書ける．ただし，電子のスピノル場を簡単に $e(x)$ と表わした．最初の e は素電荷である．電流 j^μ の次元は $[E^3]$ であることに注意しよう(次元からわかるように，j^μ は正確には電流密度である)．

実際の電磁散乱は図 3-1 のように絵で表わすと分かりやすい(Feynman グラフ)．左から 2 つの電子 1, 2 が入射して衝突する．どちらかの電子がフォトンを放出する．そのフォトンは時空を伝播してもう一方の電子に吸収される．つまり，力の作用はフォトンの放出吸収によって行なわれる．(3.1)式のラグランジアン密度は，図のフォトン線と電子線の交点の 1 つを定式化したものである．それでは，散乱全体を表わす散乱振幅はどのように求めるのだろうか．

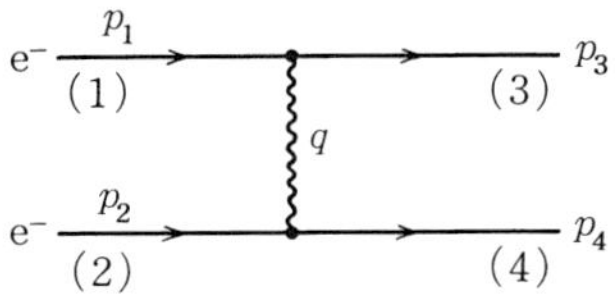

図 3-1 電子-電子散乱．

フォトン場の方程式は(2.46)式で与えられ，もういちど書くと，

$$\partial_\nu \partial^\nu A^\mu(x) = j^\mu(x) \tag{3.3}$$

である．この解を求めるには，まず次の方程式を満たす Green 関数 $G_F(x-y)$ を求める．

$$\partial_\nu \partial^\nu D_F(x-y) = \delta^4(x-y) \tag{3.4}$$

この解は Fourier 変換によって求めることができる．すなわち，

$$D_F(x-y) = \int \frac{d^4 q}{(2\pi)^4} e^{-iq\cdot(x-y)} D_F(q^2) \tag{3.5}$$

とすると，$D_F(q^2)$ は，

$$D_F(q^2) = -1/q^2 \tag{3.6}$$

である．ただし，q^μ は交換運動量で，図 3-1 を参照すれば，$q_\mu = p_{1\mu} - p_{3\mu} = p_{4\mu} - p_{2\mu}$ である．Green 関数 $D_F(x-y)$ をプロパゲーターという．

これから，求める $A^\mu(x)$ は

$$A^\mu(x) = \int d^4y\, D_F(x-y) j^\mu(y) \tag{3.7}$$

となる．要するに，フォトン場 A^μ は電流 j^μ によって時空 y で発生し，時空 x の点までプロパゲーターによって伝播してきた．x 点における $A^\mu(x)$ は，次に電流 $j^\mu(x)$ によって吸収されて，散乱が起こる．散乱振幅 S は，証明なしに書くと*,

$$S = i\int d^4x\, j_\mu(x) A^\mu(x) \tag{3.8}$$

となる．直観的にいうと，S はフォトンが電流に吸収される「作用」になっている((2.82)式参照)．次に，Fourier 変換を行なう．

$$j^\mu(x) = eN_1N_3 j^\mu(p_1, p_3) e^{-i(p_3-p_1)\cdot x} \tag{3.9a}$$

$$j^\mu(y) = eN_2N_4 j^\mu(p_2, p_4) e^{-i(p_4-p_2)\cdot y} \tag{3.9b}$$

ここで，$p_1, \cdots, p_4$ は粒子の運動量である(図 3-1 参照)．$N_1, \cdots, N_4$ は場の規格化因子で，

$$N_i = (2\pi)^{-3/2}(2E_i)^{-1/2} \tag{3.10}$$

$j^\mu(p_i, p_j)$ は e をくくり出して，

$$j^\mu(p_i, p_j) = Q\bar{u}(p_j, s_j)\gamma^\mu u(p_i, s_i) \tag{3.11}$$

で定義した．Q は粒子 i または j (同一粒子である)の電荷で，$u(p_i, s_i)$ は運動量 p_i，スピンの向きが s_i の Dirac スピノルである．反粒子がある場合には，対応するスピノルとして u の代わりに v を使う．表 3-1 に一部の特性を要約してある．

散乱振幅は結局，

$$S = i(2\pi)^4\delta^4(p_3+p_4-p_1-p_2)N_1N_2N_3N_4\boldsymbol{M} \tag{3.12}$$

$$\boldsymbol{M} = e^2(j_\mu(p_1, p_3) j^\mu(p_2, p_4))D_F(q^2) \tag{3.13}$$

となる．

* J. D. Bjorken and S. D. Drell : *Relativistic Quantum Mechanics* (McGraw-Hill, 1964).

表 3-1 外場のないときのスピノルのまとめ(運動量空間で)

1. Dirac 方程式
$(\not{p}-m)u(p,s)=0$
$(\not{p}+m)v(p,s)=0$
$\bar{u}=u^\dagger\gamma^0$, $\bar{v}=v^\dagger\gamma^0$ のとき
$\bar{u}(p,s)(\not{p}-m)=0$
$\bar{v}(p,s)(\not{p}+m)=0$
2. 規格化
$\bar{u}(p,s)u(p,s)=2m$
$\bar{v}(p,s)v(p,s)=-2m$
$\sum_{s=\pm}[u_\alpha(p,s)\bar{u}_\beta(p,s)-v_\alpha(p,s)\bar{v}_\beta(p,s)]=2m\delta_{\alpha\beta}$
3. エネルギー写影演算子
$\sum_{s=\pm}u_\alpha(p,s)\bar{u}_\beta(p,s)=(\not{p}+m)_{\alpha\beta}$
$\sum_{s=\pm}v_\alpha(p,s)\bar{v}_\beta(p,s)=(\not{p}-m)_{\alpha\beta}$

〔注〕 $u(p,s)$：運動量 p，スピン方向 s の Dirac スピノル，
$v(p,s)$：運動量 p，スピン方向 s の反 Dirac スピノル．

ここまでくれば，散乱の断面積を出すのは所定の公式を使って，めんどうな計算をすればよい．表 3-2 を参照されたい(補遺も参照のこと)．

次に，弱い相互作用を説明しよう．弱い相互作用の研究は原子核のベータ崩壊の研究から始まった．その後，ミューオンの崩壊やストレンジネスをもった粒子の崩壊が詳細に研究され，さらに人工的に作られた高エネルギーニュートリノビームを使った研究が大々的に行なわれてきた．さらに，$\bar{\mathrm{p}}\mathrm{p}$ コライダーによって弱い力のゲージ粒子 $\mathrm{W}^{+,-}$ と Z^0 が直接生成されて弱い力の本質が解明された．$\mathrm{e}^+\mathrm{e}^-$ コライダー LEP が運転を始めると，Z^0 粒子の生成率は 1 年間に数 10 万発にのぼり，きわめて詳細な研究が行なわれた．

まず，低エネルギー，すなわち(1.14)式で与えられる弱い力のエネルギースケール 293 GeV より十分低いエネルギー領域では，弱い相互作用はさらに 2 種類に分類される．1 番目は，反応前後で電荷が 1 単位だけ粒子間を移動するもので**荷電カレント反応**という．たとえば，

表 3-2　ゲージ相互作用における断面積と崩壊率

1. 最低次の散乱振幅(図 3-1 参照)

$$S_{fi}=i\int d^4xd^4y\, j_\mu(x)D_{\mathrm{F}}(x-y)j^\mu(y)$$

j_μ はカレント

$$j_\mu(x)=eN_1N_3\,j_\mu(p_1,p_3)e^{-i(p_1-p_3)\cdot x}$$
$$j_\mu(y)=eN_2N_4\,j^\mu(p_2,p_4)e^{-i(p_2-p_4)\cdot y}$$

$N_1,\cdots,N_4$ は規格化因子で，

$$N_i=(2\pi)^{-3/2}(2E_i)^{-1/2}$$

$(2\pi)^3$ は体積要素であるから $[E^{-3}]$ の次元をもち，したがって，N_i は $[E]$ の次元をもつ．また，$j^\mu(p_i,p_j)$ は

$$j^\mu(p_i,p_j)=Q\bar{u}(p_j)\Gamma^\mu u(p_i)$$

のようになるから，u の規格化(表 3-1 参照)から u の次元は $[E^{1/2}]$．したがって，$j^\mu(p_i,p_j)$ の次元は $[E]$ となる．$D_{\mathrm{F}}(x-y)$ はプロパゲーターで，

$$(\partial_\nu\partial^\nu+m^2)D_{\mathrm{F}}(x-y)=\delta^4(x-y)$$

の解である．

$$D_{\mathrm{F}}(x-y)=\int\frac{d^4q}{(2\pi)^4}\frac{-1}{q^2-m^2}e^{-iq\cdot(x-y)}\equiv\int D_{\mathrm{F}}(q^2)e^{-iq\cdot(x-y)}\frac{d^4q}{(2\pi)^4}$$

S_{fi} は

$$S_{fi}=i(2\pi)^4e^2\delta^4(p_3+p_4-p_1-p_2)N_1N_2N_3N_4\,j_\mu(p_1,p_3)j^\mu(p_2,p_4)D_{\mathrm{F}}(q^2)$$
$$\equiv i(2\pi)^4\delta^4(p_3+p_4-p_1-p_2)N_1N_2N_3N_4\,\boldsymbol{M}$$

2. 散乱断面積

$$d\sigma=\frac{1}{|\boldsymbol{v}_1-\boldsymbol{v}_2|}\frac{1}{2E_12E_2}|\boldsymbol{M}|^2$$
$$\times\frac{d^3p_3}{2E_3(2\pi)^3}\frac{d^3p_4}{2E_4(2\pi)^3}\cdot(2\pi)^4\delta^4(p_3+p_4-p_1-p_2)\cdot S$$

粒子 3 と粒子 4 が同種類のとき $S=1/2!$，その他は $S=1$．$\boldsymbol{v}_1,\boldsymbol{v}_2$ は入射粒子 1, 2 の速度．上式は各粒子のあるスピン状態に対応し，正確には $d\sigma(s_1,s_2,s_3,s_4)$ である．多くの実験ではスピンの観測はしない．したがって，$d\sigma$ をさらに入射粒子のスピン自由度で平均し，放出粒子のスピン自由度の和をとる．

$$d\sigma=\frac{1}{(2s_1+1)(2s_2+1)}\sum_{s_1,s_2,s_3,s_4}d\sigma(s_1,s_2,s_3,s_4)$$

3. 崩壊率 Γ および寿命 τ (図 3-2 参照)

$$d\Gamma=d\left(\frac{1}{\tau}\right)=\frac{1}{2M}|\boldsymbol{M}|^2\frac{d^3p_1}{2E_1(2\pi)^3}\frac{d^3p_2}{2E_2(2\pi)^3}\frac{d^3p_3}{2E_3(2\pi)^3}$$
$$\times(2\pi)^4\delta^4(P-p_1-p_2-p_3)\cdot S$$

ただし，M, P は崩壊粒子の質量と 4 元運動量である．スピンに対しては散乱と同様の注意が必要である．

$$\nu_\mu + \mathrm{n} \to \mu^- + \mathrm{p} \tag{3.14}$$

のように，ν_μ が μ 粒子に，中性子 n が陽子 p になる反応である．ベータ崩壊もこの範疇にはいる．というのは，たとえば，μ 粒子のベータ崩壊(図 3-2)，

$$\mu^- \to \nu_\mu + \mathrm{e}^- + \bar{\nu}_\mathrm{e} \tag{3.15}$$

は反応

$$\mu^- + \nu_\mathrm{e} \to \nu_\mu + \mathrm{e}^- \tag{3.16}$$

と等価だからである．

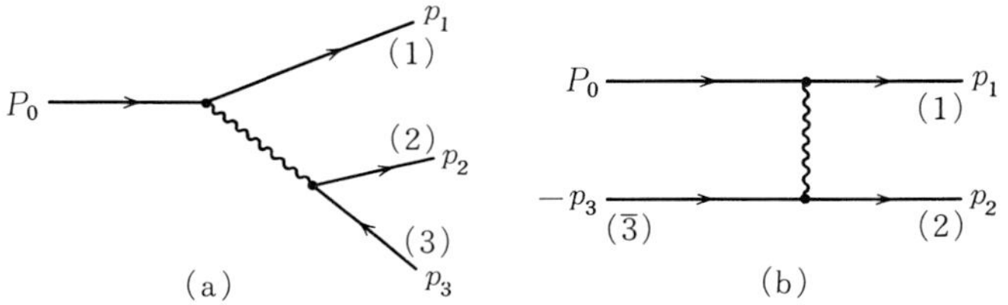

図 3-2 粒子(質量 M)の崩壊 (a)．この崩壊過程は，(b) の散乱と物理的に等価である．ただし，$\overline{3}$ は粒子 3 の反粒子．このとき，$\overline{3}$ の運動量は符号がかわる．

2 番目の反応は**中性カレント反応**で，反応前後で電荷の移動が起こらない．たとえば，

$$\nu_\mu + \mathrm{e}^- \to \nu_\mu + \mathrm{e}^- \tag{3.17}$$

は中性カレント反応である．この例では，電子数とミュー数という量子数の保存を考えれば，たしかに電荷の移動が起こっていない．

現在までの知識を総合すると，荷電カレント反応はその等価的ラグランジアン密度 L_eff を運動量表示で

$$L_\mathrm{eff} = \frac{G_\mathrm{F}}{\sqrt{2}}(J_\mu^\dagger j^\mu + \mathrm{h.c.}) \tag{3.18}$$

のようにかくことができる．ただし，G_F は Fermi 定数であって，その値は(1.9)式に与えた．また，h.c. は第 1 項の Hermite 共役な項を示す．j^μ や J^μ は弱カレントで，電流とよく似た形をしている．(3.16)式の反応は現実的でないので，その時間反転の反応，

$$\nu_\mu + \mathrm{e}^- \to \mu^- + \nu_\mathrm{e} \tag{3.19}$$

を考えると，カレントの具体的な形は，

$$j^\mu = \bar{\nu}_e \gamma^\mu (1-\gamma_5) e, \qquad j^{\dagger\mu} = \bar{e} \gamma^\mu (1-\gamma_5) \nu_e \tag{3.20a}$$

$$J^\mu = \bar{\nu}_\mu \gamma^\mu (1-\gamma_5) \mu, \qquad J^{\dagger\mu} = \bar{\mu} \gamma^\mu (1-\gamma_5) \nu_\mu \tag{3.20b}$$

となる．ここでも粒子の記号がそれぞれのスピノル場を表わしている．第2量子化の言語を使うと，e 場は電子の消滅と陽電子の発生を司り，ν_e は電子ニュートリノの消滅と反電子ニュートリノの発生演算子を表わす．他の場の役割も同様である．これから反応(3.19)が理解できよう．散乱振幅 $L_{\rm eff}$ は明らかにパリティー変換に対して不変でない(確かめよ)．また，(3.18)式から計算した散乱断面積は，高エネルギーで破綻をきたすことはすでに(1.16)式で示した．

弱カレントは電流とたいへんよく似ているので，新しくゲージ粒子を導入したくなる．その前に，カレントの考察をもうすこし進める．すでに何度も紹介したように，電子ニュートリノと電子で2重項 l_e を作る．さらに，左巻きの成分のみを考える．

$$l_{eL} = P_L l_e = \begin{pmatrix} P_L \nu_e \\ P_L e \end{pmatrix} \tag{3.21}$$

とすると，(3.20)式のカレントは，

$$j^\mu = 2\overline{l_{eL}} \gamma^\mu \tau^+ l_{eL}, \qquad j^{\dagger\mu} = 2\overline{l_{eL}} \gamma^\mu \tau^- l_{eL} \tag{3.22a}$$

$$J^\mu = 2\overline{l_{\mu L}} \gamma^\mu \tau^+ l_{\mu L}, \qquad J^{\dagger\mu} = 2\overline{l_{\mu L}} \gamma^\mu \tau^- l_{\mu L} \tag{3.22b}$$

ここで，l_μ はミューニュートリノとミューオンの2重項，$\tau^{+,-}$ は昇降演算子

$$\tau^+ = \frac{\tau^1 + i\tau^2}{2} = \begin{pmatrix} 0 & 1 \\ 0 & 0 \end{pmatrix}, \qquad \tau^- = \frac{\tau^1 - i\tau^2}{2} = \begin{pmatrix} 0 & 0 \\ 1 & 0 \end{pmatrix} \tag{3.23}$$

である．これらのカレントは，まさに $SU(2)$ ゲージ場によって作られたカレントにほかならない．$SU(2)$ ゲージ粒子 W を導入しよう．時空の添え字を省けば，表2-4から，

$$W = \begin{pmatrix} \dfrac{W^0}{\sqrt{2}} & W^+ \\ W^- & -\dfrac{W^0}{\sqrt{2}} \end{pmatrix} \tag{3.24}$$

ラグランジアン密度の相互作用項 $L_{\rm int}$ は(2.65)式を展開して求められ，

$$L_{\rm int} = \frac{g}{\sqrt{2}}\overline{l_{\rm eL}}\not{W} l_{\rm eL} = \frac{g}{2\sqrt{2}}W_\mu^- j^{\dagger\mu} + \frac{g}{2\sqrt{2}}W_\mu^+ j^\mu + \frac{g}{4}W_\mu^0 j^{3\mu} \quad (3.25)$$

ただし，j^3 は

$$j^{3\mu} = 4\overline{l_{\rm eL}}\gamma^\mu \frac{\tau^3}{2} l_{\rm eL} = \bar{\nu}_{\rm e}\gamma^\mu(1-\gamma_5)\nu_{\rm e} - \bar{\rm e}\gamma^\mu(1-\gamma_5){\rm e} \quad (3.26)$$

であり，このカレントは反応前後で電荷の変化を起こさない．そこで j^3 は中性カレントとよばれる．

同様の相互作用項が，ミューオンの 2 重項についても可能である．また，クォークについても (u, d), (c, s), (t, b) をそれぞれ 2 重項とすれば同じ議論がなりたつ(表 1-4 参照)．

ただし，Fermi 定数の次元を出すためには，ゲージ粒子にどうしても質量をもたせる必要がある．しかし有限な質量は明らかにゲージ不変性を破壊する．困ったときにはよい知恵が浮かぶもので，後で説明するように Higgs 機構とよばれる巧妙なトリックで，ゲージ不変性を破ることなくゲージ粒子に質量をもたせることができる．いま，ゲージ粒子の質量を $m_{\rm W}$ とする．

表 3-2 のプロパゲーターを使い，$-q^2 \ll m_{\rm W}{}^2$ を使えば，(3.25)式の等価的ラグランジアン $L_{\rm eff}$ は，

$$L_{\rm eff} = \frac{g^2}{8m_{\rm W}{}^2} J_\mu^\dagger j^\mu \quad (3.27)$$

となろう(j^μ から W が放出されて J_μ に吸収される．場 W はプロパゲーターとなる)．これを(3.18)式と比較すれば，

$$g^2 = 4\sqrt{2}\, G_{\rm F}\, m_{\rm W}{}^2 \quad (3.28)$$

である．数値を代入すると，

$$\alpha_2 = g^2/4\pi = 1/30 \quad (3.29)$$

となり，電磁力の結合定数 α とそれほど違わない．また，明らかにゲージ粒子 $\rm W^{+,-}$ は電荷をもっている．電磁力と弱い力に何か関係があることを窺わせる．

$SU(2)$ ゲージ理論は(3.25)式からわかるように，$\rm W^{+,-}$ 粒子の他にもう 1

つの中性ゲージ粒子 W^0 を必要とする．またこれにともなって，(3.26)式のように，電荷が反応前後で変化しない，中性カレント反応による弱い相互作用がなければならない．中性カレント反応には，次のような特徴があることが，以上の式から直ちにわかる．

(1) W^0 の質量は $W^{+,-}$ の質量と全く同じ大きさをもつ．なぜなら，W^0, W^+, W^- は保持する弱荷の種類が異なるだけで，本質的に同種粒子であり，質量発生の機構は3つの粒子に対して同一に作用するからである．

(2) 中性カレント反応は荷電カレント反応と比べて断面積の大きさは1/4であるが($L_{\rm int}$ の g につく係数の4乗の比である)，全く同じ構造をもつ．したがって，

$$\nu_\mu + e^- \to \mu^- + \nu_e \tag{3.19}$$

$$\nu_\mu + e^- \to \nu_\mu + e^- \tag{3.30}$$

の2つの反応は，μ や e の質量が無視できる高エネルギーで，角分布などは同一である．

1974年に中性カレント反応(3.30)が実験的に観測され，後に中性カレント反応に関与する Z^0 粒子も観測された．くわしい解析の結果，上の(1)，(2)はことごとく実験結果と矛盾していた．

(1) 表1-6から，$W^{+,-}$ と Z^0 の質量は有意に異なる．

(2) Z^0 の部分崩壊率(partial decay rate)は

$$\Gamma(\text{hadrons}) = 1764 \pm 16 \quad \text{MeV} \tag{3.31}$$

ただし，hadronsとは終状態にメソンの多重発生を起こす崩壊のことで，実際はエネルギー的に可能なクォーク対生成の和に相当する．すなわち，

$$\Gamma(\text{hadrons}) = \Gamma(\bar{u}u) + \Gamma(\bar{d}d) + \Gamma(\bar{s}s) + \Gamma(\bar{c}c) + \Gamma(\bar{b}b) \tag{3.32}$$

また，

$$\Gamma(e^+e^-) = 83.6 \pm 0.9 \quad \text{MeV} \tag{3.33}$$

$$\Gamma(\mu^+\mu^-) = 83.8 \pm 1.2 \quad \text{MeV} \tag{3.34}$$

$$\Gamma(\tau^+\tau^-) = 83.3 \pm 1.4 \quad \text{MeV} \tag{3.35}$$

3種類のレプトンに崩壊する確率はよい精度で一致する．すなわち，電磁相

互作用や弱い相互作用は世代間の相違を検知しない．これを lepton universality という．

3 世代荷電レプトンに対する崩壊率の平均値は，

$$\Gamma(l^+l^-) = 83.6 \pm 0.7 \quad \mathrm{MeV} \tag{3.36}$$

である．したがって，

$$\frac{\Gamma(\mathrm{hadrons})}{\Gamma(l^+l^-)} = 21.1 \pm 0.3 \tag{3.37}$$

さて，(3.26)式の中性カレントからの予想値を求めよう．図 3-3 のグラフの計算は遷移振幅として(3.25)式の第 3 項をそのまま取り，表 3-2 の崩壊率によって計算すればよい．ここでは，単に崩壊率が遷移振幅の 2 乗に比例することに注意すれば，

$$\begin{aligned}&\Gamma(\bar{\mathrm{u}}\mathrm{u}) : \Gamma(\bar{\mathrm{d}}\mathrm{d}) : \Gamma(\bar{\mathrm{s}}\mathrm{s}) : \Gamma(\bar{\mathrm{c}}\mathrm{c}) : \Gamma(\bar{\mathrm{b}}\mathrm{b}) : \Gamma(\mathrm{e}^+\mathrm{e}^-)\\ &\quad : \Gamma(\mu^+\mu^-) : \Gamma(\tau^+\tau^-) : \Gamma(\bar{\nu}_\mathrm{e}\nu_\mathrm{e}) : \Gamma(\bar{\nu}_\mu\nu_\mu) : \Gamma(\bar{\nu}_\tau\nu_\tau)\\ &= 3:3:3:3:3:1:1:1:1:1:1\end{aligned} \tag{3.38}$$

である．ただし，クォーク対崩壊ではカラー自由度 3 を考慮しなければならない(3-4 節参照)．したがって，

$$\frac{\Gamma(\mathrm{hadrons})}{\Gamma(l^+l^-)} = 15 \tag{3.39}$$

で，実験結果とかなり近いが，明らかに矛盾する．

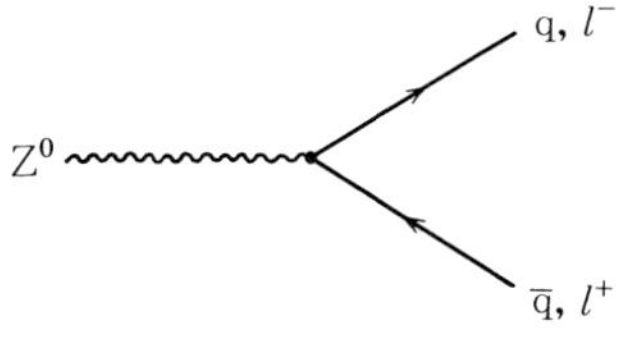

図 3-3 Z^0 粒子の崩壊．終状態は $(q\bar{q})$ か，または (l^-l^+) である．

大昔のロチェスター国際会議において，R. Feynman が以下のような点(正確な記憶ではないが)を指摘したことがある．弱い相互作用では電気的に中性のニュートリノが反応によって消滅し，電気をもった電子が突然飛び出してくる．電子が突然加速されれば，電磁波の発生など大きな電磁的相互作用が起こるはずである．したがって，たぶん，弱い相互作用を解明するには電磁相互作

用を同時に考察することが重要であろう．

Glashow-Weinberg-Salam 模型は $SU(2)\times U(1)$ のゲージ対称性を要求して新しい定式化を行なったもので，電磁力と弱い力を同時に含んでいる(次章参照)．ただし，いぜんとして2つの力に起因する2つの独立な結合定数をパラメーターとしてもっているという点を考えれば，それは完全な統一理論とはいえない．

3-2 強い相互作用 I——核力，πN 散乱，共鳴状態

原子核は陽子と中性子(総合して核子とよぶ)が強固に束縛したものである．その力は核力とよばれ，電磁力に比べてたいへん強い．質量数 A をもつ原子核の半径 R_A はよく知られているように，

$$R_A = 1.2A^{1/3} \quad \mathrm{fm} \tag{3.40}$$

である．すなわち，核力は核子を互いに約 1 fm 以下の半径で束縛しなければならない．ところが，電磁相互作用は，水素原子を考えればわかるように，対応する Bohr 半径 r_{H} は，

$$r_{\mathrm{H}} = 1/m_{\mathrm{e}}\alpha = 0.53\times 10^{-8} \quad \mathrm{cm} \tag{3.41}$$

で与えられる．ただし，m_{e} は電子の質量である．この式を単純に陽子・陽子間に応用すると，Bohr 半径 R_{H} は，重心系の換算質量が $\mathrm{m_p}/2$ であることに注意すれば，

$$R_{\mathrm{H}} = 2/m_{\mathrm{p}}\alpha = 58 \quad \mathrm{fm} \tag{3.42}$$

となり，$R_{\mathrm{H}}<1$ fm になるためには核力に対応する α はずっと大きく，したがって電磁力よりそうとう強くなければならない．湯川は核力を媒介する粒子として，**中間子**(メソン)を導入した．中間子の質量はその到達距離 1.2 fm がその Compton 波長に相当するとして，約 160 MeV と予言できる．その後，宇宙線の観測によって，ミューオンを湯川粒子と間違えたこともあったが，めでたく π メソンが発見され，湯川理論の正しさが証明された．

強い相互作用の研究は加速器による大量の π メソンが生成されるにおよん

で，π・核子散乱の実験研究が精力的に行なわれた．とくに π^+p，π^-p 散乱の断面積が精度よく測定された．図 3-4 に π^+p，π^-p 散乱の全断面積および弾性散乱の全断面積が π メソンの運動量とともにどう変わるかを示した．低エネルギーでいくつかのピークがみられるが，これらがまさに πN 系の共鳴状態，

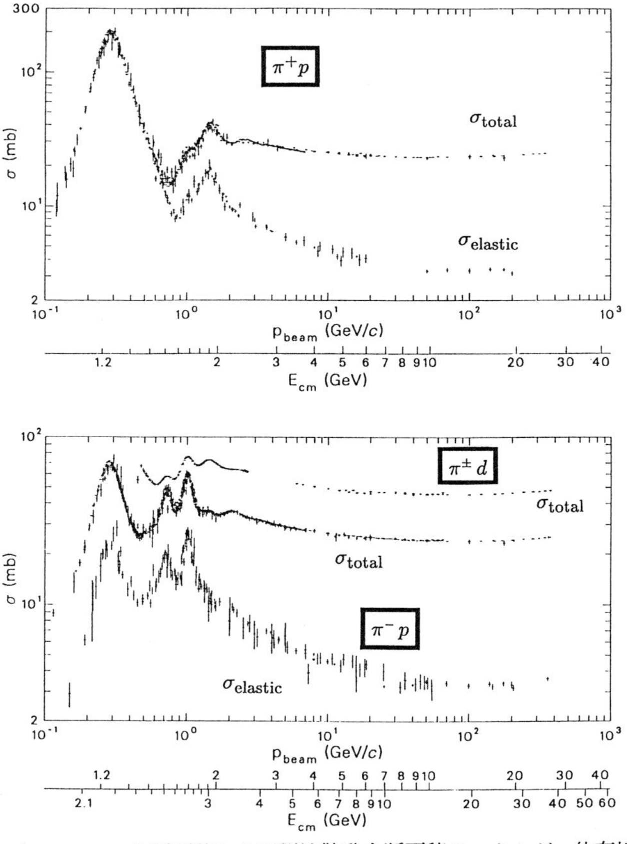

図 3-4　π^+p，π^-p の全断面積および弾性散乱全断面積のエネルギー依存性．ここで p_{beam} は入射パイ中間子の運動量で，E_{cm} は重心系全エネルギーを表わす．低エネルギーにあるいくつかのピークが πN 系の共鳴状態である．いちばん大きなピークがいわゆる (3, 3) 共鳴で，Δ(1232) に対応する．図中の d は重水素を示す．$\sigma(\pi d)-\sigma(\pi p)$ から πn 反応の断面積を求めることができる．(Particle Data Group : Phys. Lett. **B 239** (1990) Ⅲ.79)

すなわちきわめて短寿命の新しい粒子に対応する．これ以後，加速器による研究の非常に大きな部分が新粒子探索に向けられ，表1-2や表1-3に示したような膨大な数の粒子が発見されてきたのである．

共鳴状態はよく知られているように，散乱振幅に特徴的なBreit-Wigner型が現われる．これを簡単に考察してみよう．πN系の弾性散乱の微分断面積は，部分波に展開することにより，

$$\frac{d\sigma_s}{d\Omega} = |f(\theta)|^2 = \frac{1}{p^2}|\sum_l (2l+1)t_l P_l(\cos\theta)|^2 \tag{3.43}$$

ここに，$f(\theta)$は散乱振幅，P_lはLegendre関数，t_lは部分波lの散乱振幅，$\Omega = 2\pi\cos\theta$は散乱角θの周りの立体角である．ただし，すべての量は重心系で考えることにし，pはメソンの運動量である．またスピンの効果は考えない．立体角で積分した弾性散乱全断面積は

$$\sigma_s = \frac{4\pi}{p^2}\sum_l (2l+1)|t_l|^2 \tag{3.44}$$

また，吸収(非弾性散乱)まで考慮すると，散乱の全断面積は，

$$\sigma_T = \frac{4\pi}{p^2}\sum_l (2l+1)\,\mathrm{Im}(t_l) \tag{3.45}$$

であり，有名な光学定理，

$$\sigma_T = \frac{4\pi}{p}\,\mathrm{Im}(f(\theta=0)) \tag{3.46}$$

が成り立つ．

πN系の共鳴状態は特定の部分波Jで起こり，部分波Jの散乱振幅t_JがBreit-Wigner型

$$t_J = \frac{\Gamma/2}{(M-E)-i\Gamma/2} \tag{3.47}$$

となる．Mは共鳴エネルギーまたは対応する粒子の質量，Γは共鳴幅とよばれ，崩壊率にほかならない．共鳴状態の寿命Tとは不確定性関係

$$\Gamma = \frac{1}{T} \tag{3.48}$$

で結ばれている．Γ が 0 の状態は束縛状態に対応する(無限大の寿命)．運動量 0 の自由粒子の波動関数は $\exp(-imt)$ である．粒子の崩壊とは，波動関数の 2 乗が $\exp(-t/T)$ で減少するということだから，不安定な粒子とはその質量に虚数成分を考え，粒子の波動関数として $\exp(-i(m-i\Gamma/2)t)$ としたものと考えればよい．$\Gamma=0$ は明らかに安定な粒子を表わす．

さて，共鳴状態の近くでは対応する部分波 J が卓越するから，全断面積は

$$\sigma_{\mathrm{T}} = \frac{4\pi}{p^2}(2J+1)\frac{\Gamma^2/4}{(M-E)^2+\Gamma^2/4} \tag{3.49}$$

となる．ただし，この式はあまり現実的な式ではない．というのは，この式を実験に当てはめようとすると，始状態についても可能なモードに対してすべてたし合わせた式になっているからである．実際の実験はある特定の入射粒子を使って行なう．また共鳴状態はいろいろなモードに崩壊するのが普通である．表 3-3 に，チャーム・反チャーム共鳴状態 J/ψ(3097)(量子数は $J^{PC}=1^{--}$)がどのようなチャネルに崩壊するかを示した．ここで，分岐比 B_i はチャネル i に崩壊する確率で，部分崩壊率 Γ_i は

$$\Gamma_i = B_i\Gamma \tag{3.50}$$

で与えられる．J/ψ 粒子の生成は，たとえば $\mathrm{e^+e^-}$ の対消滅を使うのが普通である．一般に，チャネル i を始状態に使い，チャネル j の終状態を観察するとしよう．また始状態の 2 つの粒子のスピンをそれぞれ s_1, s_2 とする．そのとき共鳴状態を通した $i\to j$ への反応の断面積は,

$$\begin{aligned}\sigma_{ij} &= \frac{2J+1}{(2s_1+1)(2s_2+1)}\frac{\pi}{p^2}\frac{B_iB_j\Gamma^2}{(M-E)^2+\Gamma^2/4}\\ &= \frac{2J+1}{(2s_1+1)(2s_2+1)}\frac{\pi}{p^2}\frac{\Gamma_i\Gamma_j}{(M-E)^2+\Gamma^2/4}\end{aligned} \tag{3.51}$$

となる．

共鳴状態のパラメーター M, Γ は(3.51)式をデータにフィットして求める．

さて，π メソンは荷電状態 +, 0, − の 3 種類をもち，それらはアイソスピン $I=1$ の粒子の第 3 成分による 3 つの状態に対応する．核子 N=(p, n) は $I=$

表 3-3 粒子 J/ψ (3097) の崩壊モードとその分岐比．また全幅 Γ と荷電レプトン幅 Γ_{ee} も示してある．

J/ψ (1S) または J/ψ (3097)	$I^G(J^{PC})=0^-(1^{--})$	質量 $m=3096.93\pm0.09$ MeV 全幅 $\Gamma=68\pm10$ keV $\Gamma_{ee}=4.72\pm0.35$ keV ($\Gamma_{ee}=\Gamma_{\mu\mu}$を仮定)

J/ψ(1S) の崩壊モード	分岐比(Γ_i/Γ)
ハドロン	(86.0 ± 2.0)%
仮想 $\gamma\to$ハドロン	(17.0 ± 2.0)%
e^+e^-	(6.9 ± 0.9)%
$\mu^+\mu^-$	(6.9 ± 0.9)%
ハドロンの共鳴状態を含む崩壊	
$\rho\pi$	(1.28 ± 0.10)%
$\rho^0\pi^0$	$(4.2\pm0.5)\times10^{-3}$
$a_2(1320)\rho$	$(9.2\pm1.1)\times10^{-3}$
$\omega\pi^+\pi^+\pi^-\pi^-$	$(8.5\pm3.4)\times10^{-3}$
$\omega\pi^+\pi^-$	$(7.0\pm0.7)\times10^{-3}$
$K^*(892)^0\bar{K}_2^*(1430)^0$ +c.c.	$(6.7\pm2.6)\times10^{-3}$
$\omega K^*(892)\bar{K}$+c.c.	$(5.3\pm2.0)\times10^{-3}$
$\omega f_2(1270)$	$(4.1\pm0.4)\times10^{-3}$
$K^+\bar{K}^*(892)^-$+c.c.	$(3.8\pm0.7)\times10^{-3}$
$K^0\bar{K}^*(892)^0$+c.c.	$(3.7\pm0.8)\times10^{-3}$
$\omega\pi^0\pi^0$	$(3.4\pm0.8)\times10^{-3}$
$b_1(1235)^\pm\pi^\mp$	$(3.0\pm0.5)\times10^{-3}$
$\omega K^\pm K_S^0\pi^\mp$	$(2.9\pm0.7)\times10^{-3}$
$b_1(1235)^0\pi^0$	$(2.3\pm0.6)\times10^{-3}$
$\phi K^*(892)\bar{K}$+c.c.	$(2.04\pm0.28)\times10^{-3}$
$\omega K\bar{K}$	$(1.9\pm0.4)\times10^{-3}$
$\omega f_2(1720)\to\omega K\bar{K}$	$(4.8\pm1.1)\times10^{-4}$
$\omega\eta$	$(1.71\pm0.22)\times10^{-3}$
$\phi2(\pi^+\pi^-)$	$(1.60\pm0.32)\times10^{-3}$
$\Delta(1232)^{++}\bar{p}\pi^-$	$(1.6\pm0.5)\times10^{-3}$
$\phi K\bar{K}$	$(1.48\pm0.22)\times10^{-3}$
$\phi f_2(1720)\to\phi K\bar{K}$	$(3.6\pm0.6)\times10^{-4}$
$\rho\bar{\rho}\omega$	$(1.30\pm0.25)\times10^{-3}$
$\Delta(1232)^{++}\bar{\Delta}(1232)^{--}$	$(1.10\pm0.29)\times10^{-3}$
$\Sigma(1385)^-\bar{\Sigma}(1385)^+$ (またはc.c.)	$(1.03\pm0.13)\times10^{-3}$
$\rho\bar{\rho}\eta'(958)$	$(9\pm4)\times10^{-4}$
$\phi f_2'(1525)$	$(8\pm4)\times10^{-4}$
$\phi\pi^+\pi^-$	$(7.8\pm1.0)\times10^{-4}$
$\phi K^\pm K_S^0\pi^\mp$	$(7.2\pm0.9)\times10^{-4}$
$\phi\eta$	$(7.14\pm0.30)\times10^{-4}$
$\omega f_1(1420)$	$(6.8\pm2.4)\times10^{-4}$
$\Xi(1530)^-\bar{\Xi}^+$	$(5.9\pm1.5)\times10^{-4}$
$\rho K^-\bar{\Sigma}(1385)^0$	$(5.1\pm3.2)\times10^{-4}$
$\omega\pi^0$	$(4.8\pm0.7)\times10^{-4}$
$\phi\eta'(958)$	$(3.8\pm0.4)\times10^{-4}$
$\phi f_0(975)$	$(3.2\pm0.5)\times10^{-4}$
$\Xi(1530)^0\bar{\Xi}^0$	$(3.2\pm1.4)\times10^{-4}$
$\Sigma(1385)^-\bar{\Sigma}^+$ (またはc.c.)	$(3.1\pm0.5)\times10^{-4}$
$\rho\eta$	$(1.93\pm0.32)\times10^{-4}$
$\omega\eta'(958)$	$(1.66\pm0.25)\times10^{-4}$
$\omega f_0(975)$	$(1.41\pm0.34)\times10^{-4}$
$\rho\eta'(958)$	$(9.6\pm1.8)\times10^{-5}$
$\phi f_1(1285)$	$(8\pm5)\times10^{-5}$
$\rho\bar{\rho}\phi$	$(4.5\pm1.5)\times10^{-5}$
$a_2(1320)^\pm\pi^\mp$	$<4.3\times10^{-3}$
$K\bar{K}_2^*(1430)$+c.c.	$<4.0\times10^{-3}$
$K_2^*(1430)^0\bar{K}_2^*(1430)^0$	$<2.9\times10^{-3}$
$K^*(892)^0\bar{K}^*(892)^0$	$<5\times10^{-4}$
$\phi f_2(1270)$	$<3.7\times10^{-4}$
$p\bar{p}\rho$	$<3.1\times10^{-4}$
$\phi\eta(1440)\to\phi\eta\pi\pi$	$<2.5\times10^{-4}$
$\omega f_2'(1525)$	$<2.2\times10^{-4}$
$\Sigma(1385)^0\bar{\Lambda}$	$<2\times10^{-4}$
$\Delta(1232)^+\bar{p}$	$<1\times10^{-4}$
$\Sigma^0\bar{\Lambda}$	$<9\times10^{-5}$
$\phi\pi^0$	$<6.8\times10^{-6}$

安定なハドロンへの崩壊		γ線を含む崩壊	
$2(\pi^+\pi^-)\pi^0$	$(3.42\pm0.31)\%$	$\gamma\eta_c(1S)$	$(1.3\pm0.4)\%$
$3(\pi^+\pi^-)\pi^0$	$(2.9\pm0.6)\%$	$\gamma\pi^+\pi^-2\pi^0$	$(8.3\pm3.1)\times10^{-3}$
$\pi^+\pi^-\pi^0$	$(1.50\pm0.15)\%$	$\gamma\eta\pi\pi$	$(6.1\pm1.0)\times10^{-3}$
$\pi^+\pi^-\pi^0K^+K^-$	$(1.20\pm0.30)\%$	$\gamma\eta(1440)\to\gamma K\bar{K}\pi$	$(4.8\pm0.8)\times10^{-3}$
$4(\pi^+\pi^-)\pi^0$	$(9.0\pm3.0)\times10^{-3}$	$\gamma\rho\rho$	$(4.5\pm0.8)\times10^{-3}$
$\pi^+\pi^-K^+K^-$	$(7.2\pm2.3)\times10^{-3}$	$\gamma\eta'(958)$	$(4.2\pm0.4)\times10^{-3}$
$K\bar{K}\pi$	$(6.1\pm1.0)\times10^{-3}$	$\gamma2\pi^+2\pi^-$	$(2.8\pm0.5)\times10^{-3}$
$p\bar{p}\pi^+\pi^-$	$(6.0\pm0.5)\times10^{-3}$	$\gamma f_4(2050)$	$(2.7\pm0.7)\times10^{-3}$
$2(\pi^+\pi^-)$	$(4.0\pm1.0)\times10^{-3}$	$\gamma\omega\omega$	$(1.59\pm0.33)\times10^{-3}$
$3(\pi^+\pi^-)$	$(4.0\pm2.0)\times10^{-3}$	$\gamma\eta(1490)\to\gamma\rho^0\rho^0$	$(1.4\pm0.4)\times10^{-3}$
$n\bar{n}\pi^+\pi^-$	$(4\pm4)\times10^{-3}$	$\gamma f_2(1270)$	$(1.38\pm0.14)\times10^{-3}$
$\Sigma\bar{\Sigma}$	$(3.8\pm0.5)\times10^{-3}$	$\gamma f_2(1720)\to\gamma K\bar{K}$	$(9.7\pm1.2)\times10^{-4}$
$2(\pi^+\pi^-)K^+K^-$	$(3.1\pm1.3)\times10^{-3}$	$\gamma\eta$	$(8.6\pm0.8)\times10^{-4}$
$p\bar{p}\pi^+\pi^-\pi^0$	$(2.3\pm0.9)\times10^{-3}$	$\gamma f_2'(1525)$	$(6.3\pm1.0)\times10^{-4}$
$p\bar{p}$	$(2.16\pm0.11)\times10^{-3}$	$\gamma p\bar{p}$	$(3.8\pm1.0)\times10^{-4}$
$p\bar{p}\eta$	$(2.09\pm0.18)\times10^{-3}$	$\gamma\phi\phi$	$(3.1\pm0.8)\times10^{-4}$
$p\bar{n}\pi^-$	$(2.00\pm0.10)\times10^{-3}$	$\gamma\eta(2100)\to\gamma\rho^0\rho^0$	$(2.4^{+1.5}_{-1.0})\times10^{-4}$
$\Xi\bar{\Xi}$	$(1.8\pm0.4)\times10^{-3}$	$\gamma\eta(1760)\to\gamma\rho^0\rho^0$	$(1.3\pm0.9)\times10^{-4}$
$n\bar{n}$	$(1.8\pm0.9)\times10^{-3}$	$\gamma\pi^0$	$(3.9\pm1.3)\times10^{-5}$
$\Lambda\bar{\Lambda}$	$(1.35\pm0.14)\times10^{-3}$	$\gamma f_1(1285)$	$<6\times10^{-3}$
$p\bar{p}\pi^0$	$(1.09\pm0.09)\times10^{-3}$	$\gamma p\bar{p}\pi^+\pi^-$	$<7.9\times10^{-4}$
$\Lambda\bar{\Sigma}^-\pi^+$(またはc.c.)	$(1.06\pm0.12)\times10^{-3}$	$\gamma\gamma$	$<5\times10^{-4}$
$pK^-\bar{\Lambda}$	$(8.9\pm1.6)\times10^{-4}$	$\gamma\Lambda\bar{\Lambda}$	$<1.3\times10^{-4}$
$2(K^+K^-)$	$(7.0\pm3.0)\times10^{-4}$	3γ	$<5.5\times10^{-5}$
$pK^-\bar{\Sigma}^0$	$(2.9\pm0.8)\times10^{-4}$		
K^+K^-	$(2.37\pm0.31)\times10^{-4}$		
$\Lambda\bar{\Lambda}\pi^0$	$(2.2\pm0.7)\times10^{-4}$		
$\pi^+\pi^-$	$(1.47\pm0.23)\times10^{-4}$		
$K_S^0K_L^0$	$(1.01\pm0.18)\times10^{-4}$		
$\Lambda\bar{\Sigma}+$c.c.	$<1.5\times10^{-4}$		
$K_S^0K_S^0$	$<5.2\times10^{-6}$		

〔注〕 c.c.は荷電共役.

1/2のスピノルと考えることができる．πN系の散乱の研究から，散乱がアイソスピン対称性をもつことがわかった．すなわち，粒子にアイソスピン回転

$$\pi' = \exp(-i\phi^a I^a)\pi, \qquad N' = \exp(-i\phi^a \tau^a/2)N \qquad (3.52)$$

を行なっても散乱振幅は不変である(I^a はアイソスピン1の作用素の表現). ただし, ϕ^a は時空によらない回転角である. この変換は $SU(2)$ ゲージ変換の一種であるが, 時空によらない変換であるので, グローバル変換とよばれている. これから, 散乱振幅は全アイソスピンの大きさのみの関数となる. アイソスピンの合成則は角運動量の場合と全く同じであるから, πN 系の全アイソスピンはアイソスピン1と1/2の合成として2つあり, その値は3/2と1/2である. したがって, 独立な散乱振幅として, $f_{3/2}$, $f_{1/2}$ の2つがある. Clebsch-Gordan 係数を使えば, πN 系の波動関数を $|I, I_3\rangle$ のように表わすと,

$$|\pi^+ \mathrm{p}\rangle = |1,1\,;\,1/2,1/2\rangle = |3/2,3/2\rangle \tag{3.53a}$$

$$\begin{aligned}|\pi^- \mathrm{p}\rangle &= |1,-1\,;\,1/2,1/2\rangle \\ &= -\sqrt{2/3}\,|1/2,-1/2\rangle + \sqrt{1/3}\,|3/2,-1/2\rangle\end{aligned} \tag{3.53b}$$

$$\begin{aligned}|\pi^0 \mathrm{n}\rangle &= |1,0\,;\,1/2,-1/2\rangle \\ &= \sqrt{1/3}\,|1/2,-1/2\rangle + \sqrt{2/3}\,|3/2,-1/2\rangle\end{aligned} \tag{3.53c}$$

である. 散乱振幅は $\langle 1/2,1/2|\boldsymbol{M}|3/2,1/2\rangle$ のような非対角成分が0であるから, いろいろな散乱振幅が, 次のように表現できる.

$$f(\pi^+\mathrm{p}\to\pi^+\mathrm{p}) = f_{3/2} \tag{3.54a}$$

$$f(\pi^-\mathrm{p}\to\pi^-\mathrm{p}) = \frac{2}{3}f_{1/2}+\frac{1}{3}f_{3/2} \tag{3.54b}$$

$$f(\pi^-\mathrm{p}\to\pi^0\mathrm{n}) = \frac{\sqrt{2}}{3}(-f_{1/2}+f_{3/2}) \tag{3.54c}$$

図3-4で最も大きなピークは $E_{\mathrm{cm}}=1230$ MeV のところにある(3,3)共鳴である. ただし, 最初の3はスピンを S として $2S$, 次の3は $2I$ である. 表1-3では $\Delta(1232)$ という記号で表わされている.

$\Delta(1232)$ のアイソスピンが本当に3/2ならば, (3.54)式で $f_{3/2}$ の部分のみを考えることにより,

$$\sigma(\pi^+\mathrm{p}\to\pi^+\mathrm{p}) : \sigma(\pi^-\mathrm{p}\to\pi^-\mathrm{p}) : \sigma(\pi^-\mathrm{p}\to\pi^0\mathrm{n}) = 9:1:2 \tag{3.55}$$

となる. 図3-4で, π^-p の弾性散乱ピークがちょっと見にくいが, 最初の2つの比が実験的に成立していることがわかる. また, 同じく図3-4の π^-p 全

断面積ピークは上の比の第 2, 第 3 項の和でほとんどすべて説明できるが,

$$\sigma_{\mathrm{T}}(\pi^+\mathrm{p}) : \sigma_{\mathrm{T}}(\pi^-\mathrm{p}) = 3 : 1 \tag{3.56}$$

が確かに観測されている.

$\Delta(1232)$ の共鳴幅は図 3-4 からわかるようにかなり大きく, $\Gamma = 115$ MeV である(Γ は共鳴曲線の半値全幅). 寿命は $\Gamma^{-1} = 6\times10^{-24}$ s で, 電磁相互作用による典型的な崩壊である $\pi^0\to\gamma\gamma$ の寿命 8.4×10^{-17} s と比較してたいへん短い. つまり, 約 10 MeV 以上の共鳴幅をもつような共鳴状態は, 強い力の作用のもとに直ちに崩壊していることがわかる.

次に, K メソンについても簡単に説明しよう. K メソンも宇宙線の観測中に偶然見つかった. π メソンの発見で核力の起源がわかり皆が喜んだあとで, 何のために存在するのかわからないメソンが見つかったのである. ほとんど同時に, さらに重い中性の粒子 Λ も発見された. その後, 加速器によって人工的に K ビームが作られ, π メソン同様, くわしい散乱実験が行なわれた. その結果, K メソンには荷電が $-$, 0 の 2 種類 $\mathrm{K}^-, \mathrm{K}^0$ があること, それらの反粒子 $\mathrm{K}^+, \bar{\mathrm{K}}^0$ が存在することがわかった. また, K メソン反応は終状態に必ず $\mathrm{K}, \Lambda, \Sigma$ などの新しく発見された粒子を含んでいた. つまり, K メソンは新しい量子数をもち, 反応の前後でその量子数が保存されるため, 特殊な粒子が必ず作られると考えることができる. この量子数が西島-Gell-Mann の**ストレンジネス**(strangeness, S)である. $S(\mathrm{K}^{-,0}, \Lambda, \Sigma) = -1$, $S(\mathrm{K}^+, \bar{\mathrm{K}}^0) = +1$ のように決めると, K メソンを含む反応がうまく説明できた. また, 種々の反応断面積の大きさから, K メソンのアイソスピンは 1/2, $(\mathrm{K}^0, \mathrm{K}^-)$ をアイソスピンスピノルと考えればよいこともわかった.

また, $\mathrm{K}^-\mathrm{p}$ の吸熱反応で 1385 MeV に大きな共鳴状態があり, $(2S, 2I) = (3, 2)$ と同定された. 表 1-3 中の $\Sigma(1385)$ である.

参考のために, 図 3-5, 図 3-6 にそれぞれ $\mathrm{K}^-\mathrm{N}$, $\mathrm{K}^+\mathrm{N}$ の散乱断面積のデータを示した. $\mathrm{K}^-\mathrm{p}$ 断面積はエネルギーが小さくなるにつれてどんどん大きくなる. これは吸熱反応の特徴的な点である. また, $\mathrm{K}^-\mathrm{N}$ 反応にはいくつかの共鳴状態が明らかにみられる. しかし, $\mathrm{K}^+\mathrm{N}$ 反応にはそのような構造がない.

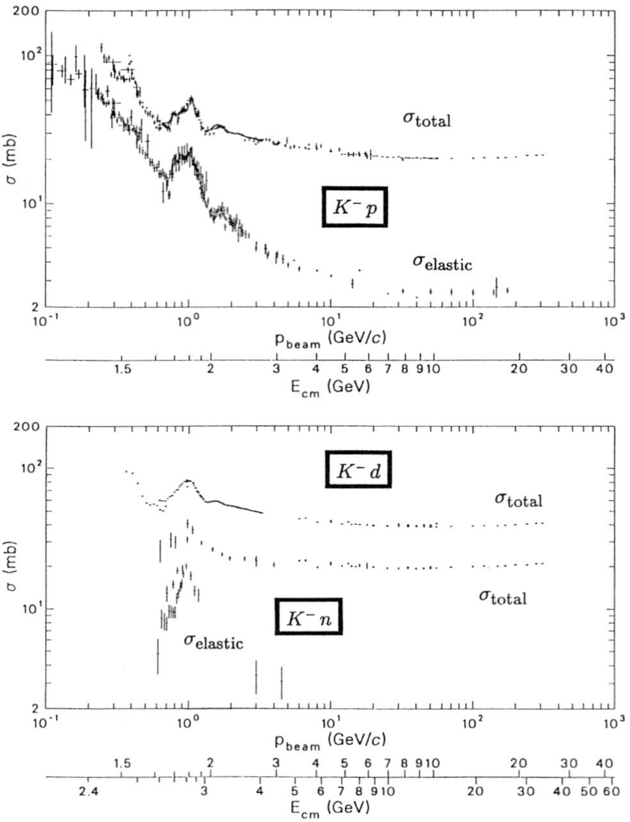

図 3-5 K^-N 散乱の断面積のエネルギー依存性. いくつかの共鳴状態がみてとれる.(Particle Data Group : Phys. Lett. **B 239** (1990) Ⅲ.81)

ビーム運動量 1 GeV/c あたりにすこし構造がみられるが, 共鳴状態ではないことがわかった($K\pi$ 系の共鳴状態 $K^*(892)$ が悪さをしていた). 要するに, $S=-1$ には共鳴状態があり, $S=+1$ にはない. 以上の結果はクォーク模型を作るとき, 重要な役割を果たしたのである.

図 3-4, 3-5, 3-6 の実験データを得るにあたっては, 膨大な時間と労力が費やされたことを忘れてはならない. 1970 年代に e^+e^- コライダーの本格運転

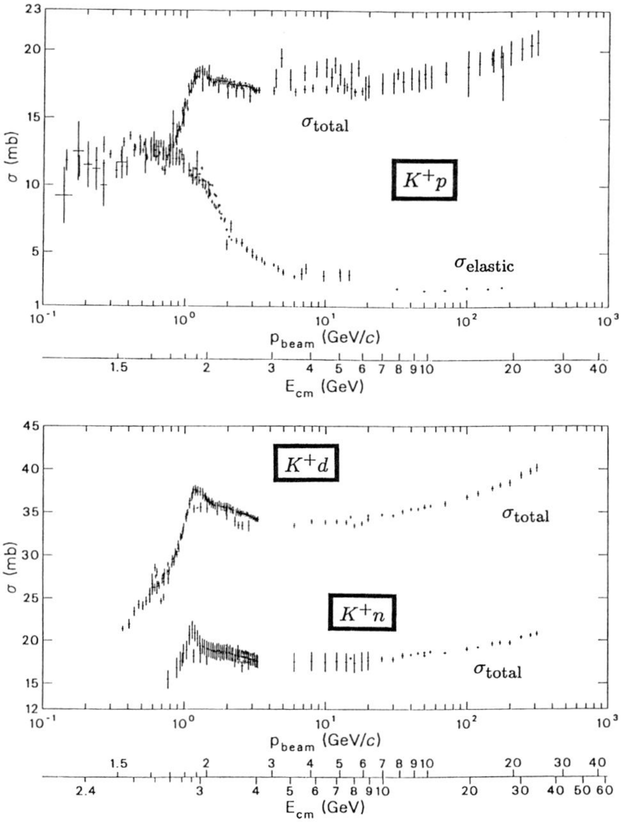

図 3-6　K⁺N 散乱の断面積のエネルギー依存性．$p_{\rm beam}\cong 1$ GeV/c での構造は共鳴状態ではない．(Particle Data Group : Phys. Lett. **B 239** (1990) Ⅲ. 80)

が始まるまで，高エネルギー物理学者の約半分はこのような強い相互作用による反応の断面積を測定することに明け暮れていたのである．後の半分は何をやっていたかといえば，新しい共鳴状態の探索(resonance hunting)に没頭していた．残りの一部の研究者は電子ビームを使って，大きな運動量交換を含む反応，いわゆる深非弾性散乱の研究を行なっており，この方面から画期的な成果が得られつつあった．

3-3 強い相互作用 II——クォーク模型，フレーバー対称性

前節で簡単に概説した強い相互作用による反応で得られた成果のうち，とくにメソンやバリオン，それに多くの共鳴状態(新粒子)を統一的に説明するため，それらの粒子がさらに基本的な粒子の複合状態であるという考えがいろいろと出された．最後に残ったのが Gell-Mann-Zweig による**クォーク模型**である．

メソン，バリオンを説明するためには3種類のクォークが必要である．2つのクォーク u, d は核子のアイソスピンを出すためアイソスピン 1/2 状態とし，さらにもう1つのクォーク s にストレンジネス −1 をもたせる．また，バリオンの安定性を保証するため，バリオン数をクォークに付与しなければならない(1-4 節参照)．メソンはバリオン数が 0 であるから，クォーク q と反クォーク $\bar{q}$ の束縛状態であろう．

もういちど図 3-4 と図 3-5, 3-6 を比較してみよう．共鳴状態がなくなる高エネルギーでは πN と KN 散乱の断面積に大きな違いがないことがわかる．つまり，強い相互作用はアイソスピン不変性とストレンジネス不変性を独立に考えるよりも，アイソスピン，ストレンジネスを一緒にした新しい変換に対して不変であると考えた方がよいのではなかろうか．これからフレーバー $SU(3)$ 対称性の概念が出てきたのである．そこで，(3.52)の変換式を拡張し，クォークの波動関数

$$q = \begin{pmatrix} u \\ d \\ s \end{pmatrix} \tag{3.57}$$

に対して，

$$q' = \exp(-i\phi^a \lambda^a/2)q \tag{3.58}$$

なるグローバル変換を行ない，上の議論から，強い相互作用はその変換に対して不変であると考える．ただし $\lambda^a/2$ は $SU(3)$ の作用素で，その具体的表現は表 2-1 に示してある．

強い相互作用はアイソスピンの場合と同様に，群表現の不変量のみに関係する．したがって，メソンはフレーバー $SU(3)$ 表現の次元で表わすと，$\mathbf{3}\times\mathbf{3}^*$ の直積であるから，その合成されたものは次のような直和で表わされる．

$$\mathbf{3}\times\mathbf{3}^* = \mathbf{8}+\mathbf{1} \tag{3.59}$$

8 次元(オクテット)メソンの波動関数は表 2-3 を使えば，

$$\bar{q}_a(L^i_j)^a_b q^b \tag{3.60}$$

と表わせて，具体的に書くと，

$$\bar{u}d \qquad (\bar{u}u-\bar{d}d)/\sqrt{2} \qquad \bar{u}d \tag{3.61a}$$

$$\bar{u}s \qquad \bar{d}s \tag{3.61b}$$

$$\bar{s}d \qquad \bar{s}u \tag{3.61c}$$

$$(\bar{u}u+\bar{d}d-2\bar{s}s)/\sqrt{6} \tag{3.61d}$$

のようになる．**1** 次元(シングレット)メソンは 3 行 3 列の単位行列が最後に残っているから，結局，

$$(\bar{u}u+\bar{d}d+\bar{s}s)/\sqrt{3} \tag{3.62}$$

である．ただし，波動関数は規格化してある．

対応するメソンはすぐ同定できる．すなわち，(3.61a-d)，(3.62)に対応して，

$$\pi^- \qquad \pi^0 \qquad \pi^+ \qquad (I=1,\quad S=0) \tag{3.63a}$$

$$\mathrm{K}^- \qquad \mathrm{K}^0 \qquad (I=1/2,\ S=-1) \tag{3.63b}$$

$$\overline{\mathrm{K}}^0 \qquad \mathrm{K}^+ \qquad (I=1/2,\ S=+1) \tag{3.63c}$$

$$\eta^0 \qquad (I=0,\quad S=0) \tag{3.63d}$$

$$\eta'^0 \qquad (I=0,\quad S=0) \tag{3.63e}$$

$(I^3:\quad -1\quad -1/2\quad 0\quad 1/2\quad 1)$

とすれば，アイソスピン，ストレンジネスも正しく指定できている．ここで，アイソスピンの第 3 成分をいちばん下の行に示した．

しかし，クォークのもっている有限な質量のために，このように理想的にいくわけではない．s クォークはとくに重いため(表 1-4 参照)，η^0 と η'^0 のあいだに量子力学的混合が起こり，$\mathrm{s}\bar{\mathrm{s}}$ のみの束縛状態が実際に観測されている．すなわち，

$$\eta^0 = (\bar{u}u + \bar{d}d)/\sqrt{2} \tag{3.64a}$$

$$\eta'^0 = \bar{s}s \tag{3.64b}$$

としたほうが，実験データをうまく説明できる．

ここでちょっと補足が必要である．Clebsch-Gordan 係数を参考にすれば，アイソスピン表現は

$$|1,0\rangle = (|1/2,1/2\,;\,1/2,-1/2\rangle + |1/2,-1/2\,;\,1/2,1/2\rangle)/\sqrt{2} \tag{3.65a}$$

$$|0,0\rangle = (|1/2,1/2\,;\,1/2,-1/2\rangle - |1/2,-1/2\,;\,1/2,1/2\rangle)/\sqrt{2} \tag{3.65b}$$

で，一見，$\pi^0 = |1,0\rangle = (\bar{u}u - \bar{d}d)/\sqrt{2}$，$\eta^0 = |0,0\rangle = (\bar{u}u + \bar{d}d)/\sqrt{2}$ と矛盾する．この誤解は $(\bar{u}, \bar{d})$ が **2*** 次元に属し，**2** 次元表現では，$(\bar{d}, -\bar{u})$ になることを思い出せば解決する((2.102)参照)．

次に，メソンのスピン・パリティーを調べてみよう．π メソンのスピン・パリティーは $J^P = 0^-$ である．実験的には，π^- が重水素 d$(S^P = 1^+)$ につかまって吸収される反応，

$$\pi^- + \mathrm{d} \rightarrow \mathrm{n} + \mathrm{n} \tag{3.66}$$

が起こることから決定できる．終状態は同種のフェルミオンが 2 つあるから，Fermi 統計によって，合成波動関数は粒子の入れ替えに対して反対称である．中性子のスピン・パリティーは $1/2^+$ であるから，そのためには，nn 系において全スピンが 1，軌道角運動量 $l = 1$ (P 状態)でなければならない．また，π^- の吸収は低エネルギーで起こるため，π^-d 系の軌道角運動量は $l = 0$ (S 状態)である．したがって，強い相互作用におけるパリティーの保存から，

$$P(\pi) = -1 \tag{3.67}$$

となる．すなわち，擬スカラーである．

さて，$J^P = 0^-$ はクォーク模型で簡単に説明できる．$\bar{\mathrm{q}}\mathrm{q}$ の基底状態は当然 S 状態 $(l = 0)$ で全スピンも 0 である．ここで，反クォークのパリティーはクォークの逆であることを思い出さなければならない(2-4 節参照)．したがって，$J^P = 0^-$ である．また，π^0, η^0, η'^0 は電気的に中性で，荷電共役変換(C 変換)の固

有状態になっている．C 変換によって粒子・反粒子が入れ替わるので，スピン・軌道空間で 180 度回転させて元に戻す．合成スピン関数は粒子の入れ替えに対して符号を変え，パリティーによってさらにもう 1 つ符号が変わる（正確には，$C(q^cq)\to qq^c\to q^cq$ のように，Dirac 場を入れ換えなければならないので，Dirac 場を入れ換えるときの規則によって符号が 1 つかわる）．したがって，固有値（C）は $C=+1$ である．

$\bar{\mathrm{q}}\mathrm{q}$ の第 1 励起状態は S 状態にかわりがないが，全スピンが 1 となる．したがって，$J^P=1^-$，すなわちベクトルメソンである．対応するメソンは表 1-2 で，$\rho(770)(I=1)$，$\omega(783)(I=0)$，$\mathrm{K}^*(892)(I=1/2)$，$\bar{\mathrm{K}}^*(892)(I=1/2)$，$\phi(1020)$ $(I=0)$ である．ただし，最初の括弧の中の数値は粒子の質量（MeV）を，次の括弧はアイソスピンを示す．擬スカラーメソンの場合と同じように，混合の結果，$\phi=\bar{s}s$ のようになっている．表 3-4 にメソンの分類を整理した．

表 3-4　メソンの 8+1 次元表現

J^{PC}	メソン名
0^{-+}	π, K, η, η'
1^{--}	ρ, $\mathrm{K}^*(892)$, ϕ, ω
2^{++}	$\mathrm{a}_2(1320)$, $\mathrm{K}_2^*(1430)$, $\mathrm{f}_2'(1525)$, $\mathrm{f}_2(1270)$
3^{--}	$\rho_3(1690)$, $\mathrm{K}_3^*(1780)$, X(1850), $\omega_3(1670)$

一般的に，$\bar{\mathrm{q}}\mathrm{q}$ 束縛状態で，軌道角運動量が l，全スピンが S のとき，パリティー P，C 数は，

$$P=(-1)^{l+1},\qquad C=(-1)^{l+S} \tag{3.68}$$

である．すでに，表 1-5 に他のメソンについての量子数を示してあるので，よく検討されたい．

次に，バリオンを考える．Gell-Mann - Zweig によれば，バリオンは 3 つのクォークの束縛状態である．これから直ちにクォークのバリオン数は 1/3 となる．$\mathrm{K}^+\mathrm{N}$ 反応に共鳴状態がなかったことを思い出そう．K^+ のストレンジネスは $S=+1$ と定義されたので，$S=+1$ をもつバリオンは存在しない．したがって，3 つのクォークのうち，s クォークのストレンジネスは $S=-1$ でな

ければならない.

さて, 散乱振幅は系のフレーバー $SU(3)$ の次元のみによる. qqq は $\mathbf{3}\times\mathbf{3}\times\mathbf{3}$ の直積であるから, それを直和に分解すると,

$$\mathbf{3}\times\mathbf{3}\times\mathbf{3} = \mathbf{10}_{\mathrm{S}}+\mathbf{8}_{\mathrm{M}}+\mathbf{8}_{\mathrm{M}}+\mathbf{1}_{\mathrm{A}} \tag{3.69}$$

となる. 系の波動関数は3つのクォークの波動関数の積であるが, 添え字の **S, M, A** はそれぞれ波動関数が対称, 混合, 反対称状態になっていることを示す. したがって, バリオンは **10, 8, 1** の表現に分類されるはずである.

次に, スピンと軌道角運動量を考える. 基底状態は $l=0$ (S 状態)である. したがって, バリオンのスピン・パリティー J^P は, スピンの和 $1/2+1/2+1/2$ を考えれば,

$$J^P = 1/2^+,\ 1/2^+,\ 3/2^+ \tag{3.70}$$

が可能である.

8 表現の分類を考えよう.

$$\mathrm{ddu} \qquad\qquad \mathrm{duu} \tag{3.71a}$$

$$\mathrm{dds} \qquad\qquad \mathrm{uds} \qquad\qquad \mathrm{uus} \tag{3.71b}$$

$$\mathrm{dss} \qquad\qquad \mathrm{uss} \tag{3.71c}$$

がクォークの構成図で, 対応するバリオンは

$$\mathrm{n} \qquad\qquad \mathrm{p} \qquad\qquad (I=1/2,\ S=0) \tag{3.72a}$$

$$\Sigma^- \qquad\qquad \Sigma^0 \qquad\qquad \Sigma^+ \qquad (I=1,\ \ S=-1) \tag{3.72b}$$

$$\Lambda \qquad\qquad (I=0,\ \ S=-1) \tag{3.72c}$$

$$\Xi^- \qquad\qquad \Xi^0 \qquad\qquad (I=1/2,\ S=-2) \tag{3.72d}$$

$(I^3:\ \ -1 \quad -1/2 \quad 0 \quad 1/2 \quad 1)$

である. 波動関数はクォーク波動関数の1次結合となっている. Λ は $I=0$, Σ は $I=1$ のバリオンで uds と同じクォークからできているが, メソンのときのように互いが直交する波動関数となっている. 陽子を含むグループは $J^P=1/2^+$ である. また, クォークの電荷を直ちに決定することができる. すなわち, $Q(\mathrm{u})=2/3$, $Q(\mathrm{d})=-1/3$, $Q(\mathrm{s})=-1/3$ である(表1-4参照).

10 表現はもっとすっきりしていて,

$$\begin{array}{ccccccc} \mathrm{ddd} & & \mathrm{ddu} & & \mathrm{duu} & & \mathrm{uuu} \end{array} \tag{3.73a}$$

$$\begin{array}{ccccc} \mathrm{dds} & & \mathrm{dus} & & \mathrm{uus} \end{array} \tag{3.73b}$$

$$\begin{array}{ccc} \mathrm{dss} & & \mathrm{uss} \end{array} \tag{3.73c}$$

$$\mathrm{sss} \tag{3.73d}$$

で，波動関数は3個のクォークに対して完全対称形になっている．対応するバリオンはすべて見つかっていて，

$$\Delta^- \qquad \Delta^0 \qquad \Delta^+ \qquad \Delta^{++} \qquad (I=3/2,\ \ S=0) \tag{3.74a}$$

$$\Sigma^{*-} \qquad \Sigma^{*0} \qquad \Sigma^{*+} \qquad (I=1,\ \ S=-1) \tag{3.74b}$$

$$\Xi^{*-} \qquad \Xi^{*0} \qquad (I=1/2,\ \ S=-2) \tag{3.74c}$$

$$\Omega^- \qquad (I=0,\ \ S=-3) \tag{3.74d}$$

$(I^3:\ -3/2\ \ -1\ \ -1/2\ \ 0\ \ 1/2\ \ 1\ \ 3/2)$

である．$J^P=3/2^+$．Gell-MannがΩ$^-$の電荷，質量，崩壊モードをすべて予言し，泡箱実験の解析で，Ω$^-$が見事に見つかったときには，世界中の大喝采を浴びるとともに，クォークの実在を多くの研究者が信じるようになった．図1-2も参照のこと．

表3-5に観測されたバリオンの分類を示した．J^Pがクォーク模型の予言通りになっていることに注意する(軌道角運動量が0でない励起状態を考えよ)．また，表1-3のバリオンの表も参照されたい．ただし，表1-3に示された軌道角運動量状態(S, P, D, …)はクォーク間のそれでなく，軽いバリオンとメソンの束縛状態と考えたときの軌道角運動量である．たとえば，$\Delta^{++}\to \mathrm{p}\pi^+$ の崩壊で，pとπ^+の間の軌道角運動量は$l=1$ (P状態)である．

10次元グループのバリオンには，非常に簡単な質量公式が成立する．クォーク構成図をみると，上から下にいくにつれてsクォークが1つずつ増えていくから，

$$\begin{aligned} m(\Omega)-m(\Xi^*) &= m(\Xi^*)-m(\Sigma^*) \\ &= m(\Sigma^*)-m(\Delta) \end{aligned} \tag{3.75}$$

である．表3-5から観測値を入れてみると，

$$142 = 145 = 153 \quad (\mathrm{MeV}) \tag{3.76}$$

表 3-5 8次元(オクテット), 10次元(デカプレット)および1次元(シングレット)に分類されたバリオンのJ^P, S(スピン), 質量(MeV単位)

J^P	S	8次元バリオン				1次元バリオン
$1/2^+$	1/2	N(939)	Λ(1116)	Σ(1193)	Ξ(1318)	
$1/2^+$	1/2	N(1440)	Λ(1600)	Σ(1660)	Ξ(?)	
$1/2^-$	1/2	N(1535)	Λ(1670)	Σ(1620)	Ξ(?)	Λ(1405)
$3/2^-$	1/2	N(1520)	Λ(1690)	Σ(1670)	Ξ(1820)	Λ(1520)
$1/2^-$	3/2	N(1650)	Λ(1800)	Σ(1750)	Ξ(?)	
$3/2^-$	3/2	N(1700)	Λ(?)	Σ(?)	Ξ(?)	
$5/2^-$	3/2	N(1675)	Λ(1830)	Σ(1775)	Ξ(?)	
$1/2^+$	1/2	N(1710)	Λ(1810)	Σ(1880)	Ξ(?)	Λ(?)
$3/2^+$	1/2	N(1720)	Λ(1890)	Σ(?)	Ξ(?)	
$5/2^+$	1/2	N(1680)	Λ(1820)	Σ(1915)	Ξ(2030)	
$7/2^-$	1/2	N(2190)	Λ(?)	Σ(?)	Ξ(?)	Λ(2100)
$9/2^-$	3/2	N(2250)	Λ(?)	Σ(?)	Ξ(?)	
$9/2^+$	1/2	N(2220)	Λ(2350)	Σ(?)	Ξ(?)	
J^P	S	10次元バリオン				1次元バリオン
$3/2^+$	3/2	Δ(1232)	Σ(1385)	Ξ(1530)	Ω(1672)	
$1/2^-$	1/2	Δ(1620)	Σ(?)	Ξ(?)	Ω(?)	
$3/2^-$	1/2	Δ(1700)	Σ(?)	Ξ(?)	Ω(?)	
$5/2^+$	3/2	Δ(1905)	Σ(?)	Ξ(?)	Ω(?)	
$7/2^+$	3/2	Δ(1950)	Σ(2030)	Ξ(?)	Ω(?)	
$11/2^+$	3/2	Δ(2420)	Σ(?)	Ξ(?)	Ω(?)	

〔注〕 記号N, Λ, Σ, Ξ, Ω, Δは(I, S(ストレンジネス))に対してそれぞれ(1/2, 0), (0, −1), (1, −1), (1/2, −2), (0, −3), (3/2, 0)である.
(?)はJ^P, Sがはっきり同定されていないバリオン.

となり, 平均値をとれば146.7±3.3 MeVで, 上の式が2%の精度で成立している. この値はsクォークの質量から束縛エネルギーを差し引いたものである. sクォークの質量は他の方法で求められており, 表1-4に他のクォークの質量とともに示してある.

Gell-Mannは逆に, 上の質量公式を使ってΩ^-の質量を予言したのである.

バリオン・メソン間の反応などもアイソスピン保存のときと全く同じように考えることができる. $SU(3)$群の公式から,

$$\mathbf{8}\times\mathbf{8} = \mathbf{27}+\mathbf{10}+\mathbf{10}^*+\mathbf{8}+\mathbf{8}+\mathbf{1} \tag{3.77}$$

となるが，ここで $SU(3)$ の場合に対する Clebsch-Gordan 係数を考えることができる．それらを参考のために表 3-6 に示した．これからいろいろな反応の間に関係をつけることができ，実験的にもだいたい成立している．1 例を上げよう．$\Omega^- \to \Xi^0 K^-$，$\Delta^+ \to p\pi^0$ の間にどのような関係があるだろうか．Ω^-, Δ^+ は 10 次元，K^-, p, π^0 は 8 次元に属するから，まず，$10 \to 8 \times 8$ の Clebsch-Gordan 係数を表 3-6 からひろいだす．崩壊率が振幅の 2 乗に比例することに注意すれば，

$$\frac{\Gamma(\Omega \to \Xi K)}{\Gamma(\Delta \to p\pi)} = \frac{12}{6}(\text{p. s. f}) \tag{3.78}$$

表 3-6 $SU(3)$ の場合の Clebsch-Gordan 係数

$1 \to 8 \times 8$	$(\Lambda) \to (N\bar{K}\ \ \Sigma\pi\ \ \Lambda\eta\ \ \Xi K) = \frac{1}{\sqrt{8}}(\sqrt{2}\ \ \sqrt{3}\ \ -1\ \ -\sqrt{2})$
$8_1 \to 8 \times 8$	$\begin{pmatrix} N \\ \Sigma \\ \Lambda \\ \Xi \end{pmatrix} \to \begin{pmatrix} N\pi & N\eta & \Sigma K & \Lambda K \\ N\bar{K} & \Sigma\pi & \Lambda\pi & \Sigma\eta & \Xi K \\ N\bar{K} & \Sigma\pi & \Lambda\eta & \Xi K \\ \Sigma\bar{K} & \Lambda\bar{K} & \Xi\pi & \Xi\eta \end{pmatrix} = \frac{1}{\sqrt{20}} \begin{pmatrix} \sqrt{9} & -1 & -3 & -1 \\ -\sqrt{6} & 0 & 2 & 2 & -\sqrt{6} \\ \sqrt{2} & -\sqrt{12} & -2 & -\sqrt{2} \\ \sqrt{3} & -1 & -3 & -1 \end{pmatrix}$
$8_2 \to 8 \times 8$	$\begin{pmatrix} N \\ \Sigma \\ \Lambda \\ \Xi \end{pmatrix} \to \begin{pmatrix} N\pi & N\eta & \Sigma K & \Lambda K \\ N\bar{K} & \Sigma\pi & \Lambda\pi & \Sigma\eta & \Xi K \\ N\bar{K} & \Sigma\pi & \Lambda\eta & \Xi K \\ \Sigma\bar{K} & \Lambda\bar{K} & \Xi\pi & \Xi\eta \end{pmatrix} = \frac{1}{\sqrt{12}} \begin{pmatrix} \sqrt{3} & \sqrt{3} & \sqrt{3} & -\sqrt{3} \\ \sqrt{2} & \sqrt{8} & 0 & 0 & -\sqrt{2} \\ \sqrt{6} & 0 & 0 & \sqrt{6} \\ \sqrt{3} & \sqrt{3} & \sqrt{3} & -\sqrt{3} \end{pmatrix}$
$10 \to 8 \times 8$	$\begin{pmatrix} \Delta \\ \Sigma \\ \Xi \\ \Omega \end{pmatrix} \to \begin{pmatrix} N\pi & N\eta \\ N\bar{K} & \Sigma\pi & \Lambda\pi & \Sigma\eta & \Xi K \\ \Sigma\bar{K} & \Lambda\bar{K} & \Xi\pi & \Xi\eta \\ \Xi\bar{K} \end{pmatrix} = \frac{1}{\sqrt{12}} \begin{pmatrix} -\sqrt{6} & \sqrt{6} \\ -\sqrt{2} & \sqrt{2} & -\sqrt{3} & \sqrt{3} & \sqrt{2} \\ \sqrt{3} & -\sqrt{3} & \sqrt{3} & \sqrt{3} \\ \sqrt{12} \end{pmatrix}$
$8 \to 10 \times 8$	$\begin{pmatrix} N \\ \Sigma \\ \Lambda \\ \Xi \end{pmatrix} \to \begin{pmatrix} \Delta\pi & \Sigma K \\ \Delta\bar{K} & \Sigma\pi & \Sigma\eta & \Xi K \\ \Sigma\pi & \Xi K \\ \Sigma\bar{K} & \Xi\pi & \Xi\eta & \Omega K \end{pmatrix} = \frac{1}{\sqrt{15}} \begin{pmatrix} -\sqrt{12} & \sqrt{3} \\ \sqrt{8} & -\sqrt{2} & -\sqrt{3} & \sqrt{2} \\ -3 & \sqrt{6} \\ \sqrt{3} & -\sqrt{3} & -\sqrt{3} & \sqrt{6} \end{pmatrix}$
$10 \to 10 \times 8$	$\begin{pmatrix} \Delta \\ \Sigma \\ \Xi \\ \Omega \end{pmatrix} \to \begin{pmatrix} \Delta\pi & \Delta\eta & \Sigma K \\ \Delta\bar{K} & \Sigma\pi & \Sigma\eta & \Xi K \\ \Sigma\bar{K} & \Xi\pi & \Xi\eta & \Omega K \\ \Xi\bar{K} & \Omega\eta \end{pmatrix} = \frac{1}{\sqrt{24}} \begin{pmatrix} \sqrt{15} & \sqrt{3} & -\sqrt{6} \\ \sqrt{8} & \sqrt{8} & 0 & -\sqrt{8} \\ \sqrt{12} & \sqrt{3} & -\sqrt{3} & -\sqrt{6} \\ \sqrt{12} & -\sqrt{12} \end{pmatrix}$

〔注〕 $8 \to 8 \times 8$ には独立な 2 つの係数がある．この係数の使用法は(3.78)式を参照のこと．

である．ここでは，フレーバー $SU(3)$ 対称性に注目しているから，アイソスピンは考えない．(p.s.f) は表 3-2 に出ている終状態の粒子の自由度を示す項 (d^3p_1 の部分の項で，位相空間係数という) の差を考慮したものである．つぎに，アイソスピンの Clebsch-Gordan 係数を考えると，結局，

$$\frac{\Gamma(\Omega^- \to \Xi^0 K^-)}{\Gamma(\Delta^+ \to p\pi^0)} = \frac{1/2}{2/3}\frac{12}{6}(\text{p.s.f}) = \frac{3}{2}(\text{p.s.f}) \tag{3.79}$$

となる．

フレーバー $SU(3)$ はこのように，3 個のクォークのみを考えるときには大きな成功をおさめ，クォーク模型の実証となったのである．

いささかフレーバー対称性にページを費やしすぎた．たしかに 1974 年まではこのような群論の手法を最大限に使って現象を解釈しようという研究が多くなされてきた．しかし，1974 年にまったく新しい粒子 J/ψ が発見されてから，事態は文字どおり一変した．J/ψ は 4 番目のクォークとその反粒子との束縛状態 $c\bar{c}$ ということが確定し，フレーバー 3 つのみを考えた対称性の議論はあくまで近似的なものであることがわかった．さらに，J/ψ より重く，5 番目の b クォークと反 b クォークの束縛状態である新粒子 Υ が発見され，フレーバー $SU(3)$ はすっかり過去のものとなったのである．それでは，強い力は c や b クォークにどのようにはたらくのだろうか．J/ψ や Υ の崩壊幅はそのための重要な情報を与えている．また，e^+e^- コライダーによる J/ψ や Υ の生成にともなうグルーオンの放出の研究から，強い相互作用はフレーバーに全くよらないことがわかった．

これは古き良き πN, KN 散乱のデータを見てもわかる．図 3-4～図 3-7 からわかるように，

$$\sigma(\pi^+ N) \sim \sigma(\pi^- N) \sim \sigma(K^+ N) \sim \sigma(K^- N) \tag{3.80}$$

これらの反応はフレーバー $SU(3)$ で規定されるいくつかの散乱振幅の和になっているはずであるが，すべてのメソン・核子反応が等しいということは，たとえば(3.54)式でいうと，$f_{1/2}=f_{3/2}$ に対応する．これからも，強い相互作用がフレーバーの違いをまったく認識しないことがわかる．これはフレーバー対

称性よりさらに強く，フレーバー盲目性(flavor blind)といってもよい．

最後に，完全を期するために核子・核子反応，反陽子・核子反応，Λ・陽子反応の断面積をそれぞれ図3-7，図3-8，図3-9に示した．高エネルギーでいずれの反応もだいたい等しい断面積をもっている．さらに，

$$\sigma(\mathrm{pp}) : \sigma(\pi\mathrm{p}) \cong 3^2 : 2^2 \tag{3.81}$$

なことは粒子中のクォーク数を考えると興味深い．$\bar{\mathrm{p}}\mathrm{p}$ 反応は最も高エネルギ

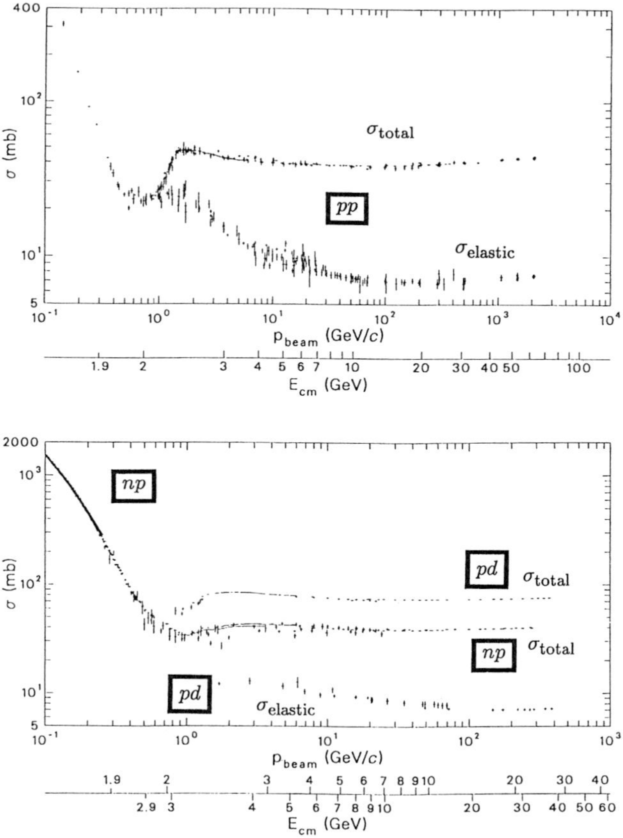

図3-7 pN散乱の全断面積および弾性散乱全断面積．(Particle Data Group : Phys. Lett. **B 239** (1990) III.82)

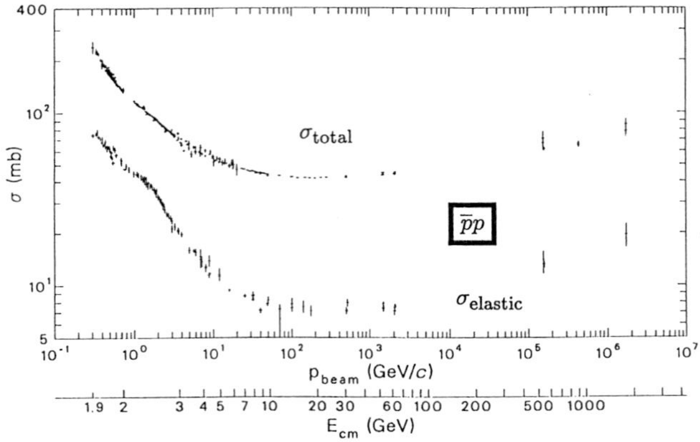

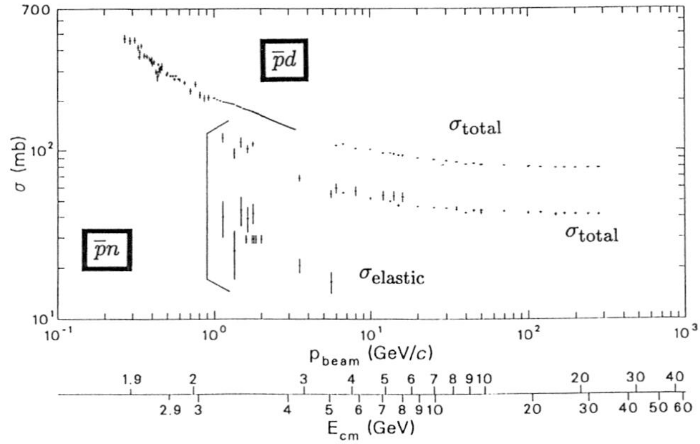

図 3-8 p̄N 散乱の全断面積および弾性散乱全断面積.（Particle Data Group : Phys. Lett. **B 239**（1990）Ⅲ.83）

ーまで調べられている（実験室系換算運動量＝1.3×10^6 GeV/c）が，これは p̄p コライダーのおかげである．21 世紀が始まる頃に pp コライダー LHC が完成し，σ(pp) はさらに大きな運動量 1.3×10^8 GeV/c までのデータが得られよう．ただし，全断面積などのデータは強い相互作用を研究する上でもはや何の役にも立たないだろう．

実際，LHC の目的には強い相互作用の研究などはいっていない．大目標

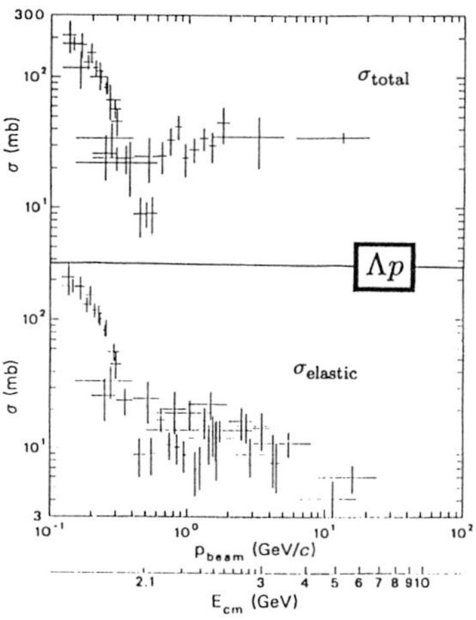

図 3-9　Λp 散乱の全断面積および弾性散乱全断面積．他の反応と比較して低エネルギーデータのみしかないことに注意．(Particle Data Group : Phys. Lett. **B 239** (1990) III.78)

は電弱相互作用のうち，実験的検証が最後に残っている Higgs 粒子の発見である．要するに，強い相互作用の定式化はすでに完成していると考えられているのである．しかし，思わぬ発見があるかも知れない．実験を行なうに当たって，いろいろな知恵が必要である．

3-4　強い相互作用 III——クォークのカラー自由度

粒子 Δ^{++}(1232) をもういちど考えてみよう．波動関数は，u クォークの場をそのまま u として，フレーバーの構造は全く簡単に uuu である．スピンは 3/2 だから，やはり単純な uuu の形でよろしい．つまり，全く対称的な形をしている．しかし，これは u クォークがスピン 1/2 をもつフェルミオンということに矛盾する．Fermi-Dirac 統計から，複数個の同種フェルミオンからなる系の波動関数は完全反対称でなければならない．この点はナイーブなクォーク模型では解決不可能である．

この困難を避けるために，新たに余分な自由度を導入する．これが**カラー自由度**である．カラーは 3 種類を考え，各フレーバークォークは新たに 3 種類のカラーによって色づけされるから，クォーク数は一挙に3倍になる．強い相互作用はカラーに対して完全な $SU(3)$ 対称性を要求する．また，現実に観測される粒子はつねにカラー $SU(3)$ の**1**次元表現(1重項)になっていると仮定する．Δ^{++} の場合に(3.69)式がちょうど使える．すなわち，$SU(3)$ 1重項の波動関数は完全反対称である．したがって，Δ^{++} の波動関数は

$$\Delta^{++}=\frac{1}{\sqrt{6}}\varepsilon_{abc}u^a u^b u^c=\frac{1}{\sqrt{6}}(u^1u^2u^3-u^1u^3u^2+u^2u^3u^1 -u^2u^1u^3+u^3u^1u^2-u^3u^2u^1) \tag{3.82}$$

である．ここで，上付き添え字の1,2,3は3種類のカラーを表わしている．このようにして望みの反対称波動関数が得られた．

同様にして，たとえばK^+ の波動関数がカラー $SU(3)$ 1重項であることを要求すれば，(3.60)式を参考にして，

$$K^+=\frac{1}{\sqrt{3}}(\bar{s}_1\quad \bar{s}_2\quad \bar{s}_3)\begin{pmatrix}1 & & 0\\ & 1 & \\ 0 & & 1\end{pmatrix}\begin{pmatrix}u^1\\ u^2\\ u^3\end{pmatrix}$$

$$=\frac{1}{\sqrt{3}}(\bar{s}_1u^1+\bar{s}_2u^2+\bar{s}_3u^3) \tag{3.83}$$

となる．ここで，$\bar{s}_a$ は$\mathbf{3}^*$ 表現に属するので，下付き添え字をつけて反カラーを表わした．

クォークはむろんカラーをもっているから，自然に孤立して存在できないことになる．実際，あらゆる努力を傾けた探索が行なわれたが，現在までのところクォークの観測例はない．粒子はつねにカラー $SU(3)$ 1重項という条件があるため，実験的にはカラーがまったく見えない(透明)のである．幸いなことに，$\mathrm{e^+e^-}$ コライダーによってカラーが存在する疑問の余地のない証拠が得られた．

$\mathrm{e^+e^-}$ が対消滅してハドロンをたくさん作る反応がある．この反応はクォーク模型では，(1) まず，$\bar{\mathrm{q}}\mathrm{q}$ なるクォーク対がちょうど $\mu^+\mu^-$ 生成とまったく同じようにして作られる．(2) 次に，生成された $\bar{\mathrm{q}}(\mathrm{q})$ は μ のように単独で飛び出すことができないので，ハドロン(ほとんどがメソン)群に変換される．メ

ソンはクォークの静止系で典型的な横向き運動量として 400 MeV/c 程度をもつ．この過程を，クォークがメソンに分解されるようなので，**分解化**(fragmentation)とよんでいる．このようにして作られたメソンが観測されるとするのである．とくに高エネルギーでは，メソンの横向き運動量は前向き運動量と比較して相対的に小さくなるから，メソンはクォークの放出方向に鋭く集中したいわゆるジェットが見られる．すでに，図 1-3 に典型的な 2 ジェットのグラフィックディスプレーを紹介した．

さて，電磁相互作用は電荷のみに反応し，粒子の他の特性には全く無頓着であるから，クォークがミューオンのように点粒子ならば，$\bar{q}q$ 対生成断面積は $\mu^+\mu^-$ 対生成断面積をそのまま使って，

$$\sigma(e^+e^- \to \bar{q}q) = \sum_i Q_i{}^2 \sigma(e^+e^- \to \mu^+\mu^-) \qquad (3.84)$$

のはずである．ただし，Q_i はクォーク i の電荷(e を単位として)である．和はエネルギー的に可能なすべてのクォークについて取る．よく使われる量として，

$$R = \frac{\sigma(\text{hadrons})}{\sigma(\mu^+\mu^-)} \qquad (3.85)$$

があるが，クォーク模型から

$$R = \sum_i Q_i{}^2 \qquad (3.86)$$

であろう．

重心系エネルギーで 0.5 から 30 GeV までの実験データを図 3-10 に示した．10 GeV 以下で複雑な様相を呈している．0.7～0.8 GeV で ρ^0 メソンの大きなピークがみられる．1 GeV を越えたところで，ϕ メソンが作られている．クォーク模型では，ϕ メソンは $\bar{s}s$ の束縛状態で，ここで初めて s クォーク生成のしきい値*を越える(s クォークを含む安定なメソンは質量約 500 MeV の K メソン)．エネルギーが上がって，4 GeV 近辺で c クォーク対生成のしきい値を

* 反応である粒子を作るために必要な最低エネルギーを反応のしきい値(threshold energy)という．$e^+e^- \to \phi \to K^+K^-$ では重心系エネルギーのしきい値は K メソン質量の 2 倍となる．

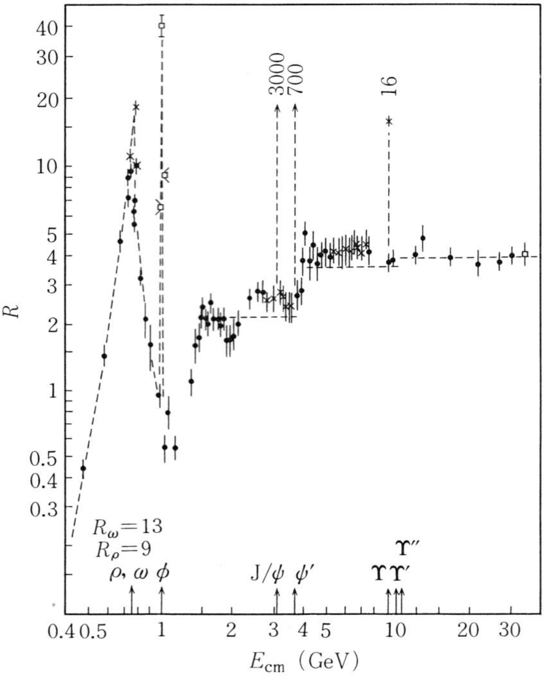

図 3-10 $R\equiv\sigma(e^+e^-\to\text{hadrons})/\sigma(e^+e^-\to\mu^+\mu^-)$．観測された共鳴状態を横軸に矢印で示してある．横軸 E_{cm} は重心系エネルギー(GeV)．図中の矢印の上についている数字は低エネルギーから J/ψ，ψ′(3686)，Υ に対応する R のピーク値を示している．3つの破線で示した水平線は，クォーク模型からの予言値，$R=3\sum Q_i^2(1+\alpha_s/\pi)$．(　)内はグルーオン放出の効果で，$\alpha_s/\pi\cong0.06$.

越える．10 GeV 近辺でこんどは b クォーク対生成のしきい値を越える．

ナイーブなクォーク模型による R の値を求めよう．断面積中のクォーク質量の効果を無視すれば(正確な式は補遺(A.17)式参照)，

(1) $\bar{s}s$ しきい値以下(クォークの電荷は表 1-4 を参照)

$$R = Q_u^2+Q_d^2 = 5/9 = 0.56 \tag{3.87a}$$

(2) $\bar{c}c$ しきい値以下

$$R = Q_u^2+Q_d^2+Q_s^2 = 2/3 = 0.67 \tag{3.87b}$$

(3) $\bar{b}b$ しきい値以下

$$R = Q_{\mathrm{u}}^2 + Q_{\mathrm{d}}^2 + Q_{\mathrm{s}}^2 + Q_{\mathrm{c}}^2 = 10/9 = 1.11 \tag{3.87c}$$

(4) $\bar{\mathrm{b}}\mathrm{b}$ しきい値以上

$$R = Q_{\mathrm{u}}^2 + Q_{\mathrm{d}}^2 + Q_{\mathrm{s}}^2 + Q_{\mathrm{c}}^2 + Q_{\mathrm{b}}^2 = 11/9 = 1.22 \tag{3.87d}$$

これらの値は実験データと全くあわないことがわかる．上の(1)～(4)に対応する R は，図 3-10 から，

(1) ρ ピークが卓越して不明

(2) $R = 2.5 \pm 0.5$ (3.88a)

(3) $R = 4.5 \pm 0.5$ (3.88b)

(4) $R = 4.0 \pm 0.5$ (3.88c)

である．それでは，実験値÷予言値を取ると，

(1) —

(2) 3.7 ± 0.7 (3.89a)

(3) 4.1 ± 0.5 (3.89b)

(4) 3.3 ± 0.4 (3.89c)

となる．領域(3)では標準偏差の 2 倍程度のずれがあるが，他の 2 つの領域では誤差の範囲で，比は 3 に等しい．とくに高エネルギー領域(4)では比はほとんど 3 に等しい．後の章でさらに議論するが，クォーク対のみならず，グルーオン放出の効果も考えると，とくに高エネルギー領域では比の値は 3.0 ± 0.02 となる(5-6 節参照)．すなわち，予言式(3.86)は変更を受けて，

$$R = N_{\mathrm{c}} \sum_i Q_i^2 \tag{3.90}$$

$$N_{\mathrm{c}} = 3 \tag{3.91}$$

となる．この N_{c} こそが 3 種類のカラー自由度による効果で，カラーが存在することの確実な証拠なのである．

領域(2)は低エネルギーすぎてグルーオン放出の効果が正しく計算できないので，(3.89a)の一致はむしろよいと考えなければならない．領域(3)の不一致は問題である．このデータは SLAC の SPEAR コライダーのみによって得られたデータで，他の実験によってさらに検証される必要がある．もし実験・

予言の不一致が本当だとすると，何か新しい現象がこの領域で起こっているはずであるので，確認のために独立な実験を行なうことは重要である．

3-5 強い相互作用 IV——強い力は本当に強いのか

湯川によれば強い力は π メソンの交換によって引き起こされる．核力や Δ バリオンの崩壊を司る力は電磁力よりそうとう強いことは，すでに 3-2 節で説明した．しかし，注意深い読者は次の点に疑問をもったはずである．高エネルギーの e^+e^- 対消滅でハドロン生成断面積 R の測定値は，単純に電磁相互作用によってクォーク・反クォーク対が作られたと考えた計算値 $R=3\sum Q_i^2$ と比較しても高々数 % の誤差しかなかった．すなわち，強い力が敏感にはたらくはずのクォーク対を電磁的に生成するとき強い力の効果が見えないのである．図 3-11(a)は，単純な反応 $e^+e^-\to q\bar{q}$ を示すダイアグラムであるが，同図(b)のように，強い相互作用のもとに何個かのメソンがクォーク間に飛びかってよいはずである．この強い力の効果は電磁力より強く，当然 R の値を大きく変えることが予想されるが，観測にそれが現われない．なぜか．

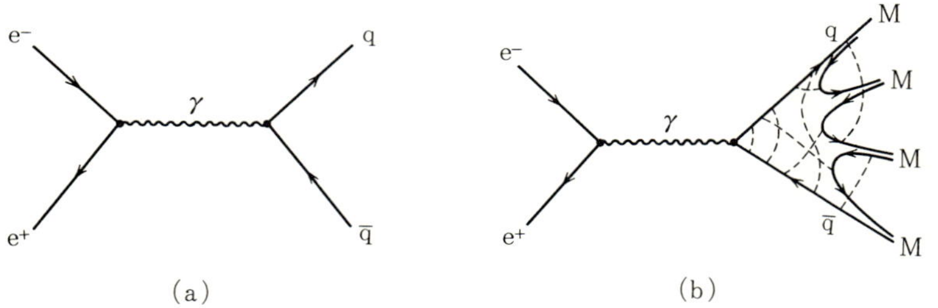

図 3-11 クォーク対 $q\bar{q}$ の生成．$e^+e^-\to q\bar{q}$ のダイアグラム(a)と，期待される強い相互作用の効果(b)．M は，作られるメソン($q\bar{q}$ 束縛状態)を表わす．破線は，クォーク間にとびかうメソンである．

さらに奇妙な例がある．表 3-3 に $J^P=1^-$, $I=0$ である J/ψ 粒子の崩壊モードをくわしく紹介した．J/ψ 粒子はチャーム・反チャームクォーク対 $c\bar{c}$ の束縛状態である．同種クォーク・反クォーク対束縛状態のメソンでアイソスピンが 0, $J^P=1^-$ のものをちょっと整理しておこう.

表 3-7, 3-8, 3-9 に, $\omega(783)$, $\phi(1020)$, $\Upsilon(9460)$ の崩壊モードと分岐比を参考のために示した. とくに全崩壊率を抜き出してみる. 括弧内の数値は質量(MeV)である.

$$\omega(783) = \bar{\mathrm{d}}\mathrm{d}\,(\text{または } \bar{\mathrm{u}}\mathrm{u}) \qquad \Gamma = 8.43 \pm 0.10 \quad \mathrm{MeV} \tag{3.92a}$$

$$\phi(1020) = \bar{\mathrm{s}}\mathrm{s} \qquad 4.41 \pm 0.07 \quad \mathrm{MeV} \tag{3.92b}$$

$$\psi(3097) = \bar{\mathrm{c}}\mathrm{c} \qquad 0.068 \pm 0.01 \quad \mathrm{MeV} \tag{3.92c}$$

$$\Upsilon(9460) = \bar{\mathrm{b}}\mathrm{b} \qquad 0.0521 \pm 0.0021 \quad \mathrm{MeV} \tag{3.92d}$$

ただし, $\psi(3097)$ は J/ψ を表わす別の記号である. 崩壊の大部分はどれも強い力によってクォーク・反クォーク対の対消滅として起こるはずである. 崩壊率はクォーク・反クォークの波動関数の重なり具合 $|\psi(0)|^2$ に比例し, かつ終状態の位相空間の大きさに比例する. 次元を合わせることによって, 強い力による崩壊率は,

$$\Gamma_{\mathrm{s}} = A\frac{|\psi(0)|^2}{m^2} \tag{3.93}$$

表 3-7　$\omega(783)$ の崩壊モードと分岐比

$\omega(783)$　　$I^G(J^{PC})=0^-(1^{--})$

質量 $m=781.95\pm0.14$ MeV

全幅 $\Gamma=8.43^{+0.10}_{-0.09}$ MeV

$\Gamma_{\mathrm{ee}}=0.60\pm0.02$ keV

$\omega(783)$ の崩壊モード	分岐比(Γ_i/Γ)
$\pi^+\pi^-\pi^0$	$(88.8\pm0.6)\%$
$\pi^0\gamma$	$(8.5\pm0.5)\%$
$\pi^+\pi^-$	$(2.21\pm0.30)\%$
中性粒子($\pi^0\gamma$ を除外)	$(4.4^{+7.9}_{-2.9})\times10^{-3}$
$\pi^0\mathrm{e}^+\mathrm{e}^-$	$(5.9\pm1.9)\times10^{-4}$
$\eta\gamma$	$(4.7^{+2.2}_{-1.8})\times10^{-4}$
$\pi^0\mu^+\mu^-$	$(9.6\pm2.3)\times10^{-5}$
$\mathrm{e}^+\mathrm{e}^-$	$(7.07\pm0.19)\times10^{-5}$

表 3-8 $\phi(1020)$ の崩壊モードと分岐比

$\phi(1020)$ $I^G(J^{PC})=0^-(1^{--})$

質量 $m=1019.412\pm0.008$ MeV

全幅 $\Gamma=4.41\pm0.07$ MeV

$\Gamma_{ee}=1.37\pm0.05$ keV

$\phi(1020)$ の崩壊モード	分岐比 (Γ_i/Γ)
K^+K^-	$(49.5\pm1.1)\%$
$K_L^0K_S^0$	$(34.4\pm0.9)\%$
$\rho\pi$	$(12.9\pm0.7)\%$
$\pi^+\pi^-\pi^0$	$(1.9^{+1.2}_{-1.0})\%$
$\eta\gamma$	$(1.28\pm0.06)\%$
$\pi^0\gamma$	$(1.31\pm0.13)\times10^{-3}$
e^+e^-	$(3.11\pm0.10)\times10^{-4}$
$\mu^+\mu^-$	$(2.48\pm0.34)\times10^{-4}$
ηe^+e^-	$(1.3^{+0.8}_{-0.6})\times10^{-4}$
$\pi^+\pi^-$	$(8^{+5}_{-4})\times10^{-5}$

表 3-9 Υ の崩壊モードと分岐比．細かい崩壊モードはまだ測定されていない．

$\Upsilon(1S)$ または $\Upsilon(9460)$ $I^G(J^{PC})=?^?(1^{--})$

質量 $m=9460.32\pm0.22$ MeV

全幅 $\Gamma=52.1\pm2.1$ keV

$\Gamma_{ee}=1.34\pm0.04$ keV

$\Upsilon(1S)$ の崩壊モード	分岐比 (Γ_i/Γ)
$\tau^+\tau^-$	$(2.97\pm0.35)\%$
$\mu^+\mu^-$	$(2.57\pm0.07)\%$
e^+e^-	$(2.25\pm0.17)\%$
ハドロンへの崩壊	
$J/\psi(1S)$ を含むすべて	$(1.1\pm0.4)\times10^{-3}$

となろう(5-2節を参照せよ)．ただし，m はメソンの質量である．$|\psi(0)|^2$ は束縛状態の強さに依存するから，メソン間で異なってもよろしい．しかし，A は比例定数で，強い力の結合定数と数値係数のみに依存するはずである．ここ

で，スピノルの次元が $[E^{3/2}]$ であることを使ったことに注意する(2-2節参照)．クォーク・反クォーク対の束縛状態は，e^+ と e^- が電磁的に束縛された**ポジトロニウム**(positronium)と非常によく似ている．電磁力を強い力の定式によって書き換えてやればよいのである．実際，上の式で係数 A 以外はポジトロニウムの定式をそのまま使ったことに対応する．

全崩壊率は第1近似として，

$$\Gamma = \Gamma_s + 3\Gamma_{ee} \tag{3.94}$$

としてよかろう．3は lepton universality による．つまり，全崩壊から荷電レプトン対に崩壊する寄与 Γ_{ee} を差し引いたモードを強い力による崩壊と考える．ただし，当然のことながら，ω や ϕ メソンの崩壊では第2項の係数3の代わりに2を取らねばならない(タウオンの生成しきい値以下)．

Γ_{ee} はクォークの電荷の2乗 ${Q_q}^2$ に比例する．

$$\Gamma_{ee} = B{Q_q}^2\alpha^2\frac{|\psi(0)|^2}{m^2} \tag{3.95}$$

となる．B は単純な数値係数である．Γ_{ee} を表3-3，表3-7～表3-9から抜き出し，さらに $\Gamma_{ee}/{Q_q}^2$ を計算してみよう．

$\omega(783)$	$\Gamma_{ee} = 0.60\pm0.02$ keV	$\Gamma_{ee}/{Q_q}^2 = 2.16\pm0.07$ keV	(3.96a)
$\phi(1020)$	1.37 ± 0.05 keV	12.3 ± 0.5 keV	(3.96b)
$\psi(3097)$	4.72 ± 0.35 keV	10.6 ± 0.8 keV	(3.96c)
$\Upsilon(9460)$	1.34 ± 0.04 keV	12.1 ± 0.4 keV	(3.96d)

となる．ただし，ω は(3.64a)式と全く同じ構造をしているから，${Q_q}^2$ として $(4/9+1/9)/2$ を取った．項 $|\psi(0)|^2/m^2$ は $m>1$ GeV ではほとんど変化しないことがわかる．また，J/ψ 粒子を構成しているクォーク c の電荷の絶対値が ϕ や Υ 粒子の構成クォーク s や b の電荷に比べて2倍になっていることがわかり，興味深い．

(3.93)式にある係数 A の効果を見るために，さらに $(\Gamma_s/\Gamma_{ee}){Q_q}^2$ を計算してみる．こうすれば，よくわからない項 $|\psi(0)|^2/m^2$ が消え去り，強い力の強さの効果を直接見ることができる．

$$\omega(783) \qquad (\Gamma_s/\Gamma_{ee})Q_q^2 = (14.1 \pm 0.5) \times 10^3 \qquad (3.97a)$$

$$\phi(1020) \qquad (3.22 \pm 0.13) \times 10^3 \qquad (3.97b)$$

$$\psi(3097) \qquad 5.1 \pm 1.1 \qquad (3.97c)$$

$$\Upsilon(9460) \qquad 4.0 \pm 0.2 \qquad (3.97d)$$

驚いたことに，強い力は1 GeVを越えたところから恐ろしく弱くなっている．強い力は系のエネルギーと共にその強さが減るのだろうか．答えはイエスであり，この効果を**漸近自由性**(asymptotic freedom)という．標準理論が主張するカラー$SU(3)$ゲージ対称性に基礎をおく強い相互作用の理論は，漸近自由性を見事に導き出すことができる(5-7節参照)．

裸のクォークが自然界に存在できないことは漸近自由性を使えば理解することができる．すなわち，クォーク間の距離rを大きくしてクォークを引き離そうとしても，そのときの系のエネルギーは不確定性の関係からr^{-1}となり，漸近自由性から束縛力がどんどん大きくなってしまうのである．これはちょうどゴム紐で結ばれた2つの粒子を引っ張る状態に似ている．あまり強く引っ張るとゴム紐は切れる．このとき，切れた紐の両端にクォーク・反クォーク対が発生し，結果として2つのメソンに分解し，裸のクォークは現われてこないのである(図3-12参照)．

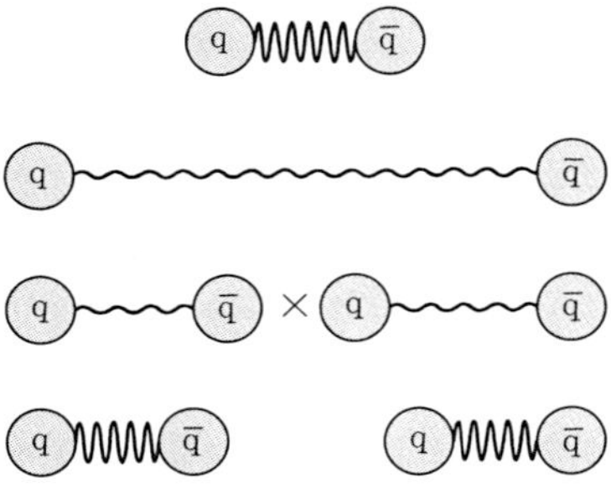

図3-12　メソン中のクォーク・反クォークを引き離そうとしても，強い力により，中間に新たにクォーク・反クォーク対が作られ，結果として2つのメソンに分解し，裸のクォークは現われない．

4 標準模型 I——電弱相互作用

標準模型の理論的記述を行ない，また実験結果との照合を行なう．標準模型は前章で紹介したゲージ対称性をもつ場の理論に基づいている．標準模型は電磁力と弱い力を同時に取り扱う(電弱力)が，電弱力と強い力は相互に独立している．そこで本章では電弱相互作用の記述を行なう．

場の理論の大きな困難は，結合定数の高次の項を計算するさいに起こる発散をいかに除くかという，かなり技術的な点にある．しかし，標準模型のもっとも大切な点は，ゲージ粒子の直接生成や，ゲージ粒子とレプトンやクォークとの結合の大きさとその結合の仕方を解明することであろう．このためには，理論的計算は結合定数の最低次でよく，かなり簡単である．ただし，場の理論特有の問題，たとえば，(イ)量子的異常項の発生(6-1 節参照)や，(ロ)ゲージ群のトポロジカルな構造に起因する強い相互作用の CP 非保存，それにともなうスカラー粒子アキシオン(axion)の予言(6-3 節参照)，(ハ) Higgs 場の導入によって必然的にその存在が予言される Higgs 粒子や，宇宙の温度が高温のときに起こる真空の相転移の問題と，実際に相転移が起こったと信じられているビッグバン宇宙の初期の解明など(4-3 節と 6-1 節参照)，なかなか興味ある点も多い．

最初にも述べたように，標準理論は実験結果をあまりにも見事に説明しており，breakthrough となる何か新しい実験結果が大いに期待されている．超大加速器 LHC の出現によって加速器のエネルギーが 16 TeV になったとき，果してわれわれは新しい素粒子物理学に出会うことができるのであろうか．

4-1 $SU(2)\times U(1)$ ゲージ相互作用

弱い相互作用における粒子の分類はすでに何回も出てきたように，弱アイソスピンによるのがよい．また，弱い相互作用は左巻き成分のみに作用するので，レプトンとクォークの分類は，第 1 世代のレプトンのみを考えると，

$$l_{\mathrm{eL}} = \begin{pmatrix} \nu_{\mathrm{eL}} \\ e_{\mathrm{L}} \end{pmatrix} \tag{4.1}$$

のような $SU(2)$ の 2 重項とし，l_{eL} を 1 つの粒子と考える．ただし，粒子の場として粒子のシンボルをそのまま使用した．また，$\nu_{\mathrm{eL}}=P_{\mathrm{L}}\nu_{\mathrm{e}}$，$e_{\mathrm{L}}=P_{\mathrm{L}}e$ である((2.15)式参照)．

クォークも同様にして，

$$l_{\mathrm{uL}} = \begin{pmatrix} u_{\mathrm{L}} \\ d_{\mathrm{L}} \end{pmatrix} \tag{4.2}$$

しかし，このままでは右巻き成分がないので，ニュートリノ，電子およびクォークは質量をもつことができない(2-5 節参照)．標準理論ではニュートリノの質量は 0 と仮定する．電子やクォークは明らかに質量をもっているので，上の 2 重項だけでは現実とまったく合わないので，余分に $SU(2)$ の 1 重項を考える．すなわち，

$$e_{\mathrm{R}} = P_{\mathrm{R}}e = \frac{1+\gamma_5}{2}e, \quad u_{\mathrm{R}} = P_{\mathrm{R}}u = \frac{1+\gamma_5}{2}u, \quad d_{\mathrm{R}} = P_{\mathrm{R}}d = \frac{1+\gamma_5}{2}d \tag{4.3}$$

をそれぞれ 1 個ずつの粒子とする．

ここで注意しなければならないのは，(4.2)の 2 重項粒子と(4.3)の 1 重項粒

子とは全く別の粒子と考えなければならない点である．これは$SU(2)$群の異なった表現に属していることによる．このため，ラグランジアン密度の中に粒子の質量項を作ることができない．なぜなら，もし無理に$m(\overline{l_{\mathrm{eL}}}e_{\mathrm{R}}+\overline{e_{\mathrm{R}}}l_{\mathrm{eL}})$を作っても，これは$SU(2)$の1重項になっていないので，ラグランジアン密度を1重項とすることができないのである．そこで，粒子の質量も，ゲージ粒子に質量を付与するときに同時に考えることにする(次節)．

次に，粒子の電荷を考える．1重項$e_{\mathrm{R}}, u_{\mathrm{R}}, d_{\mathrm{R}}$の電荷は当然$-1, 2/3, -1/3$である．$l_{\mathrm{eL}}, l_{\mathrm{uL}}$の電荷は構成粒子の電荷の平均を取る．すなわち，それぞれ$-1/2, 1/6$である．以上の平均電荷は実際の電荷と区別するために，**超荷**または**ハイパーチャージ**(hypercharge)とよぶ．他の粒子も同様に分類できる．すなわち，2重項は，

$$\begin{pmatrix}\nu_{\mu\mathrm{L}}\\ \mu_{\mathrm{L}}\end{pmatrix},\quad \begin{pmatrix}\nu_{\tau\mathrm{L}}\\ \tau_{\mathrm{L}}\end{pmatrix},\quad \begin{pmatrix}c_{\mathrm{L}}\\ s_{\mathrm{L}}\end{pmatrix},\quad \begin{pmatrix}t_{\mathrm{L}}\\ b_{\mathrm{L}}\end{pmatrix} \tag{4.4}$$

であり，1重項は，

$$\mu_{\mathrm{R}},\quad \tau_{\mathrm{R}},\quad c_{\mathrm{R}},\quad s_{\mathrm{R}},\quad t_{\mathrm{R}},\quad b_{\mathrm{R}} \tag{4.5}$$

である．

標準模型は，世代間の関係についてまったく無力である．さらに，電弱相互作用ではレプトンとクォークの区別もないので，粒子としては$\mathrm{l_{eL}}, \mathrm{e_R}$のみを考えればよい．

次に，ゲージ変換を決定する．電磁相互作用は$U(1)$ゲージ変換に，弱い相互作用はほとんど$SU(2)$ゲージ変換に近かったので(3-1節参照)，これをまとめて，$SU(2)\times U(1)$変換を考える．$U(1)$の表現は上に定義したハイパーチャージを使う．ハイパーチャージをYと書く．弱アイソスピンをIとし，その第3成分をI^3とすると，実際に観測にかかるニュートリノや電子などの電荷Qが，

$$Q = I^3+Y \tag{4.6}$$

であることは，すぐに確かめることができる．

ゲージ変換は，

$$l_{\mathrm{eL}}(x) \to l_{\mathrm{eL}}'(x) = \exp\left(-i\frac{\tau^a}{2}\theta^a - iY\theta\right)l_{\mathrm{eL}}(x) \tag{4.7}$$

$$e_{\mathrm{R}}(x) \to e_{\mathrm{R}}'(x) = \exp(-iY\theta)e_{\mathrm{R}}(x) \tag{4.8}$$

である．θ^a $(a=1,2,3)$ と θ は x の関数である．第2章の処方箋に従えばラグランジアン密度 L を直ちに書き下すことができる．

$SU(2)$ と $U(1)$ のゲージ粒子の場をそれぞれ W_μ, B_μ と書く．ちょっと混乱するが，W_μ は2行2列の行列で，表2-4の A を W に変更したものである．

$$\begin{aligned} L = & -\frac{1}{4}F_{\mu\nu}F^{\mu\nu} - \frac{1}{4}B_{\mu\nu}B^{\mu\nu} \\ & + \overline{l_{\mathrm{eL}}}\, i\gamma_\mu\left(\partial^\mu - i\frac{g}{\sqrt{2}}W^\mu - ig'YB^\mu\right)l_{\mathrm{eL}} \\ & + \overline{e_{\mathrm{R}}}\, i\gamma_\mu(\partial^\mu - ig'YB^\mu)e_{\mathrm{R}} \end{aligned} \tag{4.9}$$

ここで，$F_{\mu\nu}$ は(2.78)式で A を W にしたもので，同じく2行2列の行列，さらに，$B_{\mu\nu}$ は(2.35)式で同様に A を B に変更したものである．結合定数は $SU(2)$, $U(1)$ ゲージ変換に対応して g, g' の2つが必要である．

以上が Glashow-Weinberg-Salam 模型の基礎となる定式である．具体的に観測される粒子間の相互作用がどうなるかは後で行なうことにして，次に粒子およびゲージ粒子にどのように質量を付与するかを考えよう．

4-2 Higgs 機構

ここで，新たに2重項のスカラー粒子を導入する．ただし，スカラー粒子の場は複素場として，電荷をもたせる必要がある．

$$\phi = \begin{pmatrix} \phi^+ \\ \phi^0 \end{pmatrix} \tag{4.10}$$

とする．上付き添え字は電荷を表わす．当然，ハイパーチャージは $Y=1/2$ である．スカラー粒子が関与するラグランジアン密度は以下のような式を取る．

$$L = (D_\mu\phi)^\dagger(D^\mu\phi) - V(\phi^\dagger\phi) + L_{\mathrm{Yuk}} \tag{4.11}$$

$$D_\mu = \partial_\mu - i\frac{g}{\sqrt{2}}W_\mu - ig'YB_\mu \tag{4.12}$$

V はスカラー粒子 ϕ に対するポテンシャルエネルギー(正確にはエネルギー密度)で，

$$V = \mu^2\phi^\dagger\phi + \lambda(\phi^\dagger\phi)^2 \tag{4.13}$$

と仮定する．V は Higgs ポテンシャルとよばれる．μ^2, λ は実定数で，μ^2 の次元は $[E^2]$，また λ は無次元である．相互作用項 L_{Yuk} は ϕ とレプトンやクォーク粒子との作用を表わし，電子成分に対しては

$$L_{\mathrm{Yuk}} = -G_{\mathrm{e}}(\overline{e_{\mathrm{R}}}\phi^\dagger l_{\mathrm{eL}} + \overline{l_{\mathrm{eL}}}\phi e_{\mathrm{R}}) \tag{4.14}$$

と仮定する．クォークは $\mathrm{u_R}$, $\mathrm{d_R}$ と 2 つ右巻き粒子があるのですこし面倒になり，

$$L_{\mathrm{Yuk}} = -G_{\mathrm{d}}(\overline{d_{\mathrm{R}}}\phi^\dagger l_{\mathrm{uL}} + \overline{l_{\mathrm{uL}}}\phi d_{\mathrm{R}}) - G_{\mathrm{u}}(\overline{u_{\mathrm{R}}}\tilde{\phi}^\dagger l_{\mathrm{uL}} + \overline{l_{\mathrm{uL}}}\tilde{\phi} u_{\mathrm{R}}) \tag{4.15}$$

と取る．ただし，第 2 項に対しては注意が必要である．$\phi^\dagger$ は $SU(2)$ の $\mathbf{2}^*$ 表現であるから，(2.102)式を参照して，**2** 次元表現の $\tilde{\phi}$ にする．すなわち，

$$\tilde{\phi} = \begin{pmatrix} \phi^{0\dagger} \\ -\phi^- \end{pmatrix} \tag{4.16}$$

ただし，

$$\phi^- = (\phi^+)^\dagger \tag{4.17}$$

で，電荷は負である．このようにすると，L_{Yuk} が $SU(2)\times U(1)$ に対して不変となる．むろん L_{Yuk} としてはスカラー粒子・フェルミオン間の最も簡単な相互作用を考えたもので，ゲージ相互作用のような理論的根拠はなく，最終的に実験で検証されなければならない．一般に，スカラー粒子・フェルミオン間の相互作用として，$\phi(\bar{\psi}\psi)$ のような形を**湯川相互作用**という．添え字の Yuk はそれから由来する．

$G_{\mathrm{e}}, G_{\mathrm{u}}, G_{\mathrm{d}}$ は理論では決定できない係数で，その具体的な値は後で述べる．

ポテンシャル V をもうすこし考察しよう．いま，$\mu^2<0$, $\lambda>0$ とする．V は

$$\sqrt{\phi^\dagger\phi} = \sqrt{\frac{-\mu^2}{\lambda}} \equiv \frac{v}{\sqrt{2}} \tag{4.18}$$

で極小となる．そこで，場 ϕ を改めて $v/\sqrt{2}$ のまわりの運動として考える．V の極小点は系が最低エネルギーをもつ点である．この最低エネルギーの点をわれわれは**真空状態**とよぶ．真空では場 ϕ は 0 でなく，ある有限な値を取る．要するに，真空状態とは無の状態ではなく，ϕ の場がエーテルのように空間に広がっている状態である．いささか腑に落ちないが，その意味するところはたいへんに深遠である．あとでさらに議論する．$v/\sqrt{2}$ は場 ϕ の**真空期待値**とよばれる．

さらに議論を進めよう．$v/\sqrt{2}$ の周りの ϕ はどのように表わしてもよいが，ここでは次のように取る．

$$\phi = \frac{1}{\sqrt{2}}\begin{pmatrix} (\xi_2 + i\xi_1)/2 \\ v+\eta - i\xi_3/2 \end{pmatrix} \tag{4.19}$$

ここで，$\xi_1, \xi_2, \xi_3, \eta$ は 4 個の実場である．ϕ^+, ϕ^0 は複素場であるから，実場で書き直すとこのように分解される．一般に場を基本単位まで分解したとき，必要とする基本単位の数を**自由度**とよんでいる．ϕ は $v/\sqrt{2}$ の周りで微小振動をしているとする．

$$\xi_1,\ \xi_2,\ \xi_3,\ \eta \ll v \tag{4.20}$$

すると，ϕ はさらに変形することによって，

$$\phi = \left(1 + i\frac{\xi^k \tau^k}{2v}\right)\begin{pmatrix} 0 \\ \dfrac{v+\eta}{\sqrt{2}} \end{pmatrix} = \exp\left(i\frac{\xi^k \tau^k}{2v}\right)\begin{pmatrix} 0 \\ \dfrac{v+\eta}{\sqrt{2}} \end{pmatrix} \tag{4.21}$$

となる．ただし，τ^k は Pauli 行列である((2.7)式)．逆に ϕ を(4.21)式のように分解したと考えてもよい．

さて，(4.21)式はまさに $SU(2)$ ゲージ変換そのものである．そこで，すべての場にこのゲージ変換を施し，ゲージ変換後の場を改めて $A_\mu^a, l_{\mathrm{eL}}, l_{\mathrm{uL}}$ のように書けば，(4.9)から(4.15)まではそのままで，ただ ϕ が

$$\phi = \begin{pmatrix} 0 \\ \dfrac{v+\eta}{\sqrt{2}} \end{pmatrix} \tag{4.22}$$

のように，実場 η にかわってしまった．実場 ξ_1, ξ_2, ξ_3 は消滅してしまったが，3つの自由度はどこへいってしまったのだろうか．これは後でわかる．

さて，それでは具体的に(4.22)式の ϕ をラグランジアン密度に導入してみよう．まず，η のみが関係する項として，

$$\frac{1}{2}\partial_\mu \eta \partial^\mu \eta + \mu^2 \eta^2$$

が引き出せる．これは外場のないときの η に対するラグランジアン密度にほかならない．粒子 η の質量は直ちに

$$m_\eta = \sqrt{-2\mu^2} \tag{4.23}$$

となる．電気的に中性な粒子 η を **Higgs 粒子**とよぶ．

次に W_μ, B_μ が関係する項は，

$$\begin{aligned}\frac{(v+\eta)^2}{2}(0 \quad 1)\left(\frac{g}{\sqrt{2}}W+\frac{g'}{2}B\right)^2\begin{pmatrix}0\\1\end{pmatrix} \\ = \frac{(v+\eta)^2}{8}\left[(g'B-gW^3)^2+2g^2W^+W^-\right]\end{aligned} \tag{4.24}$$

となる．ただし，添え字 μ は見にくいので省いた．また，

$$W^- = W_1^2, \qquad W^+ = W_2^1 \tag{4.25}$$

とおいた(表 2-4 参照)．+, − の添え字はちょうど W 粒子の電荷に対応する．

さて，ここで

$$Z^\mu = \frac{1}{\sqrt{g^2+g'^2}}(-gW^{3\mu}+g'B^\mu) = -(\cos\theta_{\mathrm{W}})W^{3\mu}+(\sin\theta_{\mathrm{W}})B^\mu \tag{4.26}$$

$$A^\mu = \frac{1}{\sqrt{g^2+g'^2}}(g' W^{3\mu}+gB^\mu) = (\sin\theta_{\mathrm{W}})W^{3\mu}+(\cos\theta_{\mathrm{W}})B^\mu \tag{4.27}$$

と新しいゲージ場を考える．ここで，θ_{W} は**弱混合角**，または **Weinberg 角**とよばれ，

$$\tan\theta_{\mathrm{W}} = \frac{g'}{g} \tag{4.28}$$

である．明らかに Z, A 粒子の両方とも電気的に中性である．真空期待値が関

与する項だけを考えると，対応するラグランジアン密度は

$$\frac{v^2}{8}(g^2+g'^2)Z_\mu Z^\mu+\frac{v^2g^2}{4}W^+_\mu W^{-\mu} \tag{4.29}$$

となる．$F_{\mu\nu}, B_{\mu\nu}$ を含むラグランジアン密度の項は

$$\begin{aligned}-\frac{1}{4}F_{\mu\nu}F^{\mu\nu}-\frac{1}{4}B_{\mu\nu}B^{\mu\nu} = &-\frac{1}{2}(\partial_\mu W^+_\nu-\partial_\nu W^+_\mu)(\partial^\mu W^{-\nu}-\partial^\nu W^{-\mu})\\ &-\frac{1}{4}(\partial_\mu Z_\nu-\partial_\nu Z_\mu)(\partial^\mu Z^\nu-\partial^\nu Z^\mu)\\ &-\frac{1}{4}(\partial_\mu A_\nu-\partial_\nu A_\mu)(\partial^\mu A^\nu-\partial^\nu A^\mu)\end{aligned} \tag{4.30}$$

であるから，本来質量のないゲージ粒子 W と Z に新たに質量項が発生した．それぞれ質量は，運動方程式(34 頁脚注)を考えれば以下のような値になる．

$$m_\mathrm{W} = \frac{1}{2}vg, \qquad m_\mathrm{Z} = \frac{1}{2}v\sqrt{g^2+g'^2} \tag{4.31}$$

したがって，

$$\frac{m_\mathrm{W}}{m_\mathrm{Z}} = \cos\theta_\mathrm{W} \tag{4.32}$$

である．

また，ゲージ粒子 A は相変わらず質量をもたない．われわれは当然 $\mathrm{W}^{+,-}$，Z を弱い相互作用のゲージ粒子(weak boson)に，A を電磁力のゲージ粒子(フォトン)に対応させたいのである．

$\mathrm{W}^{+,-}$，Z は質量が 0 のとき，フォトンと同じく横波で 2 つの自由度しかなかった．ところがいったん質量をもてば第 3 の自由度である縦波を考えなければならない．前に，場 ξ_1, ξ_2, ξ_3 がゲージ変換によって消滅してしまったが，じつはこれら 3 つの場の自由度がゲージ粒子 $\mathrm{W}^{+,-}$，Z に食われてしまい，縦波成分に化けてしまったのである．

以上のように，スカラー場に真空期待値をもたせてゲージ粒子に質量を与え，さらにスカラー場の自由度をゲージ場の縦波成分としてしまう方法を **Higgs 機構**とよんでいる．

3-1 節で議論した $SU(2)$ ゲージ対称性と $U(1)$ 対称性を完全に分離した模型と決定的に異なるのは，ゲージ粒子に混合が起こっている点である．この混合により，見事にフォトンの質量を 0 とし，電磁相互作用を導き出すことができたのである．

次に，レプトンやクォークとスカラー粒子との湯川項を見てみよう．(4.14) 式は，

$$L_{\mathrm{Yuk}} = -\frac{G_{\mathrm{e}}v}{\sqrt{2}}(\overline{e_{\mathrm{L}}}e_{\mathrm{R}}+\overline{e_{\mathrm{R}}}e_{\mathrm{L}})-\frac{G_{\mathrm{e}}}{\sqrt{2}}\eta(\overline{e_{\mathrm{L}}}e_{\mathrm{R}}+\overline{e_{\mathrm{R}}}e_{\mathrm{L}}) \tag{4.33}$$

となり，電子に Dirac 質量項が生じた．電子の質量は，

$$m_{\mathrm{e}} = \frac{G_{\mathrm{e}}v}{\sqrt{2}} \tag{4.34}$$

である．v の値は後で求めるが，$v=246$ GeV である．したがって，G_{e} はたいへん小さな値 $G_{\mathrm{e}}=2.94\times10^{-6}$ となる．それとともに，Higgs 粒子と電子の相互作用もたいへん小さく，(4.33)式の第 2 項の係数は，$G_{\mathrm{e}}/\sqrt{2}=2.1\times10^{-6}$ である．クォークに対しても(4.34)式の関係が成立し，係数 G はクォークの質量に比例する．質量が非常に大きいトップクォークでは Higgs 粒子との反応がたいへん強くなる．すなわち，$G_{\mathrm{top}}/\sqrt{2}=m_{\mathrm{top}}/v=0.72\pm0.05$ で(表 1-4 参照)，電磁力の大きさ $e=\sqrt{4\pi\alpha}=0.092$ の 8 倍になる．したがって，Higgs 粒子とトップクォーク間の反応を解析すれば，湯川相互作用の正当性など重要な情報が得られよう．

Higgs 粒子とゲージ粒子間の反応は(4.24)式から，次のようなラグランジアン密度が関与して，

$$\begin{aligned}
&\frac{v}{4}(g^2+g'^2)\eta Z_\mu Z^\mu+\frac{v}{2}g^2\eta W_\mu^+W^{-\mu} \\
&= \frac{m_{\mathrm{Z}}{}^2}{v}\eta Z_\mu Z^\mu+\frac{2m_{\mathrm{W}}{}^2}{v}\eta W_\mu^+W^{-\mu} \\
&= 33.8\,\mathrm{GeV}\times\eta Z_\mu Z^\mu+5\,\mathrm{GeV}\times\eta W_\mu^+W^{-\mu}
\end{aligned} \tag{4.35}$$

となる($m_{\mathrm{Z}}, m_{\mathrm{W}}$ の値は表 1-6 参照)．この式から Higgs 粒子の生成反応とし

て，図 4-1 のように，

$$e^+ + e^- \rightarrow (Z) \rightarrow \eta + Z \tag{4.36}$$

が考えられる．

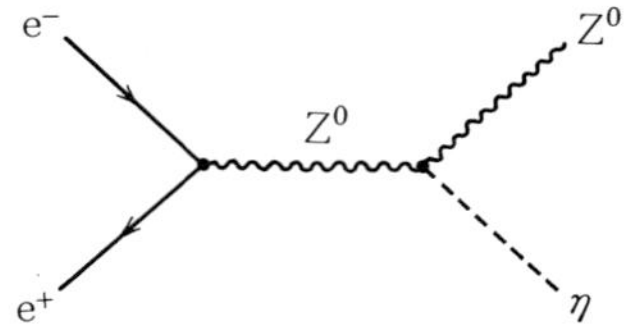

図 4-1 Higgs 粒子 η の生成反応.

4-3 真空の相転移

前節では，新しいスカラー粒子 ϕ と自己相互作用による Higgs ポテンシャルを導入した．スカラー場 ϕ は物質の相転移を現象論的に記述する秩序パラメーターに相当している．相転移では，パラメーター μ^2 が温度の関数となっている．

$$\mu^2 = a(T - T_c) \tag{4.37}$$

ここで T_c は相転移の臨界温度である．いま，簡単のために場 ϕ を実場としよう．Higgs ポテンシャル V は臨界温度 T_c の上下で大きく変化する．図 4-2 のように，$T > T_c$ のとき最低エネルギー状態は $\phi = 0$ に対応するから，場が存在せず直観的に分かりやすい．ところが温度が $T < T_c$ になるや，最低エネルギー状態は突然移動し，$|\phi| = v/\sqrt{2}$ に跳び移る．この低温の状態を前節で考えたのである．

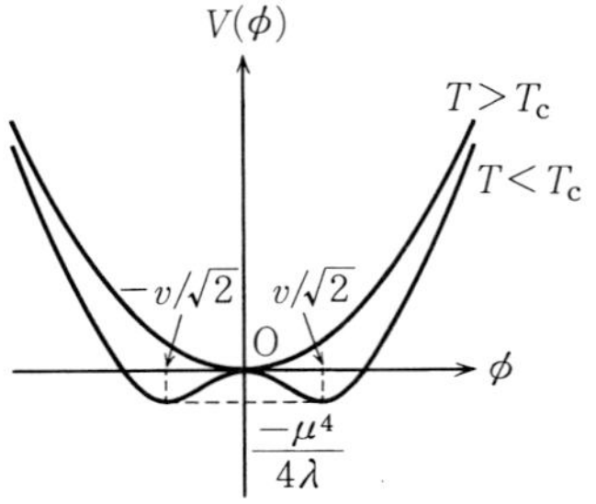

図 4-2 Higgs ポテンシャルは臨界温度の上下で大きく変化する．温度が T_c の上から下に下がると，最低エネルギー状態(真空)は $\phi = 0$ から $|\phi| = v/\sqrt{2}$ に移動する．また，ポテンシャルの最低値はそれぞれ 0, $-\mu^4/4\lambda = -m_\eta{}^2 v^2/8$ である．

強磁性体の温度変化はその1例である．T_c は Curie 温度に対応し，ϕ は電子のスピンの向きと考えることができる．低温ではスピンが1方向に整列した状態が最低エネルギー状態となる．われわれの言葉ではその状態が真空に相当する．T_c はまた超伝導物質の臨界温度と考えることもできる．$T>T_c$ で常伝導，$T<T_c$ で超伝導状態になる．V は Ginzburg-Landau ポテンシャルであり，ϕ は Cooper 対の波動関数に対応する．

Higgs ポテンシャルは高温で対称的な形をしている．しかし，$T<T_c$ になると，ϕ が $v/\sqrt{2}$ か $-v/\sqrt{2}$ かのどちらかに移動してしまうため，ポテンシャルの対称性が失われる．このような現象を**自発的対称性の破れ**(spontaneous symmetry breakdown)とよび，相転移はその典型的な例である．それでは，Higgs ポテンシャルの中に出てくる温度とは何だろうか．Higgs 場を粒子的に考えれば，空間全体に広がった場は，直観的にいうと，粒子がぎっしりと詰まった凝縮した状態と考えることができる．こうすれば，系は本質的に多体系であるから，温度という概念を導入することができる．このときの温度とは，すべての物質を包含する宇宙の温度と考えれば分かりやすい．

現在の宇宙に広がっている電磁波の観測から，その電磁波は黒体輻射であり，その温度は 2.7 K ということがわかった．つまり，現在の宇宙の温度はきわめて低く $T \ll T_c$ となっており，真空は凝縮状態にある．このため弱い相互作用のゲージ粒子は有限な質量をもっているのである．

図 4-2 からわかるように，相転移の前後で最低エネルギー密度が大いに異なり，その大きさ ρ_v は

$$\rho_v = \frac{\mu^4}{4\lambda} = \frac{1}{8} m_\eta{}^2 v^2 \tag{4.38a}$$

$$= 7.56\times 10^7 \left(\frac{m_\eta}{100\,\mathrm{GeV}}\right)^2 \quad \mathrm{GeV}^4 \tag{4.38b}$$

ただし，Higgs 粒子はまだ観測にかかっていないので，その質量を 100 GeV で規格化してある．したがって，相転移の起こる前に，真空の対称性がよい状態は大きな潜熱をもっており，$T<T_c$ でそのエネルギーが解放される．

それでは宇宙の初期はどうであろうか．宇宙が膨張していることは Hubble による観測で確立されている．ということは，時間をさかのぼれば宇宙は縮み，したがって宇宙の温度は上昇する．ビッグバンから測った時間を t 秒，温度を T MeV とすれば，

$$t = \frac{2.42}{\sqrt{g}}\frac{1}{T^2} \tag{4.39}$$

また宇宙のエネルギー密度は

$$\rho = \frac{g}{2}\rho_\gamma = g\frac{\pi^2}{30}T^4 \tag{4.40}$$

ただし，この 2 式の中の g は存在する相対論的粒子の自由度，

$$g = g_{\mathrm{B}} + \frac{7}{8}g_{\mathrm{F}} \tag{4.41}$$

$g_{\mathrm{B}}, g_{\mathrm{F}}$ はそれぞれ相対論的なボソン，フェルミオンの自由度である．フォトンに対して，$g_{\mathrm{B}}=2$，電子，ニュートリノ(質量 0 と仮定)に対しては，反粒子の自由度も含めて，それぞれ $g_{\mathrm{F}}=4, 2$ である．たとえば，$T=1$ MeV では $g=10.75$，したがって $t=0.72$ s となる*.

真空の相転移温度 T_{c} はパラメーターでありその値はわからないが，オーダーとしては真空期待値 $v/\sqrt{2}=174$ GeV 程度であろう．このとき，宇宙のエネルギー密度は，$g=106.75$(ゲージ粒子，レプトン，クォーク(カラーを忘れずに)，Higgs 粒子)として，

$$\rho = 3.2\times 10^{10} \quad \mathrm{GeV}^4 \tag{4.42}$$

また，そのときの宇宙の年齢は，

$$t = 7.7\times 10^{-12} \quad \mathrm{s} \tag{4.43}$$

である．ビッグバンから始まって宇宙の年齢がこのあたりで壮大な相転移が起こり，Z, W 粒子はもとより，クォークや荷電レプトンの質量は 0 から有限な値に変化する(はずである)．しかし，発生する潜熱のエネルギー密度は，Higgs 粒子の質量が $m=100$ GeV 程度で物質のもつエネルギー密度の 0.2% くらい

* E. W. Kolb and M. S. Turner: *The Early Universe* (Addison-Wesley, 1990).

であるので，宇宙はほとんど加熱を受けない．Higgs粒子の質量があまりに大きくなると理論が破綻すると考えられているが，その最大値は約1000 GeVくらいである．そのとき，潜熱は物質エネルギーの約20% であって，潜熱の放出によって宇宙がすこし加熱を受けるかもしれない(ただし T_c の値に大きく依存する)．

実験室でこのような相転移を観察できないのだろうか．そうすれば標準模型で最も興味ある真空の質的変化を検証でき，またそのときの転移温度 T_c を測定することができる．コライダーで陽子や電子をぶつけるだけではエネルギーがあまりにも局在しており，統計的にのみ意味のある相転移は起こらないだろう．もし，ウラン等の重い元素を重心系エネルギー500 GeV程度でぶつけたらどうだろうか．残念ながら，原子核同士の衝突はほとんどが端かすめ反応であって，全重心系エネルギーが完全に1つの塊となることは全く期待できない．誰かよい考えをもっていないだろうか．

4-4 いろいろな関係式

次に，(4.9)式の粒子とゲージ粒子との相互作用を考えよう．例によって，(4.9)式のラグランジアン密度を展開することによって相互作用項を求めることができる．面倒くさい式の並べ替えを行ない，さらに，$\sin\theta_W = s_W$，$\cos\theta_W = c_W$ と置き，さらに l_{eL} と e_R の Y の値に注意すれば，

$$L_e = L_{EM} + L_{CC} + L_{NC} \tag{4.44a}$$

$$L_{EM} = -gs_W A_\mu (\overline{e_R}\gamma^\mu e_R + \overline{e_L}\gamma^\mu e_L) \tag{4.44b}$$

$$L_{CC} = \frac{g}{\sqrt{2}}(\overline{\nu_L}\gamma^\mu e_L W_\mu^+ + \overline{e_L}\gamma^\mu \nu_L W_\mu^-) \tag{4.44c}$$

$$L_{NC} = -\frac{g}{c_W} Z_\mu \left[\frac{1}{2}\overline{\nu_L}\gamma^\mu\nu_L - \frac{1}{2}\overline{e_L}\gamma^\mu e_L + s_W{}^2(\overline{e_R}\gamma^\mu e_R + \overline{e_L}\gamma^\mu e_L)\right] \tag{4.44d}$$

となる．明らかに L_{EM} は電磁相互作用を表わす．したがって，直ちに

$$e = gs_W \tag{4.45}$$

である．(4.44b)式のマイナス符号は電子の電荷 $Q=-1$ からでてきた．

L_{CC} は荷電カレント反応で，ナイーブな $SU(2)$ ゲージ式 ((3.22)～(3.25)式参照)と等しい．したがって，(3.28)式はそのまま成立し，もういちど書くと，

$$g^2 = 4\sqrt{2}\, G_{\mathrm{F}} m_{\mathrm{W}}{}^2 \tag{4.46}$$

数値を代入すると，

$$\alpha_2 = \frac{g^2}{4\pi} = 0.0337 \tag{4.47}$$

である．

しかし，中性カレント L_{NC} はナイーブな $SU(2)$ ゲージ式 ((3.25),(3.26)式参照)と2つの点で異なっている．すなわち，結合定数の大きさが異なることと，$s_{\mathrm{W}}{}^2$ がかかった余分な項があることである．

クォークの場合も，まったく同様に式を並べかえることができる．一般に，多重項を

$$L = \begin{pmatrix} U_1 \\ U_2 \\ \vdots \end{pmatrix} \tag{4.48}$$

U_i の電荷を Q_i ($Q_{i-1}-Q_i=1$) と書けば，相互作用項は

$$L_{\mathrm{L}} = L_{\mathrm{EM}} + L_{\mathrm{CC}} + L_{\mathrm{NC}} \tag{4.49a}$$

$$L_{\mathrm{EM}} = eA_\mu \overline{L}\gamma^\mu (I^3 + Y) L = eA_\mu \sum_i Q_i \overline{U}_i \gamma^\mu U_i \tag{4.49b}$$

$$L_{\mathrm{CC}} = \frac{g}{\sqrt{2}}(\overline{L_{\mathrm{L}}}\gamma^\mu I^+ L_{\mathrm{L}} W_\mu^+ + \mathrm{h.c.}) = \frac{g}{\sqrt{2}}(\overline{U_{i-1,\mathrm{L}}}\gamma^\mu U_{i,\mathrm{L}} W_\mu^+ + \mathrm{h.c.})$$

$$= \frac{g}{\sqrt{2}}(j_{\mathrm{L}}^\mu W_\mu^+ + \mathrm{h.c.}) \tag{4.49c}$$

$$L_{\mathrm{NC}} = -\frac{g}{c_{\mathrm{W}}} Z_\mu [\overline{L_{\mathrm{L}}}\gamma^\mu I^3 L_{\mathrm{L}} - s_{\mathrm{W}}{}^2 \overline{L}\gamma^\mu (I^3 + Y) L]$$

$$= -\frac{g}{c_{\mathrm{W}}} Z_\mu [j_{\mathrm{L}}^{3,\mu} - s_{\mathrm{W}}{}^2 j_{\mathrm{EM}}{}^\mu] \tag{4.49d}$$

ただし，

$$j_{\mathrm{EM}}{}^{\mu} = \overline{L}\gamma^{\mu}(I^3 + Y)L \tag{4.50a}$$

$$j_{\mathrm{L}}^{\mu} = \overline{L_{\mathrm{L}}}\gamma^{\mu}I^{+}L_{\mathrm{L}}, \qquad I^{\pm} = I^1 \pm iI^2 \tag{4.50b}$$

$$j_{\mathrm{L}}^{3,\mu} = \overline{L_{\mathrm{L}}}\gamma^{\mu}I^3 L_{\mathrm{L}} \tag{4.50c}$$

で，それぞれ電磁カレント，弱荷電カレント，弱中性カレントである．電磁カレントには左巻きを示す添え字がついていないことに注意する．また，h.c. は Hermite 共役を表わす．また，I^1, I^2, I^3 は弱アイソスピン演算子である．

(4.31)式および(4.46)式から，

$$v = (\sqrt{2}\,G_{\mathrm{F}})^{-1/2} = 246 \quad \mathrm{GeV} \tag{4.51}$$

また(4.32)式から，

$$s_{\mathrm{W}}{}^2 = 1 - \frac{m_{\mathrm{W}}{}^2}{m_{\mathrm{Z}}{}^2} \tag{4.52a}$$

$$= 0.2276 \pm 0.0075 \tag{4.52b}$$

と求めることができる．パラメーターが1つ増えたので，W 粒子と Z 粒子の質量の違いは s_{W}^2 に押しつけることができる．

問題は，基本的パラメーター e, s_{W}^2, m_{W}, m_{Z} を使って弱い相互作用がすべて説明可能かどうかである．このためには，実験結果の整理と対応する反応を計算しなければならない．ここで，最も分かりやすい，Z 粒子の崩壊率の式を書き出しておく(補遺参照)．

$$\Gamma(\mathrm{Z} \to \bar{\mathrm{q}}\mathrm{q}) = \frac{(g/c_{\mathrm{W}})^2}{48\pi}(g_{\mathrm{V}}{}^2 + g_{\mathrm{A}}{}^2)m_{\mathrm{Z}} = \frac{G_{\mathrm{F}}m_{\mathrm{Z}}{}^2}{6\sqrt{2}\,\pi}(g_{\mathrm{V}}{}^2 + g_{\mathrm{A}}{}^2)m_{\mathrm{Z}} \tag{4.53}$$

ただし，g_{V}, g_{A} は粒子 q に対して，

$$g_{\mathrm{V}} = I^3 - 2Qs_{\mathrm{W}}{}^2, \qquad g_{\mathrm{A}} = I^3 \tag{4.54}$$

表 4-1 に g_{V}, g_{A}, $g_{\mathrm{V}}{}^2 + g_{\mathrm{A}}{}^2$, Γ を計算した．

(3.36)～(3.39)式と比較してみよ．また，表 4-1 には実験値ものせてある．

Z 粒子のクォーク崩壊に対しては注意しなければならない点が3つある．(1) Γ にはカラー数3をかけなければならない．(2) トップクォーク対の質量は Z 粒子より大きいので，Γ の計算に含めてはいけない．(3) $SU(2) \times U(1)$ には強い相互作用の効果がまったく入っていない．その補正を導入しなければ

表 4-1 g_V, g_A, $g_V{}^2+g_A{}^2$, $\Gamma(Z\to\bar{q}q)$ の計算値と LEP による実験値

$\bar{q}q$	g_V (a)	g_A (a)	$g_V{}^2+g_A{}^2$	$\Gamma(Z\to\bar{q}q)$ (b) (GeV, 計算)	$\Gamma(Z\to\bar{q}q)$ (GeV, 実験)	Δ (c) (GeV)
$\bar{\nu}_e\nu_e$	$\frac{1}{2}$ (0.5)	$\frac{1}{2}$	0.5	0.1658 ± 0.0002	—	
e^+e^-	$-\frac{1}{2}+2s_W{}^2$ (−0.0448)	$-\frac{1}{2}$	0.2520	0.0836 ± 0.0050	0.0836 ± 0.0007	0.000 ± 0.0009
$\bar{u}u$	$\frac{1}{2}-\frac{4}{3}s_W{}^2$ (0.1965)	$\frac{1}{2}$	0.2886	0.2871 ± 0.0099 (d)		
$\bar{d}d$	$-\frac{1}{2}+\frac{2}{3}s_W{}^2$ (−0.3483)	$-\frac{1}{2}$	0.3713	0.3694 ± 0.0050 (d)		
$\Gamma(\text{hadrons})=2\Gamma(\bar{u}u)+3\Gamma(\bar{d}d)$				1.682 ± 0.016		
				$[1.746\pm0.018]$ (e)	1.764 ± 0.016	0.018 ± 0.024
$\Gamma(\text{all})=3(\Gamma(\bar{\nu}_e\nu_e)+\Gamma(e^+e^-)+\Gamma(\bar{d}d))$				2.431 ± 0.014		
$+2\Gamma(\bar{u}u)$				$[2.494\pm0.020]$ (e)	2.497 ± 0.015	0.003 ± 0.025

〔注〕 (a) $g_V=I^3-2Qs_W{}^2$, $g_A=I^3$, $s_W{}^2=0.2276\pm0.0075$ とした.
(b) Γ の計算誤差は $s_W{}^2$, $\alpha_s(m_Z{}^2)$ からの伝播による.
(c) $\Delta=\Gamma$(実験)$-\Gamma$(計算)
(d) カラー数 3 がかかっている.
(e) 強い相互作用の補正 $1+\dfrac{\alpha_s(m_Z{}^2)}{\pi}$ をかけたもの. $\alpha_s(m_Z{}^2)=0.120\pm0.012$(実験値).

ならない.

Z 粒子崩壊の図はすでに図 3-3 に示したが, 強い相互作用の効果は最低次で 1 個のグルーオンの放出をともなう. 当然, グルーオンはカラー荷をもつクォークまたはグルーオンにのみ結合するから, レプトンへの崩壊に対してはそのような補正をしてはいけない. 図 4-3(a)は 1 個のグルーオンを放出する図であるが, グルーオン放出の効果は下の図(b)に示した電子・陽電子衝突によるクォーク・反クォーク対生成の場合とまったく等しい. この補正係数はすでに計算されていて, Γ に係数

$$1+\frac{\alpha_s(m_Z{}^2)}{\pi} \tag{4.55}$$

をかけなければならない(5-6 節参照). $\alpha_s(m_Z{}^2)$ は強い相互作用の結合定数で, 真空分極の効果のためにエネルギーに依存する(5-7 節参照). いま Z 粒子の崩壊を考えているのだから, $s=m_Z{}^2$ での α_s を取る. LEP の実験結果から,

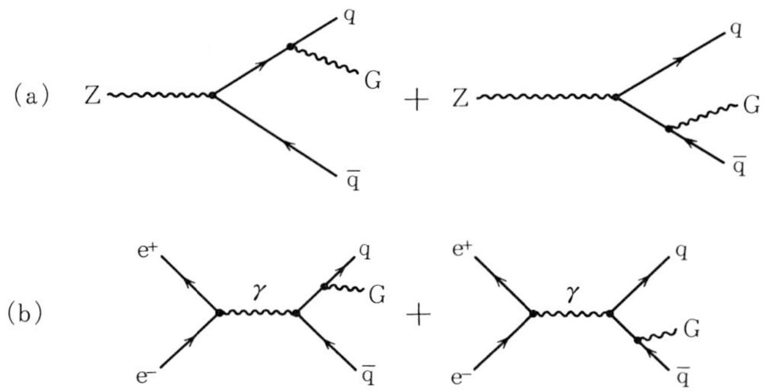

図 4-3 Z→q̄q 崩壊に対する強い相互作用の影響 (a). G はグルーオンを表わす. この補正は, 電子・陽電子衝突によるクォーク対生成に対する補正 (b) とまったく同様である.

$$\alpha_s(m_Z{}^2) = 0.120 \pm 0.012 \tag{4.56}$$

と求められた.

以上の補正を加えた値も表 4-1 に示した. 測定されたすべての崩壊モードに対して, 計算と実験の一致はたいへんよい. これから, $SU(2)\times U(1)$ 模型の正しさがわかる.

Z 粒子の全崩壊率 $\Gamma(\text{all}) = \Gamma_t$ をもういちど見てみよう. レプトンとクォークの世代数は実験的に求めるパラメーターであるが, 計算・実験の一致があまりにもよいため, 軽いニュートリノ 1 つでさえ入りこむ余地がない. Γ_t の誤差で許される余分なニュートリノ数は

$$\frac{0.025\times 1.64}{0.1658} = 0.25 \quad (90\%\ \text{信頼度}) \tag{4.57}$$

以下となる. ただし, 上の計算では 10% の危険率を採用している. または, ニュートリノ数を N_ν とすれば,

$$N_\nu = 3.02 \pm 0.15 \tag{4.58}$$

である.

Z 粒子の崩壊を観測することによって, 軽い, すなわち質量が約 40 GeV 以下のニュートリノは 3 種類しかないことが確定した.

(4.31),(4.45),(4.51)式からもう1つの関係式がでる．すなわち，

$$s_W{}^2 c_W{}^2 = \frac{\pi\alpha}{\sqrt{2}\,G_F m_Z{}^2} \tag{4.59}$$

これから $s_W{}^2$ を求めると，

$$s_W{}^2 = 0.21222 \pm 0.00014$$

となって，圧倒的に誤差は小さいが，(4.52b)式と比べて6.8% ほど小さい．じつは強い相互作用のときと同様に，電磁相互作用においてもZ粒子の質量ほどの高エネルギーになると，真空分極の効果が現われてくる(5-7節参照)．くわしい計算によると，$s = m_Z{}^2$ で，

$$\alpha(m_Z{}^2) = \frac{\alpha}{1-\Delta\alpha} \tag{4.60}$$

$$\Delta\alpha = 0.0601 \pm 0.0009, \qquad \alpha(m_Z{}^2)^{-1} = 128.80 \pm 0.12 \tag{4.61}$$

となる．(4.59)式は α を $\alpha(m_Z{}^2)$ にかえることによって，

$$s_W{}^2 c_W{}^2 = \frac{\pi\alpha}{\sqrt{2}\,G_F m_Z{}^2(1-\Delta\alpha)} \tag{4.62}$$

になる．$s_W{}^2$ は，結局，

$$s_W{}^2 = 0.2314 \pm 0.0002 \tag{4.63}$$

で，誤差の範囲内で(4.52b)と一致した．

以上のように，電弱相互作用はたいへんな精密さで検証が行なわれている．実験を定量的に説明するため，さらに精密な，すなわち高次の項までの計算がなされている．他にも多くの実験結果があるが，いずれも理論・実験の一致はよい．

4-5 弱い相互作用と小林-益川(KM)行列

電弱相互作用は $SU(2)\times U(1)$ ゲージ対称性にHiggs機構を導入したもので，たいへんよく記述されることがわかった．しかし，この標準模型はクォークやレプトンの世代の問題にはなんら回答を与えていないことはすでに述べた．す

なわち，ある世代のレプトンは左巻き2重項と右巻き1重項，また，クォークでは左巻き2重項と2個の右巻き1重項に仕分けされた．それぞれは1個の単位として定式の中に現われる．したがって，cクォークがsクォークに崩壊することは定式化できるが，bクォークからsクォークへの崩壊は定式化することができない．ところが，現実に存在するメソン，とくにKメソンやBメソンは世代の壁を越えて軽い粒子に崩壊している．その例を表4-2に紹介した．明らかに，クォークの描像でみると，Kメソン中のsクォーク(第2世代で2重項のうち$I^3=-1/2$)が第1世代のuクォークに崩壊している．同様に，Bメソン中のbクォーク(第3世代で2重項のうち$I^3=-1/2$)はcクォーク(第2世代で2重項のうち$I^3=1/2$)に崩壊している．

表4-2 いくつかのメソンの平均寿命(τ)，質量(M)，主な崩壊モード

	クォーク状態	M(MeV)	τ(s)	主な崩壊モード
π^0	$(u\bar{u}+d\bar{d})$	134.973 ± 0.003	$(8.4\pm0.6)\times10^{-17}$(a)	$\gamma\gamma$
π^+	$(u\bar{d})$	139.5676 ± 0.0003	$(2.603\pm0.003)\times10^{-8}$	$\mu^+\nu_\mu$
K^0	$(s\bar{d})$	497.67 ± 0.03	$K_S(0.892\pm0.002)\times10^{-10}$(b)	$(\pi\pi)^0$
			$K_L(5.18\pm0.04)\times10^{-8}$	$(\pi\pi\pi)^0$
K^-	$(s\bar{u})$	493.65 ± 0.01	$(1.237\pm0.003)\times10^{-8}$	$\mu^-\nu_\mu$
D^+	$(c\bar{d})$	1869.3 ± 0.6	$(10.69^{+0.34}_{-0.32})\times10^{-13}$	K+anything
D^0	$(c\bar{d})$	1864.5 ± 0.6	$(4.28\pm0.11)\times10^{-13}$	K+anything
D^0_s	$(c\bar{s})$	1969.3 ± 1.1	$(4.36^{+0.38}_{-0.32})\times10^{-13}$	K+anything
				(incl. ϕ+anything)(c)
B^-	$(b\bar{u})$	5277.6 ± 1.4	$(13.1^{+1.4}_{-1.3})\times10^{-13}$	D+anything
B^0	$(b\bar{d})$	5279.4 ± 1.5		D+anything

〔注〕(a) 電磁相互作用による崩壊．
(b) K_SはCP変換に対し＋，K_LはCP変換に対し－の変換性をもつ．ただし小さなCP非保存成分をもつ．
(c) ϕメソンは$(s\bar{s})$の束縛状態である．

このように，弱い相互作用には世代の問題に関するなんらかの情報が含まれている．それを現象論的に整理したのが**KM行列**である．すなわち，(4.33)式の湯川項で各クォークは質量を得るが，その式で使用される場を各粒子のシンボル

$$\begin{pmatrix} u \\ d \end{pmatrix}, \begin{pmatrix} c \\ s \end{pmatrix}, \begin{pmatrix} t \\ b \end{pmatrix} \tag{4.64}$$

で表わす．このとき，各場は質量項の固有状態であるという．クォークの左巻き 2 重項 $l_{\mathrm{uL}}, l_{\mathrm{cL}}, l_{\mathrm{tL}}$ の各構成粒子が質量固有状態であるかぎり，b クォークは c クォークに崩壊できず，また s クォークは u クォークに崩壊できない．なぜなら，何回もでてきたが，ラグランジアン密度の中に $\overline{l_{\mathrm{uL}}}\, l_{\mathrm{cL}}$ のような世代間にまたがった結合が存在しないからである．

そこで左巻き 2 重項の下成分を改めて，d', s', b' と書き，それらは質量固有状態 d, s, b の混合状態と考える．両者はユニタリー変換で結ばれる，すなわち，3 行 3 列の KM 行列 M を使って，

$$\begin{pmatrix} d' \\ s' \\ b' \end{pmatrix} = M \begin{pmatrix} d \\ s \\ b \end{pmatrix} \tag{4.65}$$

としたのが，小林と益川によるアイディアであった．

d, s 間のみの混合は最初に Cabibbo によって定式化された．すなわち，Cabibbo 角を θ_{C} として，

$$M_{\mathrm{C}} = \begin{pmatrix} \cos\theta_{\mathrm{C}} & \sin\theta_{\mathrm{C}} \\ -\sin\theta_{\mathrm{C}} & \cos\theta_{\mathrm{C}} \end{pmatrix} \tag{4.66}$$

で与えられる．θ_{C} は種々のベータ崩壊を総合的に解析することによって決定された．

$$\theta_{\mathrm{C}} = 12.72 \pm 0.17 \quad (\text{度}) \tag{4.67}$$

である．

標準模型は KM 行列要素の決定にまったく無力で，実験的に決定する必要がある．KM 行列の要素の値を表 4-3 に示した．これらを実験的に決定するためには，c クォークや b クォークを含むメソンの崩壊を精密に解析する必要がある．b クォークが関与する値の決定にまだ大きな誤差があり，今後の精密測定が待たれている．

表 4-3 KM 行列の実験値

0.9748～0.9761	0.217～0.223	0.003～0.010
0.217～0.223	0.9733～0.9754	0.030～0.062
0.001～0.023	0.029～0.062	0.9980～0.9995

〔注〕 数値の幅は 90% 信頼度(confidence level)である.

さて，M の非対角成分が有限であるため，世代間を通して崩壊が起こる．KM 行列の要素を小林-益川の原論文に沿った形に書き直すと，

$$\begin{pmatrix} c_1 & -s_1c_3 & -s_1s_3 \\ s_1c_2 & c_1c_2c_3-s_2s_3e^{i\delta} & c_1c_2s_3+s_2c_3e^{i\delta} \\ s_1s_2 & c_1s_2c_3+c_2s_3e^{i\delta} & c_1s_2s_3-c_2c_3e^{i\delta} \end{pmatrix} \tag{4.68}$$

この KM 行列を使えば，荷電カレントを書きくだすことができる．$(\overline{u_{\mathrm{L}}}\gamma_\mu d_{\mathrm{L}})$ や $(\overline{c_{\mathrm{L}}}\gamma_\mu s_{\mathrm{L}})$ や $(\overline{t_{\mathrm{L}}}\gamma_\mu b_{\mathrm{L}})$ というカレントは，$(\overline{u_{\mathrm{L}}}\gamma_\mu d'_{\mathrm{L}})$ や $(\overline{c_{\mathrm{L}}}\gamma_\mu s'_{\mathrm{L}})$ や $(\overline{t_{\mathrm{L}}}\gamma_\mu b'_{\mathrm{L}})$ にしなければいけない．簡単のために，これを $(\bar{u}d')$ や $(\bar{c}s')$ や $(\bar{t}b')$ と書けば，

$$\begin{aligned}(\bar{u}d') &= (\bar{u}(M_{11}d+M_{12}s+M_{13}b)) \\ &= c_1(\bar{u}d)-s_1c_3(\bar{u}s)-s_1s_3(\bar{u}b)\end{aligned} \tag{4.69}$$

$$\begin{aligned}(\bar{c}s') &= (\bar{c}(M_{21}d+M_{22}s+M_{23}b)) \\ &= s_1c_2(\bar{c}d)+(c_1c_2c_3-s_2s_3e^{i\delta})(\bar{c}s) \\ &\quad +(c_1c_2s_3+s_2c_3e^{i\delta})(\bar{c}b)\end{aligned} \tag{4.70}$$

$$\begin{aligned}(\bar{t}b') &= (\bar{t}(M_{31}d+M_{32}s+M_{33}b)) \\ &= s_1s_2(\bar{t}d)+(c_1s_2c_3+c_2s_3e^{i\delta})(\bar{t}s) \\ &\quad +(c_1s_2s_3-c_2c_3e^{i\delta})(\bar{t}b)\end{aligned} \tag{4.71}$$

である．もし，δ が 0 でも π でもないとすると，(4.70)式や(4.71)式が関与する弱い相互作用は C 変換と P 変換に対して不変でないだけでなく，さらに CP 変換に対しても不変でなくなる．実際，L_{CC} 中の各粒子に CP 変換を施す操作を $CP(L_{\mathrm{CC}})$ と書くと，たとえば $CP(W^{+\mu}\overline{c_{\mathrm{L}}}\gamma_\mu s'_{\mathrm{L}})$ は $(-W^{+\mu}\overline{c_{\mathrm{L}}}\gamma_\mu s'_{\mathrm{L}})^*$ と等しくなる．この意味でいえば，(4.66)式のみが関与する弱い相互作用は CP 不変である(2.4 節脚注参照)．

K^0 メソンは s クォークと反 d クォークの束縛状態である．したがって，K^0 メソンの崩壊は図 4-4(a)のように表わすことができる．このとき，各カレントと W^+ ボソンとの結合点に係数 c_1 と $-s_1 c_3$ がかかることは(4.69)式からわかる．この崩壊は CP 不変である．ところが，強い相互作用を導入すると，図 4-4(b)のようなもっと複雑な高次のダイアグラムが可能である．つまり，s クォークは W^- ボソンを放出して(4.69)～(4.71)式の適当な項を利用して t, c, u クォークのどれかに変換される．変換後のクォークは隣を走っている反 d クォークとグルーオンを通して強い力を及ぼしあい，その後，ふたたび W^- を吸収して d クォークになる．図の A 点と B 点には位相角 δ を含む項が現われ，CP が破れてしまう．これが，有名な K^0 メソンの CP 非保存崩壊の KM 流説明である．

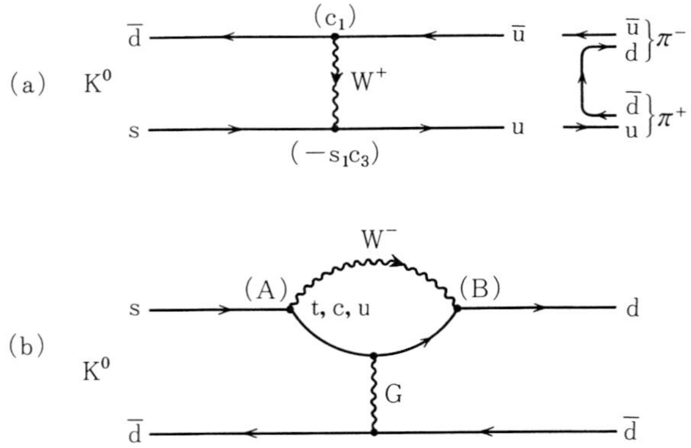

図 4-4 K^0 メソンの崩壊ダイアグラム．

CP 変換の保存性を破る位相角 δ の決定は，K^0 メソンの崩壊があまりにも複雑でうまく決めることができず，b クォークの崩壊を使った新しい実験を待つ必要がある．大強度の B メソンを製造する新しい加速器の建設が日本とアメリカで始まった．

中性カレントと電磁カレントは KM 行列がユニタリーのため，$(d, s, b) \to (d', s', b')$ の変換を行なっても何ら変化を受けないことに注意しよう．両者と

も上の省略形を使えば，

$$(\bar{d}d)+(\bar{s}s)+(\bar{b}b)$$

の形をもっている．当然，

$$(\bar{d}'d')+(\bar{s}'s')+(\bar{b}'b') = (\bar{d}d)+(\bar{s}s)+(\bar{b}b) \tag{4.72}$$

が成立し，KM 行列の影響を受けない．

レプトンセクターも当然 KM 行列を考慮しなければならない．しかし，標準模型はすべてのニュートリノ質量を 0 としている．このとき，レプトンセクターは KM 行列を考える必要がない．というのは，荷電カレントは，

$$\overline{\nu_{i\mathrm{L}}}\,\gamma_\mu M_{ij}\, l_{j\mathrm{L}} \tag{4.73}$$

であるが($i, j=1, 2, 3$，i, j の和を取る)，ν_i の質量が 0 であることと，ν_i が弱い力しか感じないため，ν_i と $M_{ij}\nu_j$ の区別が観測的にまったくつかないのである．そこで，新たに ν_i の代わりに $M_{ij}\nu_j$ を各世代のニュートリノと定義しなおしても一向に差し支えない．要するに，KM 行列は質量 0 のニュートリノの波動関数に吸収することができるのである．

もし，ニュートリノがほんの少しでも質量をもてば，当然レプトンセクターでの KM 行列 M_{L} を考えなければならない．M_{L} がクォークセクターの KM 行列 M と等しい必然性はまったくない．現在のところ，実験的に調べる以外に方法がないのである．

ニュートリノに質量があり，さらに KM 行列に 0 でない非対角要素があれば，後で議論するように，ニュートリノ振動が起こる．そこで，あらゆる種類のニュートリノ源を使ってニュートリノ振動を検出する試みがなされている．とくに，地球外からくる太陽ニュートリノや，宇宙線が 2 次的に作る大気ニュートリノの観測で，ニュートリノ振動を強く示唆する観測結果があり，極めて注目されている(7-1 節および 7-2 節参照)．

以上が Glashow-Weinberg-Salam による $SU(2)\times U(1)$ ゲージ対称性に立脚した電弱模型である．実験的にさらに詰めなければならないのは Higgs 粒子の同定と Higgs 機構，それに真空の相転移の解明である．

ここで，$SU(2)\times U(1)$ ゲージ理論ではいくつのパラメーターが必要かを整

表 4-4 $SU(2)\times U(1)$ ゲージ理論に必要なパラメーター

	記　号	数
結合定数	g, g'	2
Higgs 項	μ^2, λ	2
湯川項	G_{e}, G_{μ}, G_{τ} G_{u}, G_{d}, G_{c}, G_{s}, G_{t}, G_{b}	9
KM 行列	θ_1, θ_2, θ_3, δ	4
		17

〔注〕 標準理論では，さらに強い相互作用の $SU(3)$ ゲージ理論からパラメーターとして結合定数 g_{s} が入り，都合 18 となる．

理しておこう．表 4-4 に必要なパラメーターを示した．全部で 17 個ある．強い相互作用ではさらに結合定数 g_{s} が必要なので，結局，標準模型は 18 個のパラメーターが必要となる．

5

標準模型II——強い相互作用

強い相互作用の標準模型を考察する．強い相互作用の実験的な検証は高エネルギーで行なうのが最も簡単である．また，当然のことながら簡単な反応を研究するのがよい．そこで本章では電子・陽電子衝突(e^+e^- 散乱)に的を絞って議論を行なう．重要な反応として，陽子・陽子(pp)散乱やニュートリノ・核子(νN)散乱があり，歴史的にも重要な役割を果たしてきたが，本書ではそれらの議論をすべて省略した．しかし，本章での議論が理解できれば，pp，νN 散乱は容易に理解することができる．

5-1 強い相互作用の定式化

第3章でややくわしく調べたように，強い相互作用のもっとも基本的な点は，(1) 力がフレーバーを知覚しないこと，(2) カラー自由度が存在すること，である．この基本を電弱相互作用で大きな成功をおさめたゲージ対称性に融合させる．あるフレーバーのクォーク ψ は強い相互作用のもとでは，3行1列のスピノルである．すなわち，

$$\psi = \begin{pmatrix} \psi^1 \\ \psi^2 \\ \psi^3 \end{pmatrix} \tag{5.1}$$

ここで，添え字はカラー自由度を表わす．時空とスピンに関係する Dirac スピノル部分は3つの成分で，まったく同一であることに注意する．

次に，場 ψ に対して，$SU(3)$ ゲージ対称性を要求する．2-3節でみたように，ゲージ対称性の条件によって，すべての相互作用の形が決まってしまう．もういちどラグランジアン密度を復習しておこう((2.65)式以下を参照)．

$$L = -\frac{1}{4}F^a_{\mu\nu}F^{a\,\mu\nu}+\bar{\psi}i\gamma_\mu D^\mu\psi-m\bar{\psi}\psi \tag{5.2}$$

$$F^a_{\mu\nu} = \partial_\mu G^a_\nu-\partial_\nu G^a_\mu+g_{\rm s}f_{abc}G^b_\mu G^c_\nu \tag{5.3}$$

$$(D_\mu)^i_j = \partial_\mu\delta^i_j-ig_{\rm s}(G^a_\mu L^a)^i_j \tag{5.4}$$

である．ただし，$a=1,2,\cdots,8$ をとる．L^a は場 ψ に対応する作用素の表現で，とくに(5.1)式のような3次元表現では，

$$L^a = \frac{\lambda^a}{2} \tag{5.5}$$

となる．行列 λ^a の要素はすでに表2-1に示されている．G^a_μ はゲージ場で，強い相互作用では，とくに**グルーオン**(gluon)とよばれることはすでに何回もでてきた．グルーオン場は表2-4のように行列表現もでき，カラー荷の意味がよくわかるようにできる．$g_{\rm s}$ は強い相互作用の結合定数である．

強い相互作用が電弱相互作用ともっとも違うのは，強い相互作用における $SU(3)$ ゲージ対称性は完全であり，電弱相互作用のように，Higgs 場による自発的対称性の破れがない点である．したがって，グルーオンの質量は正確に0でなければならない．(5.2)式の質量項は本質的なものではない．m は電弱相互作用の Higgs 場によって与えられるとしてよい．

さて，粒子間の相互作用を調べよう．カラー i,j の粒子 ψ^i,ψ^j とグルーオン G^a_μ の相互作用に対応するラグランジアン密度は，

$$L_{\rm int} = g_{\rm s}\bar{\psi}_i\gamma_\mu(G^{a\mu}L^a)^i_j\psi^j \tag{5.6}$$

である．グルーオンプロパゲーターはフォトンと同じで，

$$D_{\mathrm{F}}(q^2) = -\frac{1}{q^2} \tag{5.7}$$

としてよい．D_{F} はグルーオンのカラー荷によらない．グルーオン同士の相互作用もある．3つのグルーオン$\mathrm{G}^a, \mathrm{G}^b, \mathrm{G}^c$間の相互作用ラグランジアン密度は，

$$\begin{aligned} L_{\mathrm{int}} = -g_{\mathrm{s}} f_{abc}[&(\partial_\mu G_\nu^a - \partial_\nu G_\mu^a) G^{b\mu} G^{c\nu} + (\partial_\mu G_\nu^b - \partial_\nu G_\mu^b) G^{c\mu} G^{a\nu} \\ &+ (\partial_\mu G_\nu^c - \partial_\nu G_\mu^c) G^{a\mu} G^{b\nu}] \end{aligned} \tag{5.8}$$

である．ただし，ここでは a, b, c の和をとらない．この他に4つのグルーオン間の相互作用があり，同様に書き下すことができる．ただし，その項は g_{s}^2 に比例しており，g_{s} のベキ乗で展開する摂動計算の観点からは高次の項に属する．

相互作用の型としてはこれで終わりである．電弱相互作用のときのように，質量導入のための複雑怪奇なトリックは何もない．あとは相互作用の計算を実験と比較してみればよい．

強い相互作用はカラー荷によるゲージ理論であるから，電磁相互作用を量子電気力学(quantum electrodynamics, QED)とよぶように，強い相互作用を**量子色力学**(quantum chromodynamics, QCD)とよぶことが多い．

5-2 クォーコニウム

3-1節でクォーク・反クォークの束縛状態でベクトルメソン($J^{PC}=1^{--}$)の崩壊幅を議論した．この束縛状態は構造上ポジトロニウムとまったく同じであるから，**クォーコニウム**(quarkonium)とよばれている．

まず，ポジトロニウムをすこし研究しよう．図5-1に，クォーコニウムのいろいろな崩壊をダイアグラムで示してある．ポジトロニウムの崩壊は終状態として $\gamma\gamma$ と $\gamma\gamma\gamma$ の状態がある．終状態は同種粒子が複数個あるから，基底状態としては，$\gamma\gamma$ は $J^{PC}=0^{-+}$，または親の $\mathrm{e^+e^-}$ の束縛状態を考えると，S, L, J をそれぞれ全スピン，軌道角運動量，全角運動量として ${}^{2S+1}L_J = {}^1\mathrm{S}_0$ である．

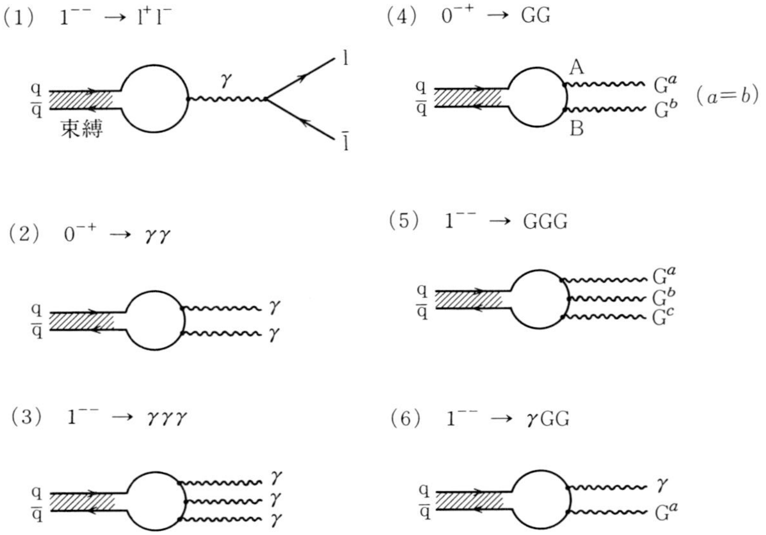

図 5-1 クォーコニウムのいろいろな崩壊．ただし，クォーコニウムの状態は J^{PC} で表わしてある．斜線は q と $\bar{q}$ が束縛していることを示す．

$\gamma\gamma\gamma$ の基底状態は $J^{PC}=1^{--}$, ${}^{2S+1}L_J={}^3S_1$ である．図 5-1 の(2)が 2γ 崩壊のダイアグラムを示すが，この崩壊率の計算は親の e^+ と e^- が非相対論的に運動しているので，表 3-2 の 3 を使う必要はない．まず，束縛状態を考えずに，

$$e^+ + e^- \to \gamma + \gamma \tag{5.9}$$

の断面積 σ_2 を考え，それに相対速度 v をかけて反応率に直す．次に，e^+e^- が束縛している効果を考える．親の e^+e^- の波動関数の重ね合わせの度合，すなわち系の波動関数の原点における値 $\psi(0)$ の絶対値の 2 乗が e^+ と e^- が衝突できる確率(単位体積当りの)になるから，結局，崩壊率 Γ_2 は，

$$\Gamma_2 = \sigma_2 v |\psi(0)|^2 \tag{5.10}$$

になる．ポジトロニウムのようにエネルギーが十分低いときには，単純に

$$\sigma_2 v = \frac{4\pi\alpha^2}{m^2} \tag{5.11}$$

となる(証明略)．ここで m は電子の質量である．ポジトロニウムは Coulomb

ポテンシャルによって束縛されているから，波動関数は水素原子と同じで，

$$|\psi(0)|^2 = \frac{1}{\pi(2(m\alpha)^{-1})^3} = \frac{m^3\alpha^3}{8\pi} \tag{5.12}$$

であるが，クォーコニウムではむろん違った表式になる．上の式で，体積の項を計算するのに半径を $2(m\alpha)^{-1}$ ととっているが，この2は2つの電子の換算質量を取ったためにでてきたものである．

3γ 状態への崩壊率 Γ_3 はややこしいが，その結果のみを書くと，

$$\frac{\Gamma_3}{\Gamma_2} = \frac{4}{9\pi}(\pi^2-9)\alpha \tag{5.13}$$

となる．具体的な値は，崩壊寿命 $\tau=\Gamma^{-1}$ で表わすと，

$$\tau_2 = 1.25\times10^{-10}\ \ \mathrm{s}, \qquad \tau_3 = 1.4\times10^{-7}\ \ \mathrm{s} \tag{5.14}$$

であり，すでに実験で十分に確かめられている．

それでは，クォーコニウムに話を移そう．図5-1の(4)に2グルーオン崩壊のダイアグラムが示されている．まず，クォーコニウムの波動関数のカラーに関係する部分は

$$\psi = \frac{1}{\sqrt{3}}(\bar{q}_1q^1+\bar{q}_2q^2+\bar{q}_3q^3) \tag{5.15}$$

と，$\sqrt{3}$ なる係数がかかっていることに注意する．(5.6)式で与えられた相互作用ラグランジアンを使い，束縛を考えずに図5-1(4)を参照しながら，散乱振幅を考えよう．図5-2にわかりやすくダイアグラムを書き直してある．自由なクォーク q^i がA点に到達してグルーオンを放出する．q^i はA点からB点までさらに伝播するが，この部分で q^i は自由粒子ではありえない(考えよ)．3-1節ではフォトンが伝播するのを考えるのにプロパゲーターを導入したが，

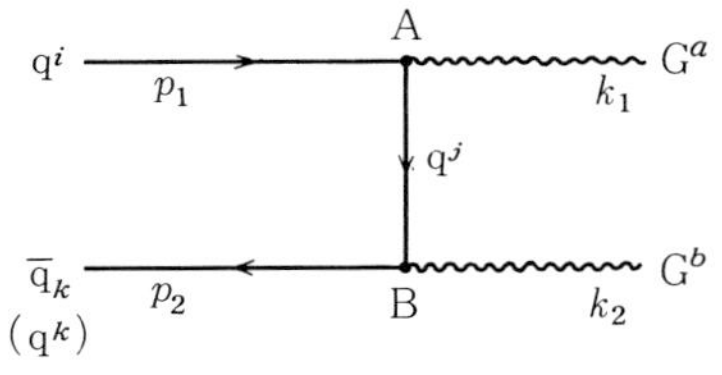

図5-2　$\mathrm{q\bar{q}}\to\mathrm{GG}$ のダイアグラム．$\mathrm{q},\bar{\mathrm{q}},\mathrm{G},\mathrm{G}$ の運動量を p_1, p_2, k_1, k_2 とする．

いまの場合にもフェルミオンがA点で発生しB点まで伝播するプロパゲーターを導入する．そのための方程式は(2.1)式を参照して，

$$(i\gamma_\mu \partial^\mu - m) S_F(x-y) = \delta^4(x-y) \tag{5.16}$$

で，Fourier 変換によって解を求める．すなわち，

$$S_F(x-y) = \int \frac{d^4 q}{(2\pi)^4} e^{-iq\cdot(x-y)} S_F(q) \tag{5.17}$$

を代入すれば，

$$S_F(q) = \frac{\not{q}+m}{q^2-m^2} = \frac{1}{\not{q}-m} \tag{5.18}$$

となる．S_F はスピノルではなく行列であることに注意する．カラーの痕跡は(5.6)式にでてくる行列 L の添え字に残るのみである．プロパゲーター S_F を使えば，散乱振幅 S は，

$$S = i\frac{g_s{}^2}{\sqrt{3}} \int d^4x d^4y\, \bar{q}_k(y) \left(\frac{\lambda^a}{2}\right)_j^k \gamma_\mu S_F(x-y) \left(\frac{\lambda^b}{2}\right)_i^j \gamma_\nu q^i(x)$$
$$\times G^{a\mu}(x) G^{b\nu}(y) \tag{5.19}$$

となる．あまり厳密な議論ではないが，図 5-2 のクォーク線の矢印に沿って，

$$q^i \to S_F{}^{(j)} \to q^k$$

のように場 ψ が伝播したと考えればよい．クォーコニウムでは明らかに $i=k$ でなければならず，さらに $i=1,2,3$ で和をとる．表 3-1 で説明したスピノル u, v を使えば，(3.13)式に出てきた運動量空間での散乱振幅 $\boldsymbol{M}$ は，

$$\boldsymbol{M} = \frac{g_s{}^2}{\sqrt{3}} \sum_{s_1} \sum_{s_2} \sum_{\text{pol}} \bar{v}(p_2, s_2) \gamma_\mu S_F(q) \gamma_\nu u(p_1, s_1) \varepsilon^{a\mu} \varepsilon^{b\nu}\, \mathrm{Tr}\left(\frac{\lambda^a}{2}\frac{\lambda^b}{2}\right) \tag{5.20}$$

である．Tr は行列のトレースを表わす．ここで，グルーオンの自由場を

$$G_\mu^a(x) = \frac{\varepsilon_\mu^a}{(2\pi)^{3/2}(2k)^{1/2}} e^{-ik\cdot x} \tag{5.21}$$

ととった．k はグルーオンの運動量，ε_μ^a はグルーオンの偏極ベクトル(長さ 1)である．自由グルーオンはフォトンと同様に横波で，k に直交した 2 つの独立

な偏極がある．すなわち，

$$k_\mu \varepsilon^\mu = 0, \qquad \varepsilon_\mu \varepsilon^\mu = 0 \tag{5.22}$$

具体的な表現としては，

$$\varepsilon^{(1)} = (0,0,1,0), \qquad \varepsilon^{(2)} = (0,0,0,1) \tag{5.23}$$

のように取ることができよう．(5.20)式で pol と書いた和は 2 つのグルーオンの独立な偏極について足し算を行なえという意味である．よく使われる便利な公式として，$J_{\mu\nu}$ を k と直交するテンソルとする．そのとき，

$$\sum_{\text{pol}} \varepsilon_\mu \varepsilon_\nu J^{\mu\nu} = -J^\mu_\mu \tag{5.24}$$

となる．この公式によって偏極の和を簡単化することができる．

(5.20)式で他の 2 つの和 s_1, s_2 はクォーク，反クォークの可能なスピン方向についての和を表わす．

行列 $\lambda^a/2$ に関する公式を上げておこう．

$$\mathrm{Tr}\left(\frac{\lambda^a}{2}\frac{\lambda^b}{2}\right) = \frac{1}{2}\delta_{ab} \tag{5.25a}$$

$$\sum_a \left(\frac{\lambda^a}{2}\frac{\lambda^a}{2}\right)^i_j \equiv \delta^i_j C_{\mathrm{F}} = \delta^i_j \frac{4}{3} \tag{5.25b}$$

ついでだが，

$$\sum_{c,d} f_{acd} f_{bcd} \equiv \delta_{ab} C_{\mathrm{A}} = 3\delta_{ab} \tag{5.25c}$$

また，上のトレースをフレーバーで和を取ったものを T と書くことがある．

$$\sum_f \mathrm{Tr}\left(\frac{\lambda^a}{2}\frac{\lambda^b}{2}\right) \equiv \delta_{ab} T = \frac{f}{2}\delta_{ab} \tag{5.25d}$$

f はフレーバーの種類数である．

以上から，散乱振幅は，結局

$$\boldsymbol{M} = \frac{{g_{\mathrm{s}}}^2}{\sqrt{3}} \sum_{\text{pol}} M_{\mu\nu} \varepsilon^{a\mu} \varepsilon^{a\nu} \frac{1}{2} \tag{5.26}$$

と書くことができる．ただし，スピノルに関係する項をまとめて $M_{\mu\nu}$ とテンソル形式に書いた．終状態にある 2 つのグルーオンは同種のカラーをもってい

ることがわかる．したがって，ポジトロニウムが2フォトン崩壊をするときと同様に $1^{--}\to GG$ は禁止される．

電磁相互作用によって起こる $q\bar{q}\to\gamma\gamma$ の崩壊率を計算するには，ちょっとした注意が必要である．クォーコニウムの 2γ 崩壊の散乱振幅は(5.20)式に似ているが，以下のようになる．

$$\begin{aligned} \boldsymbol{M} &= \frac{e^2 {Q_q}^2}{\sqrt{3}} \sum_{s_1} \sum_{s_2} \sum_{\text{pol}} \sum_{i} \bar{v}(p_2, s_2)\gamma_\mu S_F(q)\gamma_\nu u(p_1, s_1)\varepsilon^\mu \varepsilon^\nu \\ &= \left(\sum_{\text{pol}} e^2 M_{\mu\nu}\varepsilon^\mu\varepsilon^\nu\right)\sqrt{3}\, {Q_q}^2 \end{aligned} \tag{5.27}$$

ただし，偏極ベクトル ε_μ はフォトンのものである．カラーに関する和は単純に3となる．さて，括弧でかこまれた項はポジトロニウムの 2γ 崩壊率に対応する．そこで，(5.10)，(5.11)式をもとにして，クォーコニウムの 2γ 崩壊率 $\Gamma(0^{-+}\to\gamma\gamma)$ は，

$$\Gamma(0^{-+}\to\gamma\gamma) = 12\pi {Q_q}^4 \alpha^2 \frac{|\psi(0)|^2}{{m_q}^2} \tag{5.28}$$

となる．m_q はクォークの質量である．ここで，$\psi(0)$ は空間座標に関係するクォーコニウム系の波動関数の原点における値である．ちょうどカラー自由度の分だけ崩壊率が増える．

いよいよクォーコニウムの2グルーオン崩壊を計算する．(5.26)式ではクォークのカラー自由度に対する和はトレースを取ることによりすでに行なわれているが，終状態に8種類のグルーオンが存在する効果を入れていない．したがって，$\Gamma(0^{-+}\to GG)$ は

$$\frac{\Gamma(0^{-+}\to GG)}{\Gamma(0^{-+}\to\gamma\gamma)} = \frac{1}{3{Q_q}^4\alpha^2}\sum_a \left(\frac{\alpha_s}{\sqrt{3}}\frac{1}{2}\right)^2 = \frac{2}{9}\frac{{\alpha_s}^2}{{Q_q}^4\alpha^2} \tag{5.29}$$

となる．

次にクォーコニウム $^3S_1$ $(J^{PC}=1^{--})$ の 3γ 崩壊と3G崩壊を考える．よく考えれば次の式が成り立つことがわかる．

$$\frac{\Gamma(1^{--}\to GGG)}{\Gamma(1^{--}\to\gamma\gamma\gamma)} = \frac{{\alpha_s}^3}{3{Q_q}^6\alpha^3}\sum_{a,b,c}\left[\frac{1}{\sqrt{3}}\,\mathrm{Tr}\left(\frac{\lambda^a}{2}\frac{\lambda^b}{2}\frac{\lambda^c}{2}\right)_{\text{sym}}\right]^2 \tag{5.30}$$

λ 行列が 3 つ出てくるのは終状態が 3G のためであり，$(\cdots)_{\rm sym}$ は a, b, c について対称化の作業を行なう．

$$(\lambda^a\lambda^b\lambda^c)_{\rm sym} = \frac{1}{6}\left[(\lambda^a\lambda^b+\lambda^b\lambda^a)\lambda^c+(\lambda^b\lambda^c+\lambda^c\lambda^b)\lambda^a + (\lambda^c\lambda^a+\lambda^a\lambda^c)\lambda^b\right] \tag{5.31}$$

図 5-3 に $q\bar{q}\to$GGG のダイアグラムを示したが，G^a, G^b, G^c がバーテックス A, B, C のどれから出てきてもよいので，対称化されるのである．この計算には，反交換関係

$$\frac{\lambda^a}{2}\frac{\lambda^b}{2}+\frac{\lambda^b}{2}\frac{\lambda^a}{2} = \left\{\frac{\lambda^a}{2}, \frac{\lambda^b}{2}\right\} = \frac{1}{3}\delta^{ab}+\frac{1}{2}d_{abc}\lambda^c \tag{5.32}$$

を使うとよい．参考のために，d_{abc} の値を表 5-1 に示した．したがって，直ちに，

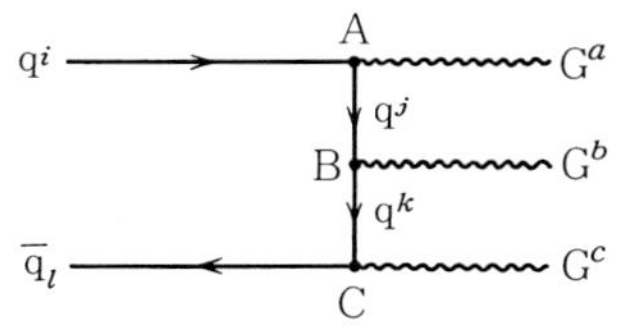

図 5-3 $q\bar{q}\to$GGG のダイアグラム．

表 5-1 d_{abc} の値．a, b, c の順序を変えても d_{abc} の値は変わらない．下の表に現われない a, b, c の組合せに対して，d_{abc} は 0．

abc	d_{abc}	abc	d_{abc}
118	$1/\sqrt{3}$	355	$1/2$
146	$1/2$	366	$-1/2$
157	$1/2$	377	$-1/2$
228	$1/\sqrt{3}$	448	$-1/(2\sqrt{3})$
247	$-1/2$	558	$-1/(2\sqrt{3})$
256	$1/2$	668	$-1/(2\sqrt{3})$
338	$1/\sqrt{3}$	778	$-1/(2\sqrt{3})$
344	$1/2$	888	$-1/\sqrt{3}$

$$\frac{\Gamma(1^{--}\to \mathrm{GGG})}{\Gamma(1^{--}\to\gamma\gamma\gamma)}=\frac{5}{54}\frac{\alpha_s{}^3}{Q_q{}^6\alpha^3} \tag{5.33}$$

となる．

同様な議論をすることによって，以下の関係式を導き出すことができる．

$$\frac{\Gamma(1^{--}\to \mathrm{GGG})}{\Gamma(1^{--}\to\gamma\,\mathrm{GG})}=\frac{5}{36}\frac{\alpha_s}{Q_q{}^2\alpha} \tag{5.34}$$

以上から，

$$\Gamma(1^{--}\to\gamma\gamma\gamma)=\frac{16(\pi^2-9)Q_q{}^6\alpha^3}{3}\frac{|\psi(0)|^2}{m_q{}^2} \tag{5.35a}$$

$$\Gamma(1^{--}\to \mathrm{GGG})=\frac{40(\pi^2-9)\alpha_s{}^3}{81}\frac{|\psi(0)|^2}{m_q{}^2} \tag{5.35b}$$

$$\Gamma(1^{--}\to\gamma\,\mathrm{GG})=\frac{32(\pi^2-9)Q_q{}^2\alpha\alpha_s{}^2}{9}\frac{|\psi(0)|^2}{m_q{}^2} \tag{5.35c}$$

となる．

最後に，図 5-1(1)に示された荷電レプトン対に崩壊する過程を考える．まず，例によって $\bar{\mathrm{q}}\mathrm{q}\to \mathrm{e}^+\mathrm{e}^-$ を考える．図 5-4 に，対応するダイアグラムを示した．散乱振幅は，

$$\begin{aligned}\boldsymbol{M}&=\frac{-Q_q e^2}{\sqrt{3}}\sum_i(\bar{v}_q\gamma_\mu u_q)\frac{-1}{q^2}(\bar{u}_e\gamma^\mu v_e)\\&=-\sqrt{3}\,Q_q e^2\left[(\bar{v}_q\gamma_\mu u_q)\frac{-1}{q^2}(\bar{u}_e\gamma^\mu v_e)\right]\end{aligned} \tag{5.36}$$

で，[　]内の項はまさに $\mathrm{e}^+\mathrm{e}^-\to\mu^+\mu^-$ と同じスピノルの形式をしている．したがって，

$$\sigma(\bar{\mathrm{q}}\mathrm{q}\to \mathrm{e}^+\mathrm{e}^-)=3Q_q{}^2\sigma(\mathrm{e}^+\mathrm{e}^-\to\mu^+\mu^-)=4\pi\alpha^2Q_q{}^2\frac{1}{m_V{}^2} \tag{5.37}$$

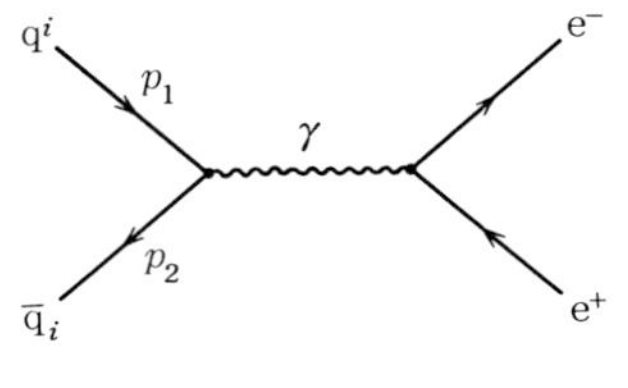

図 5-4　$\mathrm{q}\bar{\mathrm{q}}\to \mathrm{e}^+\mathrm{e}^-$ のダイアグラム．

となる．ここで，$\sigma(e^+e^-\to\mu^+\mu^-)$ に(1.19)式を代入した．また m_V はクォーコニウムの質量である．最後の項は以下のようにして導出する．反粒子 $\bar{q}$ は 2-4 節で簡単に説明したように，負の 4 元運動量 $(-E_2, -p_2)$ をもった粒子に相当するから，交換運動量 q^2 を以下のように計算する．

$$q^2 = (p_1-(-p_2))^2 = (p_1+p_2)^2 = s = m_V{}^2 \tag{5.38}$$

最後の式は束縛状態であることに注意すれば自明であろう．

以上から，$1^{--}\to e^+e^-$ の崩壊率は，

$$\Gamma(1^{--}\to e^+e^-) = 4\times 4\pi\alpha^2 Q_q{}^2\frac{1}{m_V{}^2}|\psi(0)|^2 = 16\pi\alpha^2 Q_q{}^2\frac{|\psi(0)|^2}{m_V{}^2} \tag{5.39}$$

となる．突然出てきた係数 4 には注意を要する．断面積を計算するときに，表 3-2 の 2 に顔を出したように，入射粒子のスピン自由度について平均を取っている．いまの場合，その値はスピン 1/2 の粒子のため $(2s_1+1)(2s_2+1)=4$ である．ところが，束縛状態のクォーコニウムを考えているので，合成スピンは 1 になるように揃っている．したがってスピン自由度について平均を取ってはいけない．このため，係数 4 をかけて補正をしているのである．

5-3 クォーコニウムに関するデータとの比較

だいぶ式の説明が長くなってしまった．早速実験結果と比較してみよう．一部のデータはすでに 3-5 節に示した．

まず注意しておかなければならないのは，終状態にあるグルーオンはカラーをもっているため直接観測にかからない点である．図 3-11 にクォーク対が多数のメソンに分解する過程を示したが，まったく同様なことがクォーコニウムの崩壊にも起こる．図 5-5 にその様子を模式的に示した．要するに，クォーコニウムがグルーオンに崩壊すると，ハドロン群になるのである．

それではまずチャーモニウム($c\bar{c}$ のクォーコニウム)を調べよう．0^{-+} 状態は η_c とよばれる粒子である．その崩壊に関する実験データを表 5-2 に示す．

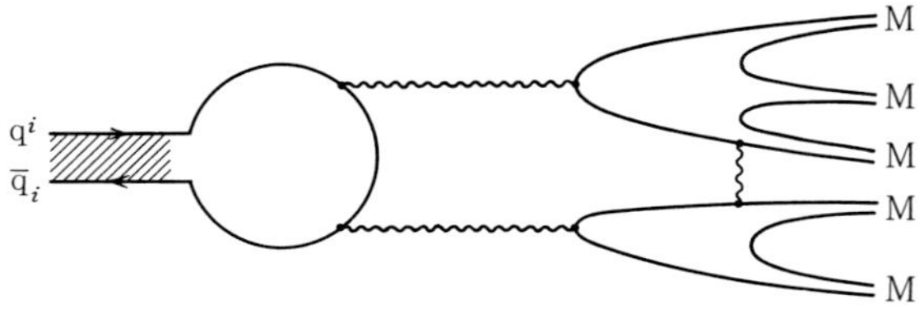

図 5-5 クォーコニウムの崩壊で現われるグルーオンは $i\bar{j}$ のようなカラーをもつから，クォーク対 $q^i\bar{q}_j$ に分解でき，各クォークはさらに真空からクォーク対を引き出して融合し，最終的にメソン(M)になる．両グルーオン間ではカラーを交換して，最終的にカラーのないメソン群になる．

表 5-2 η_c の質量および崩壊に関するデータ

η_c(1S) または η_c(2980)	$I^G(J^{PC})=0^+(0^{-+})$
質量 $m=2979.6\pm1.6$ MeV	
全幅 $\Gamma=10.3^{+3.8}_{-3.4}$ MeV	
η_c(1S) の崩壊モード	分岐比(Γ_i/Γ)
ハドロンの共鳴状態を含む崩壊	
$\eta'(958)\pi\pi$	$(4.1\pm1.7)\%$
$\rho\rho$	$(2.6\pm0.9)\%$
$K^*(892)^0K^-\pi^++$c.c.	$(2.0\pm0.7)\%$
$K^*(892)\bar{K}^*(892)$	$(9\pm5)\times10^{-3}$
$\phi\phi$	$(3.4\pm1.2)\times10^{-3}$
安定なハドロンへの崩壊	
$K\bar{K}\pi$	$(5.5\pm0.8)\%$
$\eta\pi\pi$	$(5.0\pm1.1)\%$
$\pi^+\pi^-K^+K^-$	$(2.04\pm0.28)\%$
$2(\pi^+\pi^-)$	$(1.17\pm0.28)\%$
$p\bar{p}$	$(1.04\pm0.19)\times10^{-3}$
γ 線を含む崩壊	
$\gamma\gamma$	$(6^{+6}_{-5})\times10^{-4}$

η_c は e^+e^- 反応で直接作り出すことができない(なぜか)．そこでまず J/ψ を作り，それが $J/\psi\to\gamma\eta_c$ なる崩壊をするので，ようやく η_c を観測することができる．この分岐比は表 3-3 の中を探せばわかるが，$1.3\pm0.4\%$ とたいへん小さ

い．$\eta_c \to \gamma\gamma$ も大きな誤差があるが測定されている．η_c のほとんどすべてはハドロンに崩壊する．すなわち $\eta_c \to GG$ である．したがって，表 5-2 から，

$$\frac{\Gamma(\eta_c \to \gamma\gamma)}{\Gamma(\eta_c \to GG)} = (6^{+6}_{-5}) \times 10^{-4} \tag{5.40}$$

(5.29)式で，$Q_q = 2/3$ とすることにより α_s が求まる．すなわち

$$\alpha_s = 0.28^{+0.41}_{-0.08} \tag{5.41}$$

となり，$\alpha = 1/137$ と比べるとだいぶ大きい．$|\psi(0)|^2$ は波動関数の空間成分だから 0^{-+} と 1^{--} で同じでなければならない．$m(J/\psi)$ はほとんど m_c の 2 倍であるから，(5.28)，(5.39)式を使えば，よい精度で

$$\frac{\Gamma(\eta_c \to \gamma\gamma)}{\Gamma(J/\psi \to e^+e^-)} = \frac{4}{3} = 1.33 \tag{5.42}$$

になるはずである．ここで，実験データを表 3-3，表 5-2 からとると，対応する実験値は

$$\frac{\Gamma(\eta_c \to \gamma\gamma)}{\Gamma(J/\psi \to e^+e^-)} = 1.3^{+1.3}_{-1.1} \tag{5.43}$$

となり，理論値とよく一致する．これは当然であるが，クォーコニウムを束縛している強い力が予想どおりであることを示していると考えてよい．

次に，1^{--} のチャーモニウム J/ψ を考えよう．むずかしい測定であるが，以下のような量が測定されている．

$$\frac{\Gamma(\gamma + \text{hadrons})}{\Gamma(\text{hadrons})} = 0.1 \pm 0.04 \tag{5.44}$$

分母は $J/\psi \to GGG$ からの寄与がほとんどであるが，1^{--} の場合はちょっとした注意が必要である．というのは，1^{--} が中間状態にフォトン(γ^*)をとり，軽いクォーク対に崩壊するモードが考えられるからである(図 5-6)．したがって，

$$\Gamma(\text{hadrons}) = \Gamma(GGG) + \Gamma(\gamma^*) \tag{5.45}$$

となる．ところが，図 5-6 で γ^* の右側は $e^+e^- \to q\bar{q}$ のダイアグラムと全く同じであるから(図 3-11)，ちょっと考えれば

$$\Gamma(\gamma^*) = R\Gamma(e^+e^-) \tag{5.46}$$

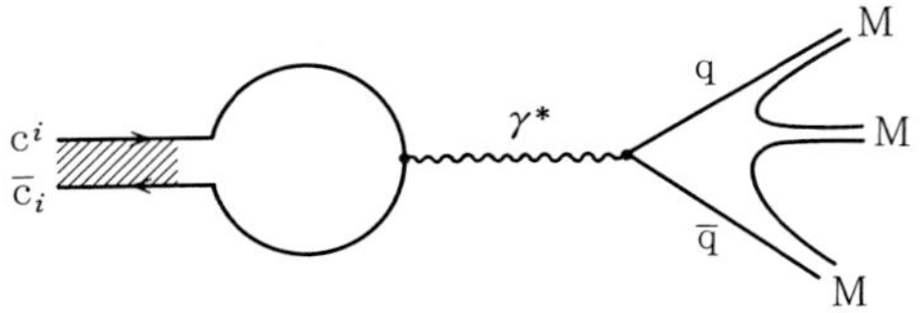

図 5-6 1^{--} クォーコニウムは GGG 崩壊の他に，$1^{--}\to\gamma\to q\bar{q}$ のようにフォトンを介在させて，軽いクォーク対に崩壊するモードもある．

であることがわかる．ただし，R は考えているエネルギーでの $\sigma(e^+e^-\to \text{hadrons})/\sigma(e^+e^-\to\mu^+\mu^-)$ である．図 3-10 から J/ψ のところでの R を読みとると，$R=2.6\pm0.2$．全崩壊率を Γ とすれば，

$$\begin{aligned}\Gamma(\text{GGG}) &= \Gamma-\Gamma(\gamma^*)-\Gamma(e^+e^-)-\Gamma(\mu^+\mu^-)-\Gamma(\gamma\,\text{hadrons})\\ &= \Gamma-(4.7\pm0.2)\Gamma(e^+e^-)-(0.1\pm0.04)\Gamma(\text{GGG})\end{aligned} \tag{5.47}$$

したがって，

$$\frac{\Gamma(\text{GGG})}{\Gamma(e^+e^-)} = 9.0\pm1.8 \tag{5.48}$$

(5.35b), (5.39)式から

$$\frac{\Gamma(\text{GGG})}{\Gamma(e^+e^-)} = \frac{5}{18}\left(\frac{m_V}{2m_c}\right)^2\frac{(\pi^2-9)\alpha_s{}^3}{\pi\alpha^2} \tag{5.49}$$

$m_V=3.097$ GeV，$m_c=1.35\pm0.05$ GeV から

$$\alpha_s = 0.168\pm0.011 \tag{5.50}$$

となる．(5.41)式で求めた値とだいぶ違うが，1.4 σ しか離れておらず，むしろ両者の一致はよいと考えるべきである．

次に，(5.45), (5.48)式から

$$\begin{aligned}\Gamma(\text{hadrons}) &= (11.4\pm0.2)\Gamma(e^+e^-)\\ &= (1.27\pm0.02)\Gamma(\text{GGG})\end{aligned} \tag{5.51}$$

$\Gamma(\gamma\,\text{hadrons})$ は $\Gamma(\gamma\,\text{GG})$ の観測値にほかならないから，結局データとして

$$\frac{\Gamma(\gamma\,\text{GG})}{\Gamma(\text{GGG})} = 0.13\pm0.05 \tag{5.52}$$

である．(5.34)式が直ちに応用できて，結局

$$\alpha_s = 0.18 \pm 0.07 \tag{5.53}$$

となり，(5.50)式とよく合う．

以上から，α_s が 0.17 としてチャーモニウムは理論どおりのふるまいをしていることがわかる．

次に，ボトミウム Υ を考察する．表 3-9 のレプトンモードを加重平均すると，分岐比は

$$\frac{\Gamma(\mathrm{e^+e^-})}{\Gamma} = 2.58 \pm 0.06\% \tag{5.54}$$

である．また，図 3-10 における Υ のところで，$R = 3.9 \pm 0.2$ と読みとれる．$\Gamma(\Upsilon\ \mathrm{hadrons})$ の測定値がやはりいくつかあって，それらを平均すると，

$$\frac{\Gamma(\gamma\,\mathrm{GG})}{\Gamma(\mathrm{hadrons})} = 2.79 \pm 0.16\% \tag{5.55}$$

となる．したがって Υ に対しては，J/ψ のときと同様な計算を行なうと，

$$\Gamma(\mathrm{GGG}) = (0.801 \pm 0.011)\Gamma \tag{5.56}$$

すなわち

$$\frac{\Gamma(\mathrm{GGG})}{\Gamma(\mathrm{e^+e^-})} = 31.0 \pm 0.9 \tag{5.57}$$

(5.35b)，(5.39)式で $Q_\mathrm{q} = -1/3$，$2m_\mathrm{b} = m_\mathrm{V}$ として，この実験値から

$$\alpha_s = 0.175 \pm 0.002 \pm 0.012 \tag{5.58}$$

となる．ただし m_b がよくわからないので，m_b の誤差として 10% をとると 2 番目の誤差になる．さらに(5.56)のデータから α_s を求めると，

$$\alpha_s = 0.185 \pm 0.013 \tag{5.59}$$

となり，上の値とたいへんよく一致する．

このように J/ψ, Υ に対しても，$\alpha_s = 0.17 \sim 0.18$ でそれらの崩壊が定常的に説明できることがわかる．これはとりもなおさず，考えている理論がたいへん結構なものであることを表わしている．ただし喜ぶのはまだ早い．じつはさらに複雑な高次の項，たとえば，図 5-7 のようなダイアグラムも当然存在するはずで，本当はこれらを考える必要がある．このために上の議論はいささかデー

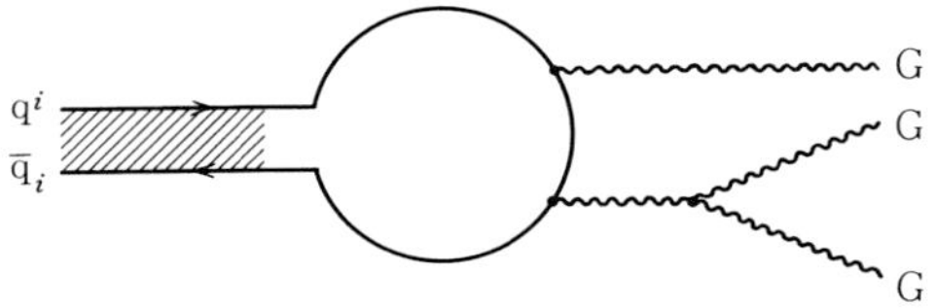

図 5-7 クォーコニウム崩壊の高次の効果の例．グルーオンの自己相互作用によって 1 つのグルーオンが 2 つに分裂した．$0^{-+} \to$ GG の振幅は $g_s{}^2$ に比例するが，高次の項は $g_s{}^3$ に比例する．

タと合いすぎの感がある．実際，高次の項を考えると J/ψ に対して α_s の値はむしろ 0.25 に近くなるようである．

5-4 クォーク・反クォークを束縛するポテンシャルとエネルギー準位

電磁力で束縛された系，たとえば水素原子では，ポテンシャルは，当然 Coulomb ポテンシャル

$$V_{\mathrm{QED}}(\boldsymbol{r}) = -\frac{Q^2 e^2}{4\pi r} = -\frac{Q^2 \alpha}{r} \tag{5.60}$$

で与えられる(156 頁補注 1 参照)．Coulomb ポテンシャルはフォトンの方程式(3.3)式の解として時間一定でかつ $A^0(x)$ のみの解をとり，かつ電流密度として点電荷 $\delta(x)$ をとったものである．運動量空間では，(3.5)，(3.6)式でやったように，$V_{\mathrm{QED}}(\boldsymbol{r})$ を Fourier 変換して求める．すなわち

$$V_{\mathrm{QED}}(\boldsymbol{q}^2) = \int \frac{d^3x}{(2\pi)^3} e^{-i\boldsymbol{q}\cdot\boldsymbol{x}} V_{\mathrm{QED}}(\boldsymbol{r}) \tag{5.61}$$

から

$$V_{\mathrm{QED}}(\boldsymbol{q}^2) = -\frac{Q^2 e^2}{\boldsymbol{q}^2} \tag{5.62}$$

となる．要するに，これはフォトンプロパゲーター(3.6)式の空間成分をとり，結合定数をつけ加えたものである(電子の電荷は -1 なので，プロパゲーターの逆符号をとる)．これは当然なことで，図 5-8 で考えると，粒子 2 で作られ

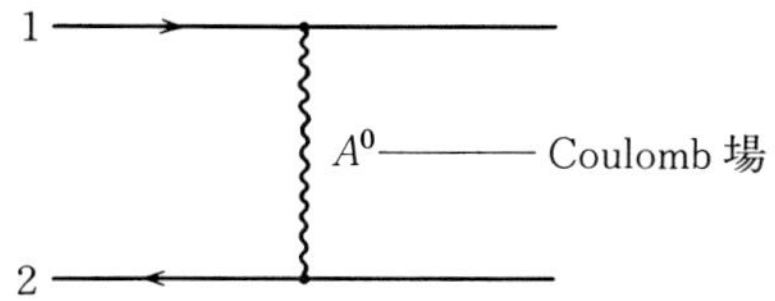

図 5-8 Coulomb ポテンシャルは粒子 2 で作られ，その作用が粒子 1 に及ぶ．これは散乱の特別な場合である．このとき Coulomb 場はプロパゲーターにほかならない．

たフォトンが粒子 1 に作用を及ぼしている．粒子 2 が静止した点電荷であれば，このフォトンが Coulomb 場 $A^0(x)$ にほかならず，運動量空間ではプロパゲーターとなるのである(156 頁補注 2 参照)．

同じような考えで強い力のポテンシャルを考えよう．図 5-9 がクォーコニウムの間にはたらく力のダイアグラムで，この場合には粒子 2 は粒子 1 の反粒子である．この散乱の振幅からポテンシャルを類推してみる．粒子 2 は時空を逆向きに走っている粒子 q^j であることに注意する．各粒子の運動量を図のようにとると，散乱振幅 $\boldsymbol{M}$ は，

$$\boldsymbol{M} = g_{\mathrm{s}}{}^2 \sum_a \sum_i \sum_j \bar{u}(p_3)\gamma_\mu u(p_1)\cdot\frac{1}{\sqrt{3}}\left(\frac{\lambda^a}{2}\right)^j_i D_{\mathrm{F}}(q^2)\bar{v}(p_2)\gamma^\mu v(p_4)\cdot\frac{1}{\sqrt{3}}\left(\frac{\lambda^a}{2}\right)^i_j \tag{5.63}$$

係数 $\sqrt{3}$ は(5.15)式にでてくる波動関数の規格化によるものである．$\boldsymbol{M}$ を整理すれば

$$\boldsymbol{M} = [\bar{u}(p_3)\gamma_\mu u(p_1)\bar{v}(p_2)\gamma^\mu v(p_4)]\cdot C_{\mathrm{F}}\cdot\frac{-g_{\mathrm{s}}{}^2}{q^2} \tag{5.64}$$

となる．ただし C_{F} は(5.25b)で与えられた数で $C_{\mathrm{F}}=4/3$ にすぎない．[　]の中は電磁力の場合とまったく同様であるから，強い力のポテンシャルは単純に

$$V_{\mathrm{QCD}}(\boldsymbol{q}^2) = -C_{\mathrm{F}}\frac{g_{\mathrm{s}}{}^2}{\boldsymbol{q}^2} \tag{5.65}$$

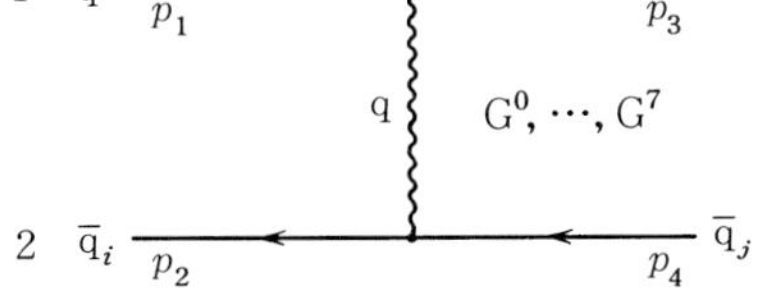

図 5-9 強い力のポテンシャル．各粒子の運動量は図のようにとる．

で与えられる．したがって，クォーコニウムの波動関数は水素原子のそれと同じはずである．とくに動径方向のエネルギー準位 E_n は

$$E_n = -C_{\mathrm{F}}\frac{\alpha_{\mathrm{s}}}{2a}\frac{1}{n^2}, \qquad a = \frac{2}{m_{\mathrm{q}}\alpha_{\mathrm{s}}C_{\mathrm{F}}} \tag{5.66}$$

となろう．実際，チャーモニウムやボトミウムでいくつかの励起状態が観測されている．図 5-10 が観測の 1 例を示している．このような測定は，エネルギースキャンとよばれ，すこしずつコライダーのビームエネルギーを変えて，$e^+e^- \to$ hadrons の断面積を細かく測ってゆく．すると，図のように，いくつかの鋭い共鳴状態が現われてくる．この観測例では，いちばん大きな左のピークが $\Upsilon(9460)$ に対応する．e^+e^- 反応の共鳴状態であるから，これらの共鳴はすべて $J^{PC}=1^{--}$ である．表 5-3 には，わかっている 1^{--} 共鳴状態の質量を示した．

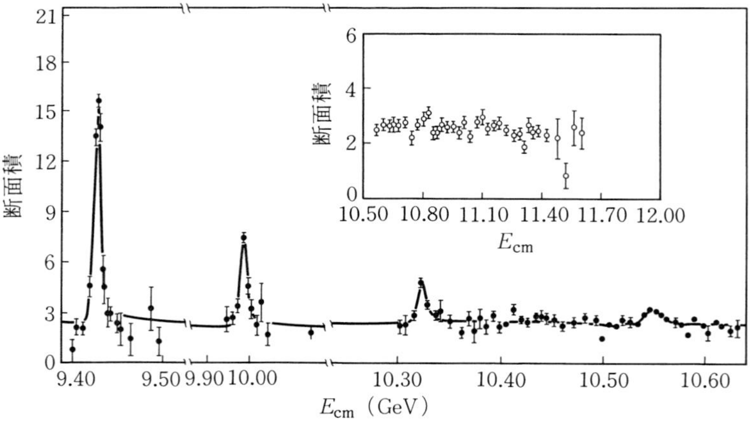

図 5-10 $e^+e^- \to$ hadrons の断面積のエネルギー依存性（エネルギースキャン実験）．ピークは共鳴状態（$J^{PC}=1^{--}$）に対応する．

残念なことに表 5-3 のデータは(5.66)式ではまったく説明できない．カラー $SU(3)$ ゲージ対称性の模型，QCD は強い力の正しい理論ではないのだろうか．しかしあきらめるのはまだ早い．上で見たように，ψ や Υ のエネルギー領域では α_{s} は約 0.18 であった．この値は電磁相互作用での値 $\alpha_{\mathrm{s}}=1/137$ と比べて 20

表 5-3 チャーモニウム(ψ)およびボトミウム(Υ)の種々のレベル．すべて $e^+e^- \to$ hadrons のピークとして観察されたものである(すなわち $J^{PC}=1^{--}$)．数値は質量の測定値(MeV)を表わす．

ψ	Υ
3096.93 ± 0.09	9460.32 ± 0.22
3686.00 ± 0.10	10023.30 ± 0.31
3769.9 ± 2.5	10355.3 ± 0.5
4040.0 ± 10.0	10580.0 ± 3.5
4159.0 ± 20.0	10865 ± 8
4415 ± 6	11019 ± 8

倍以上大きい．しかも 3-5 節でみたように，1 GeV 以下で強い力の強さは急激に大きくなっている．要するに強い力は，関与するエネルギーが小さくなるにつれて大きくなるのではないか．この**走る結合定数**(running coupling constant)はカラー $SU(3)$ ゲージ模型からでてこないのだろうか．α_s の大きさからして，ポテンシャルにはさらに高次の項を考える必要がある．高次の項の計算は本書の範囲を越えてしまうが，その本質的な点は 5-7 節で述べることにする．ここではその結果のみを記しておこう．高次の項のうち，まず現われるのは，図 5-11 のように，グルーオン線の中間にクォーク対やグルーオン対が余分にくっつくものである．これは誘電体の分極によく似ているので，**真空分極**とよばれている．この 1 ループ補正を考慮すると，α_s はエネルギーに依存するようになり，

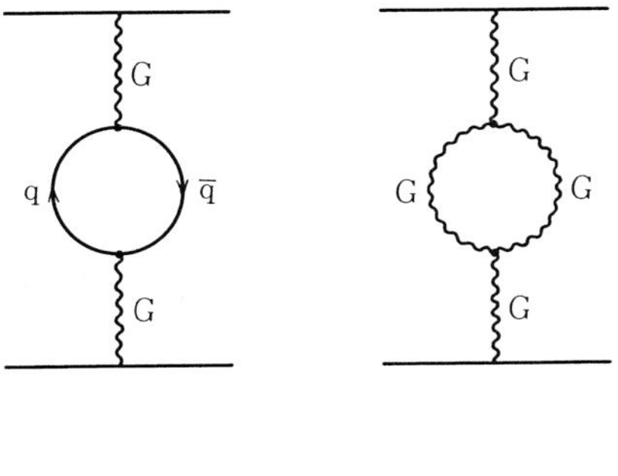

図 5-11 ポテンシャルに寄与する高次の項のうち，1 ループ項とよばれるもの．図 5-9 と比較せよ．ただし q はクォークを表わす．G はグルーオンである．

$$\alpha_s = \alpha_s(Q^2) = \frac{12\pi}{33-2f}\frac{1}{\ln(Q^2/\Lambda^2)} \tag{5.67}$$

と表わされる．ただし，ポテンシャルの場合には $Q^2=-q^2>0$ である（q はグルーオンの運動量）．また f はフレーバーの数を表わす．Λ はパラメーターである．上式では，$Q^2=\Lambda^2$ で α_s は無限大となるから，Q^2 が Λ^2 に近づくと，さらに高次の項を計算してやる必要があり，正確には摂動によらない数値計算（格子ゲージ理論）が必要となる．ただし，ある程度の近似はできる．すなわち，ポテンシャル $V(r)$ は r が十分大きいところではゴムひも状のふるまいをすると考える*.

$$V(r) \propto r$$

この Fourier 成分は，

$$V(\boldsymbol{q}^2) \propto \boldsymbol{q}^{-4}$$

となるが，これと(5.67)式をなめらかにつなぐ式は近似的に(5.65)式で ${g_s}^2$ を $4\pi\alpha_s(q^2)$ とし，

* クォーク間にはたらく力がゴムひも状であることは歴史的に知られていた．メソンのスピン J を質量の2乗 m^2 の関数としてプロットしてみると，きれいな直線上に乗ることがわかる．実際，表1-2および表1-5で，$\rho(770, 1^{--})$，$a_2(1320, 2^{++})$，$\rho_3(1690, 3^{--})$，$\omega(783, 1^{--})$，$f_2(1270, 2^{++})$，$\omega_3(1690, 3^{--})$，$f_4(2050, 4^{++})$ およびストレンジネスをもったメソン $K^*(892, 1^-)$，$K_2^*(1430, 2^+)$，$K_3^*(1780, 3^-)$，$K_4^*(1430, 4^+)$ をプロットすると，次の図のようになる．

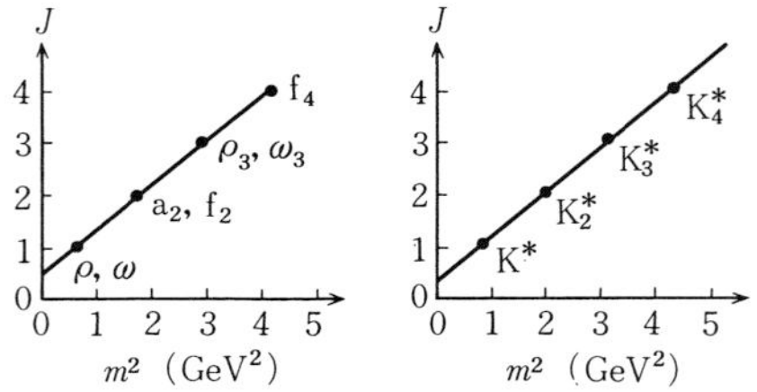

傾きは $0.86\pm0.1\,\mathrm{GeV}^{-2}$ となる．この事実は以下のように理解される．すなわち，$V(r)=kr$ なるポテンシャル中を半径 r で円運動をしているクォーク・反クォーク対を考える．クォークおよび反クォークの運動量を p，速度を v とすると，$J=2pr$，$m=2p+kr$ である（相対論的近似，$v=1$）．遠心力（$mv^2/r=J/2r^2$）と引力（$dV(r)/dr=k$）とのつり合いを考えれば $r=(J/2k)^{1/2}$，したがって $J=(1/8k)m^2$ と比例関係が導かれる．上で求めた傾きを使うと，$k=0.145\pm0.017\,\mathrm{GeV}^2$ となる．(5.69)式の $V(r)$ から，$k=8\pi\Lambda^2/(33-2f)$ となるから，$f=3$ とすると，$\Lambda=0.40\pm0.02\,\mathrm{GeV}$ となり，(5.71)式とよく一致する．

$J^P=0^-$ の π や K メソンは特別なメソン（6-3節参照）と考えられているので，上の図に加えていない．

$$\alpha_s(\boldsymbol{q}^2) = \frac{12\pi}{33-2f}\frac{1}{\ln(1+\boldsymbol{q}^2/\Lambda^2)} \tag{5.68}$$

と簡単にあらわすことができる(**Richardson ポテンシャル**). 逆 Fourier 変換を行なって,

$$\begin{aligned} V(r) &= \frac{8\pi}{33-2f}\Lambda\left(\Lambda r - \frac{f(\Lambda r)}{\Lambda r}\right) \\ f(t) &= 1-4\int_1^\infty \frac{dx}{x}\frac{e^{-xt}}{[\ln(x^2-1)]^2+\pi^2} \end{aligned} \tag{5.69}$$

となる. $V(r)$ は図 5-12 に示した.

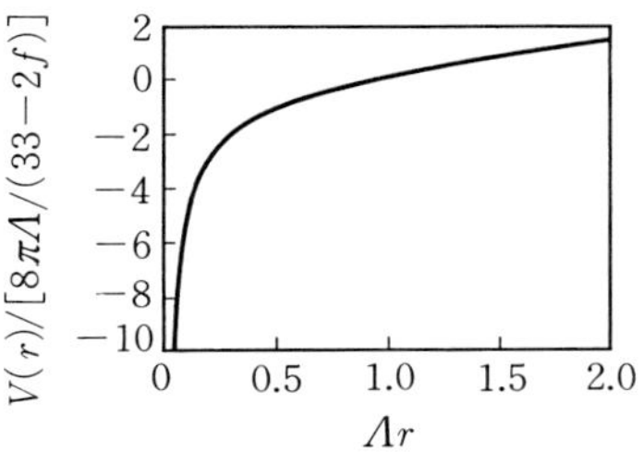

図 5-12 Richardson ポテンシャルを距離 r の関数で表わしたもの. Λ は QCD パラメーター, f はクォークフレーバーの数を表わす. (J. L. Richardson: Phys. Lett. **82 B** (1979) 273)

予想どおり r が大きくなると $V \propto r$ となっている. ここまでくれば, あとは Schrödinger 方程式

$$\left[2m+\frac{p^2}{m}+V(r)\right]\psi(r) = E\psi(r) \tag{5.70}$$

を解けばよい. ただし運動エネルギー項には換算質量 $m/2$ を使ってある. この Schrödinger 方程式から, たとえば軌道角運動量が 0, 1, 2 に対する励起状態を計算することができる. ただしチャーモニウムやボトミウムの束縛状態は, ポテンシャルで r の大きいところが効くので, 図 5-11 の q ループで重いクォークの効果は効かず, u, d, s クォークのみが寄与する, すなわち $f=3$ としてよい. また, QCD パラメーター Λ とクォーク質量は J/ψ や Υ の基底状態の質量が正確に導出できるように合わせる. 1 例として, Richardson は

$$\Lambda = 398\ \text{MeV}, \quad m_c = 1491\ \text{MeV}, \quad m_b = 4883\ \text{MeV} \tag{5.71}$$

ととって，上の Schrödinger 方程式の解を求めた．図 5-13，図 5-14 がそれぞれチャーモニウムとボトミウムのエネルギー準位を示したものである．実験値も示してあるが，Richardson ポテンシャルはあくまで現象論的な近似式であることを考えると，理論・実験の一致は大変よいことがわかる．ただし軌道角運動量 1 の状態は χ という記号で表わされるが，χ はふつう全角運動量 J によって 3 つの微細構造を示す($J^{PC}=0^{++}, 1^{++}, 2^{++}$)．そこで，$\chi$ のエネルギー準位は 3 つの準位の平均値をとってある．このように QCD の高次の効果を考えれば，ψ や Υ の励起準位を見事に説明できる．

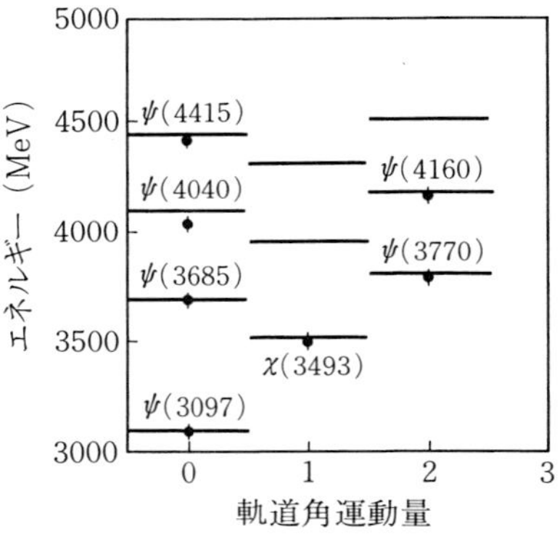

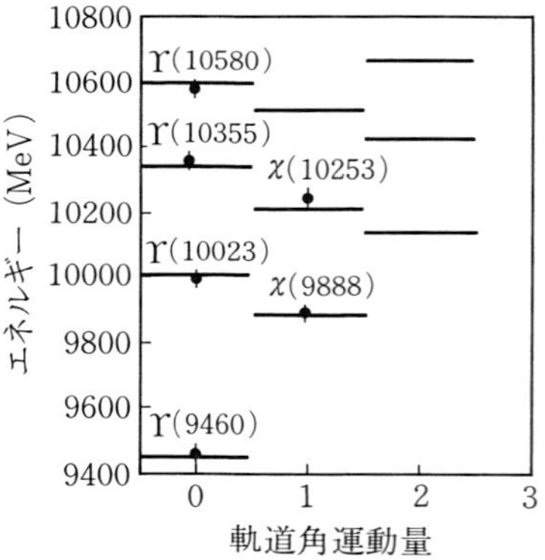

図 5-13(上図の左)　チャーモニウム($c\bar{c}$)のエネルギー準位の計算値(棒)と観測値(点)．ただし，軌道角運動量 1 の状態 χ は，全角運動量 J に関して微細構造をとるが，この図ではそれらの平均値を示した．Richardson ポテンシャルの近似性を考えれば，計算・観測の一致は非常によい．(J. L. Richardson : Phys. Lett. **82 B** (1979) 273)

図 5-14(上図の右)　ボトミウム($b\bar{b}$)のエネルギー準位の計算値(棒)と観測値(点)．図 5-13 の説明参照．(J. L. Richardson : Phys. Lett. **82 B** (1979) 273)

次に，$1^{--} \to e^+e^-$ なる崩壊を考えよう．2 つの準位に対応する粒子 V, V′ の崩壊率の比は(5.39)式から

$$\frac{\Gamma(\mathrm{V}' \to e^+e^-)}{\Gamma(\mathrm{V} \to e^+e^-)} = \left| \frac{\psi_{\mathrm{V}'}(0)}{m_{\mathrm{V}'}} \right|^2 \left| \frac{m_{\mathrm{V}}}{\psi_{\mathrm{V}}(0)} \right|^2 \qquad (5.72)$$

となるが，ここで，とくに主量子数が 1 と 2 で軌道角運動量が S 状態の準位

(1S, 2S とよぶ)を考え，(5.70)式で計算された $\psi_{1S}(0)$，$\psi_{2S}(0)$ を使い，m_{1S}, m_{2S} を代入すると，

$$\frac{\Gamma(2S\to e^+e^-)}{\Gamma(1S\to e^+e^-)}=\begin{cases}0.45 & (\psi) \qquad (5.73a)\\ 0.42 & (\Upsilon) \qquad (5.73b)\end{cases}$$

となる．実験値は

$$\left.\begin{array}{ll}J/\psi(1S) & \Gamma(e^+e^-)=4.72\pm0.35\ \ \mathrm{keV}\\ \psi(2S) & \Gamma(e^+e^-)=2.14\pm0.21\ \ \mathrm{keV}\end{array}\right\}\ 比=0.45\pm0.06 \qquad (5.73c)$$

$$\left.\begin{array}{ll}\Upsilon(1S) & \Gamma(e^+e^-)=1.34\pm0.04\ \ \mathrm{keV}\\ \Upsilon(2S) & \Gamma(e^+e^-)=0.586\pm0.029\ \ \mathrm{keV}\end{array}\right\}\ 比=0.44\pm0.03 \qquad (5.73d)$$

となり，上の計算値と見事に一致する．

このように e^+e^- コライダーで観測された種々の共鳴状態は，カラー $SU(3)$ ゲージ対称性に基礎をおく QCD によって見事に説明することができる．ただし，(5.71)式で与えた Λ の値は現在ではいささか大きすぎると考えられている．$\Lambda=200\pm100$ MeV が妥当なところである．実際，(5.67)式を Υ のエネルギー領域($Q^2=s=10^2\ \mathrm{GeV}^2$，$f=4$)にあてはめると，$\alpha_s=0.18$ ((5.58)式)程度であるから，結局 $\Lambda=150$ MeV となる．ただし，ψ のエネルギー領域($Q^2=9\ \mathrm{GeV}^2$，$f=3$)では同じく $\alpha_s=0.18$ ((5.53)式)と出たが，これから $\Lambda=62$ MeV となる．両者とも高次の効果がまだ入っていない値なので，この程度でよく合っていると考えてよい．とくに Λ は対数の中に入っているので，実験誤差が大きく増幅されるのである．Λ の値がすこし変わっても，対応するクォーク質量をすこし動かせばエネルギー準位はほとんど変化せず，上の議論はそのまま成立する．

5-5 グルーオン放出の証拠 $e^+e^-\to q\bar{q}G$

グルーオンはクォークから直接放出することができる．図 5-15 が対応するダイアグラムであるが，2つの図はクォークまたは反クォークからのグルーオン放出を示している．その散乱振幅 $\boldsymbol{M}$ は

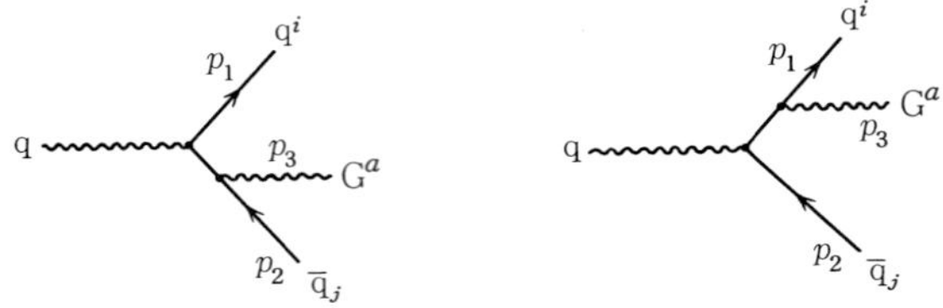

図 5-15 $e^+e^-\to q\bar{q}G$ のダイアグラム．ただし e^+e^- 消滅の部分は省いてある．各粒子の運動量も図示されている．

$$
\begin{aligned}
\boldsymbol{M}_{ija} = g_s e^2 \Big[& \bar{u}(p_1)\gamma_\mu S_F(-(p_2+p_3))\gamma_\nu v(p_2)\left(\frac{\lambda^a}{2}\right)^i_j \\
& + \bar{u}(p_1)\gamma_\mu S_F(p_1+p_3)\gamma_\nu v(p_2)\left(\frac{\lambda^a}{2}\right)^i_j \Big]\varepsilon^\mu \\
& \times \frac{-1}{q^2}Q_q(-1)(\bar{v}_e\gamma^\nu u_e)
\end{aligned}
\tag{5.74}
$$

である．ただし ε^μ はグルーオンの偏極ベクトル，v_e, u_e はそれぞれ e^+, e^- の Dirac スピノルである．カラーに関係した部分に対して $|\boldsymbol{M}|^2$ を計算すると，$Q_q{}^2 A$ をカラーに無関係な部分の計算値として，

$$
\begin{aligned}
\sum_{i,j,a}|\boldsymbol{M}_{ija}|^2 &= Q_q{}^2 A\cdot\alpha_s\sum_{i,j,a}\left(\frac{\lambda^a}{2}\right)^i_j\left(\frac{\lambda^{a\dagger}}{2}\right)^i_j \\
&= Q_q{}^2 A\cdot\alpha_s\sum_{i,j,a}\left(\frac{\lambda^a}{2}\right)^i_j\left(\frac{\lambda^a}{2}\right)^j_i \\
&= 3\alpha_s C_F Q_q{}^2\cdot A
\end{aligned}
\tag{5.75}
$$

となる．残るは A の計算であるが，これは $e^+e^-\to\mu^+\mu^-\gamma$ とまったく同等である（図 5-16(a)）．ところが図で μ^+ の線をむりやり左に移動させてしまうと（図 5-16(b)），これは質量 $s^{1/2}$ をもったフォトンと運動量 $-p_2$ をもった μ^- との Compton 散乱にほかならない．Compton 散乱の振幅は，N を比例係数として，

$$
\begin{aligned}
|\boldsymbol{M}|^2 &= N\left(\frac{t'}{s'}+\frac{s'}{t'}+\frac{2u'q^2}{s't'}\right) \\
s' &= (q-p_2)^2, \quad t' = (q-p_1)^2, \quad u' = (q-p_3)^2
\end{aligned}
\tag{5.76}
$$

と計算されている．e^+e^- の重心系では，$q=(s^{1/2},0,0,0)$ であるから，μ^-，

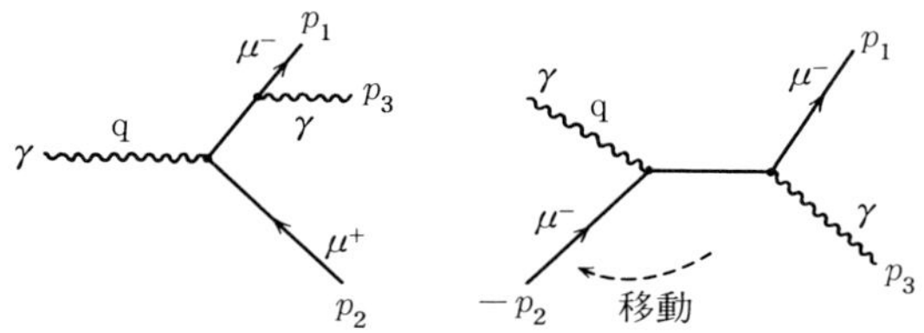

図 5-16 $e^+e^- \to q\bar{q}G$ はカラーによる係数とクォーク電荷の項を除けば，$e^+e^- \to \mu^+\mu^-\gamma$ とまったく同等である(a)．μ^+ の線をむりやり左側にもってきてしまえば(b)，この反応は質量 $s^{1/2}$ をもったフォトンと，$-p_2$ の運動量をもった μ^- との Compton 散乱にほかならない．

μ^+, γ のエネルギーをそれぞれ E_1, E_2, E_3，さらに $x_i = 2E_i/s^{1/2}$ とおけば，

$$|\boldsymbol{M}|^2 = N\frac{(1-x_1)^2+(1-x_2)^2+(1-x_3)^2}{(1-x_1)(1-x_2)}$$

となる*．結局，

$$\frac{1}{\sigma_t(\gamma)}\frac{d\sigma}{dx_1 dx_2} = \frac{\alpha Q_q{}^2}{2\pi}\frac{x_1{}^2+x_2{}^2}{(1-x_1)(1-x_2)} \tag{5.77}$$

となる．ただし $\sigma_t(\gamma)$ は

$$\sigma_t(\gamma) = \frac{4\pi}{3}\frac{\alpha}{s}Q_q{}^2$$

である．したがってグルーオン放出の場合は，

$$\sigma_t = 3\cdot\frac{4\pi}{3}\frac{\alpha Q_q{}^2}{s} \tag{5.78}$$

として，

$$\frac{1}{\sigma_t}\frac{d\sigma}{dx_1 dx_2} = \frac{\alpha_s C_F}{2\pi}\frac{x_1{}^2+x_2{}^2}{(1-x_1)(1-x_2)} \tag{5.79}$$

で与えられる．x_1 や x_2 が 1 に近づくとこの式は発散するが，これはいくらでも小さなエネルギーのグルーオンが放出できることを示している．x_1, x_2 で積

* F. Halzen and A. D. Martin : *Quarks and Leptons* (John Wiley & Sons, 1984).

分して全断面積を求めるには，さらに他の項を考慮しないと発散してしまう(5-6節参照)．さて，上式(5.79)は共鳴状態の外でα_sを求めるのに使うことができる．

$q\bar{q}G$の各粒子は最終的に分解して(fragment)，それぞれ複数個のメソンになる．重心系エネルギーが十分大きいときには，各粒子からのメソン群は分離され，3つのジェットとして観測される．図5-17，図5-18に2つの例を示した．これらは，e^+e^-コライダーLEPの測定器OPALがビームエネルギー45.64 GeVで観測したものである．このエネルギーではほとんどすべての反応

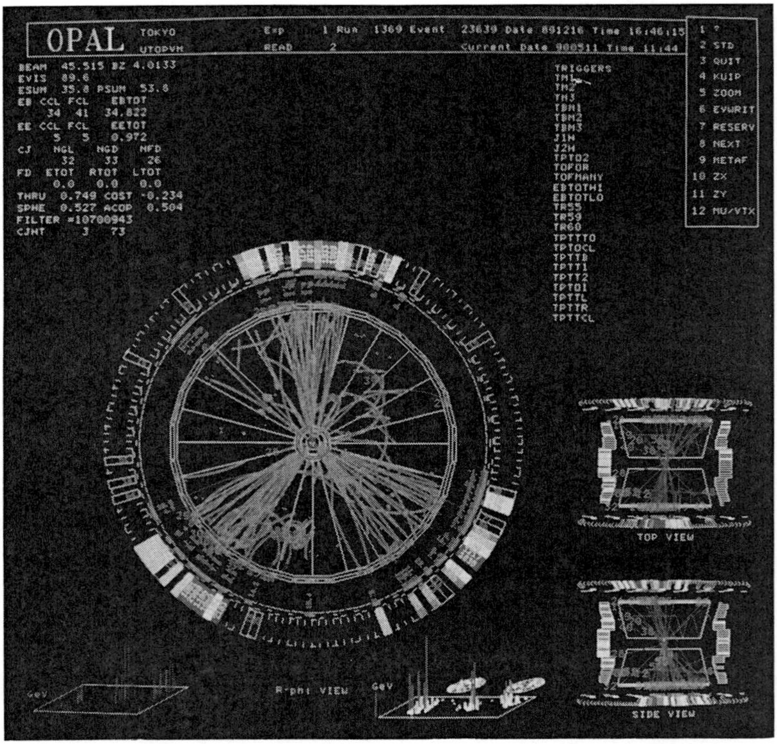

図 5-17 3ジェット現象の1例．ビームエネルギー＝45.64 GeVでZ粒子が作られるところである．図1-3も参照せよ．(東京大学理学部素粒子物理国際センター提供)

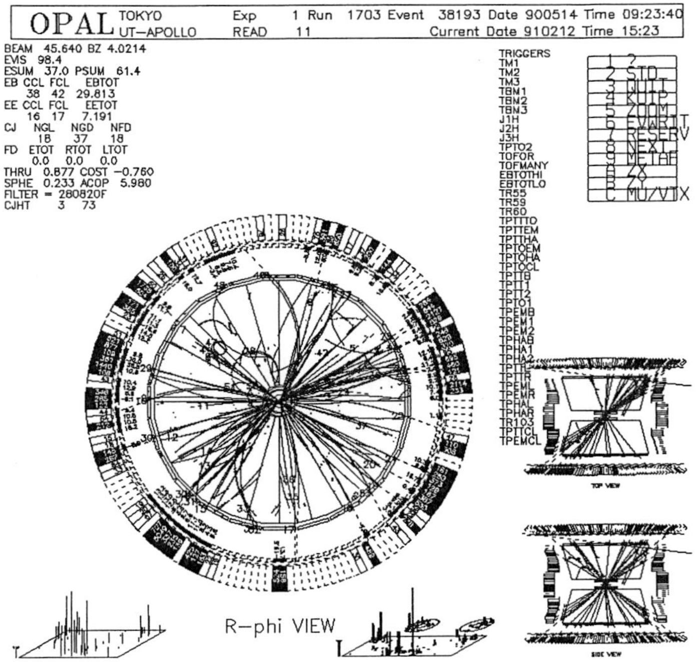

図 5-18 3ジェットかまたはさらに多くのジェットが放出されているイベント．発生する粒子はジェット軸に対し約 400 MeV/c の横向き運動量をもっているため，多数の粒子が作られると，ジェット数の同定がむずかしくなる．ビームエネルギー＝45.64 GeV．図 5-17 と同じ実験である．(東京大学理学部素粒子物理国際センター提供)

はZ粒子を介して起こる．しかし図 4-3 に示したように，グルーオン放出の断面積はフォトンを介したときとまったく同じである．ただし σ_t は大きな補正を受ける(5-6 節参照)．

また，x_1，x_2 分布を示す(5.79)式は実験的に確かめられている．図 5-19 は，3ジェットがハドロン生成に占める割合を PETRA，TRISTAN，LEP の各コライダーで測定したものである．ただし，3ジェットと同定されるためには，x_0 をあるパラメーターとして $x_1 > x_0$，$x_2 > x_0$，$x_3 > x_0$ が条件となる．エネルギーが増大するにつれ，3ジェットの割合がじょじょに下がっていく．(5.79)式をみればわかるように，このことはα_sがエネルギー依存性をもっていることを示している．図5-19中の1点鎖線はα_sを一定としたもので，明らかに実験と矛盾する．実線は$\alpha_s(Q^2)$として(5.67)式($f=5$, $\Lambda=250$ MeV)を代入し，3ジェット率R_3が(5.79)式を使って単純に$\alpha_s(Q^2)$に比例するとしたときのものである．あまりよく実験データに合わないが，これは3ジェットといっても実験データの中に4ジェットが含まれているためである．実際，図5-18などは3ジェットよりもさらに複雑なようにみえる．図5-19の点線はR_3に4ジェットを考慮したものである．また，$\alpha_s(Q^2)$として(5.67)式に2ループの補正を加えた式

$$\frac{1}{\alpha_s(Q^2)} = b\left[\ln\frac{Q^2}{\Lambda^2}+b'\ln\left(\ln\frac{Q^2}{\Lambda^2}\right)\right] \tag{5.80}$$

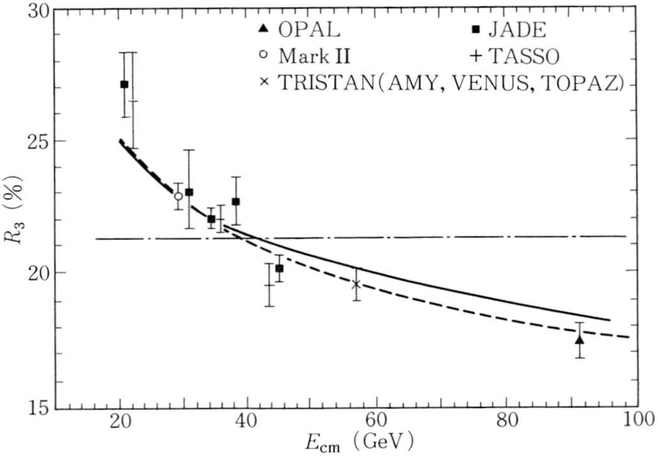

図5-19　3ジェットが全体に占める割合の実験値を示す．OPALはLEPの実験，TRISTANは日本のトリスタンコライダーによる実験，JADE, Mark II, TASSOはPETRAコライダーによる結果．図中の実線は$R_3 \propto \alpha_s(Q^2) \propto [\ln Q^2/\Lambda^2]^{-1}$としたもの．ただし，$E_{cm}$は重心系エネルギーを表わし，$Q^2=E_{cm}{}^2$，$\Lambda=0.25$ GeVである．破線はR_3として4ジェットの効果も入れ，$\alpha_s(Q^2)$にも2ループの補正を加えたものである．1点鎖線はα_sを一定と仮定したときの値である．(東京大学理学部素粒子物理国際センター提供)

$$b = \frac{33-2f}{12\pi}, \qquad b' = \frac{153-19f}{2\pi(33-2f)} \tag{5.81}$$

を使っている．こんどはたいへんよく実験に合っている．低エネルギーのデータは誤差が大きいので，LEP のデータのみを使うと，

$$\alpha_s(m_Z^2) = 0.120 \pm 0.012 \tag{5.82}$$

となる．このようにグルーオンの直接生成についても QCD は見事にデータを説明することができるのである．

5-6 $e^+e^-\to$hadrons の全断面積

$e^+e^-\to$hadrons は，正確には $e^+e^-\to q\bar{q}+q\bar{q}G+\cdots$ と，いくつかのグルーオン放出まで含めた反応である．第 2 項の 1 グルーオン放出の断面積はすでに求めた．しかし，断面積 $d\sigma/dx_1dx_2$ を積分して全断面積を求めようとすると，困ったことに積分は発散してしまう．これは電磁相互作用(QED)でもおなじみなもので，フォトンの質量が 0 のためにおこる．しかし，この赤外発散は幸いなことに，他の高次の項によって打ち消されてしまう．図 5-20 で散乱振幅を考えてみよう．図の (a)は g_s の 0 次，(b)は 2 次，および，(c)と(d)は 1 次である．断面積 σ_t を求めるとき，終状態の同じものは散乱振幅でたしあわせるから

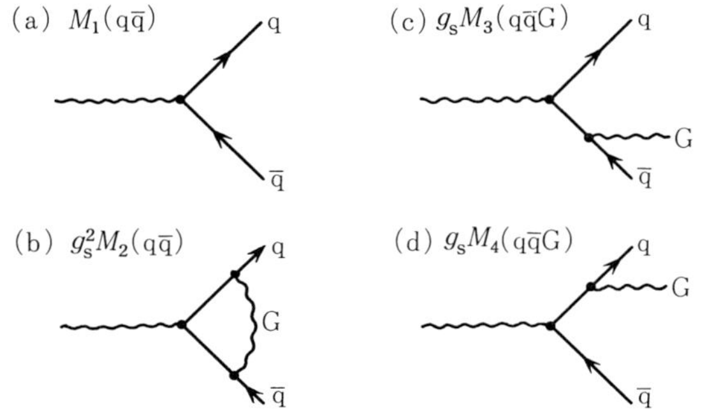

図 5-20 $e^+e^-\to$hadrons の全断面積に対する α_s の 1 次までのダイアグラム．

$$\sigma_{\rm t} \propto |\boldsymbol{M}_1(\mathrm{q\bar{q}})+g_{\rm s}{}^2\boldsymbol{M}_2(\mathrm{q\bar{q}})|^2+|g_{\rm s}\boldsymbol{M}_3(\mathrm{q\bar{q}G})+g_{\rm s}\boldsymbol{M}_4(\mathrm{q\bar{q}G})|^2$$
$$= |\boldsymbol{M}_1(\mathrm{q\bar{q}})|^2+g_{\rm s}{}^2[2\,\mathrm{Re}(\boldsymbol{M}_1\boldsymbol{M}_2^*)+|\boldsymbol{M}_3+\boldsymbol{M}_4|^2] \tag{5.83}$$

となるが，上に述べた打ち消し合いにより［　］内の項が有限値となる．くわしい計算によれば

$$R = \sigma_{\rm t}\left[\frac{4\pi}{3}\frac{\alpha^2}{s}\right]^{-1} = 3\sum_{\rm q} Q_{\rm q}{}^2\left(1+\frac{3}{4\pi}C_{\rm F}\alpha_{\rm s}\right)$$
$$= 3\sum_{\rm q} Q_{\rm q}{}^2\left(1+\frac{\alpha_{\rm s}}{\pi}\right) \tag{5.84}$$

となる．この R はすでに図 3-10 で実験データ（$E_{\rm cm}<30$ GeV）と比較した．$\alpha_{\rm s}/\pi \cong 0.06$ であるから，グルーオン放出の効果はほとんど見えない．つまり，電磁反応で強い力の効果が無視できるのである．

さらに高エネルギーにいくと，Z 粒子生成の効果が無視できなくなってくる．とくに LEP のエネルギー領域では(5.84)式などまったく成立しない．Z 粒子の効果をここで求めておこう．図 5-21 の 2 つのダイアグラムの散乱振幅をそれぞれ $\boldsymbol{M}_1, \boldsymbol{M}_2$ とする．(4.49)式と表 3-2 を参考にすれば，

$$\boldsymbol{M}_1 = -Qe^2\bar{v}(p_3)\gamma_\mu u(p_1)\frac{-1}{s}\bar{u}(p_4)\gamma^\mu v(p_2) \tag{5.85a}$$

$$\boldsymbol{M}_2 = (g^2+g'^2)\bar{v}(p_3)\gamma_\mu\frac{g_{\rm V}-g_{\rm A}\gamma_5}{2}u(p_1)\frac{-1}{s-M_{\rm Z}{}^2}\bar{u}(p_4)\gamma^\mu\frac{g'_{\rm V}-g'_{\rm A}\gamma_5}{2}v(p_2) \tag{5.85b}$$

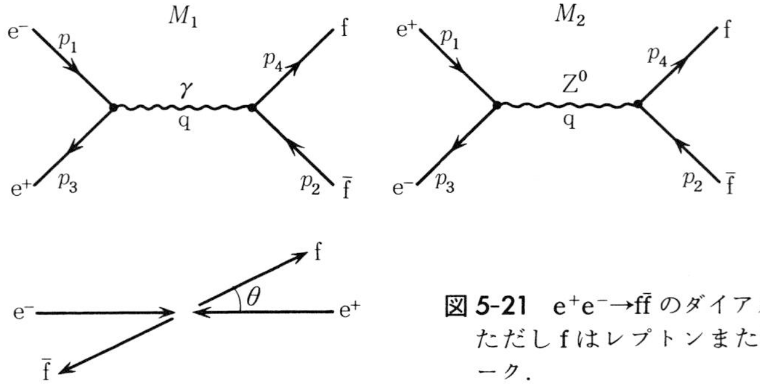

図 5-21　$\mathrm{e^+e^-\to f\bar{f}}$ のダイアグラム．ただし f はレプトンまたはクォーク．

である．ただし，Q は粒子 f の電荷，g, g' は電弱相互作用の結合定数で $g^2+g'^2=g^2/\cos^2\theta_W$ である．M_Z は Z 粒子の崩壊率まで含めた質量，すなわち，$M_Z{}^2=(m_Z-i\Gamma/2)^2=m_Z{}^2-im_Z\Gamma$ (3-2 節参照)．g_V, g_A は(4.49d)より，

$$g_V = I^3-2Q^2\sin^2\theta_W \tag{5.86}$$

$$g_A = I^3 \tag{5.87}$$

である．ただし I^3, Q はそれぞれ e^- の弱アイソスピンの第 3 成分と電荷である．すなわち，$I^3=-1/2$, $Q=-1$．g_V', g_A' は粒子 f に対する同様な式で表わすことができる．散乱振幅の絶対値の 2 乗は，

$$|\boldsymbol{M}|^2 = |\boldsymbol{M}_1+\boldsymbol{M}_2|^2 = |\boldsymbol{M}_1|^2+2\,\mathrm{Re}(\boldsymbol{M}_1\boldsymbol{M}_2^*)+|\boldsymbol{M}_2|^2 \tag{5.88}$$

対応する断面積を

$$\frac{d\sigma}{d\Omega} = \frac{d\sigma^{\mathrm{I}}}{d\Omega}+\frac{d\sigma^{\mathrm{II}}}{d\Omega}+\frac{d\sigma^{\mathrm{III}}}{d\Omega} \tag{5.89}$$

と書くと，直ちに

$$\frac{d\sigma^{\mathrm{I}}}{d\Omega} = \frac{Q^2\alpha^2}{4s}(1+x^2), \qquad x = \cos\theta \tag{5.90}$$

θ は散乱角である(補遺参照)($\cos\theta=\boldsymbol{p}_1\cdot\boldsymbol{p}_4/|\boldsymbol{p}_1|\cdot|\boldsymbol{p}_4|$)．$\sigma^{\mathrm{II}}, \sigma^{\mathrm{III}}$ はやっかいな計算となるが，結果は

$$\frac{d\sigma^{\mathrm{II}}}{d\Omega} = -\frac{Q\alpha G_F}{4\sqrt{2}\pi}\mathrm{Re}(S)[g_Vg_V'(1+x^2)+2g_Ag_A'x] \tag{5.91}$$

$$\begin{aligned}\frac{d\sigma^{\mathrm{III}}}{d\Omega} &= \frac{1}{32\pi^2}G_F{}^2s\,|S|^2[(g_A{}^2+g_V{}^2)(g_A'^2+g_V'^2)(1+x^2)\\ &\quad+8g_Ag_Vg_A'g_V'x]\end{aligned} \tag{5.92}$$

ただし，

$$S = \frac{m_Z{}^2}{s-m_Z{}^2+i\Gamma m_Z} \tag{5.93}$$

であり，(4.46), (4.32), (4.28)式を使って G_F を導入している．

図 5-22 に重心系エネルギー(E_{cm})が 10～60 GeV での R の実験値を示した．各実験グループのデータは約 5% の誤差がある．この誤差はいろいろな原因が

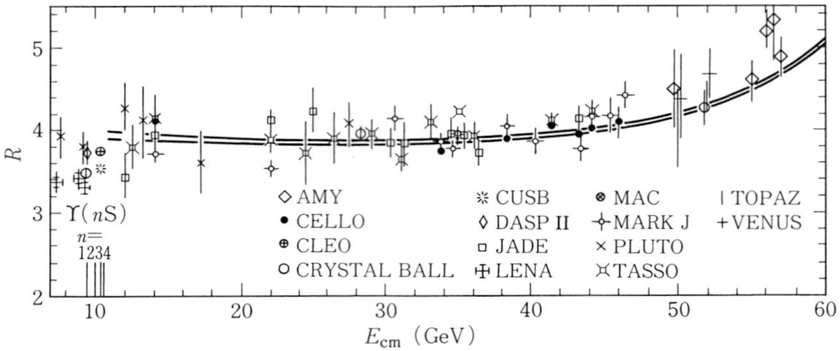

図 5-22 高エネルギー領域での $e^+e^- \to$ hadrons のデータ．縦軸は R，横軸は重心系エネルギー $E_{\rm cm}$ である． $E_{\rm cm} > 50$ GeV で Z ボソンの効果が明らかに見える．図中の曲線は QCD の効果(5.84)と Z ボソンの効果(5.85)～(5.89)から得られる R 値である．ただし，上下 2 つの線はそれぞれ $\Lambda = 250$ MeV，60 MeV に対応する．Λ は QCD パラメーター(5.67)．QCD の効果は高々数 % にすぎない．図中のいろいろな記号は，対応する実験グループによる結果である．(Particle Data Group : Phys. Lett. **B 239** (1990) III. 79)

効いており，1% 以下におさえるのは至難のわざである．$E_{\rm cm}$ が 60 GeV 近辺で R のデータは急速に大きくなっている．これは明らかに Z 粒子の影響である．実際，(5.89)式に(5.84)式の強い力(QCD)による補正を加えた計算値が図中の曲線である．ただし(5.84)の α_s としてエネルギー依存のある(5.67)式を採用する．上下 2 つの線は QCD パラメーター Λ がそれぞれ 250 MeV と 60 MeV に対応している．驚くべきことに，強い力の効果は高々数 % の補正を与えるに過ぎない．

さらに高エネルギーになると，Z 粒子が直接生成され断面積は巨大な値となる．図 5-23 がそれである．$E_{\rm cm} = 91$ GeV のところで $e^+e^- \to \mu^+\mu^-$ の QED による全断面積((1.19)式)は $4\pi\alpha^2/3s = 10.5$ pb($= 1.05 \times 10^{-35}$ cm^2)であるから，R の値は 2900 にもなる．図 5-22 の値 $R \sim 4$ と比較してみれば，この R がいかに大きいかがよくわかる．弱い相互作用を司る粒子 Z の影響は弱いどころか強大なものがある．また R の値や図 5-23 から得られる Z 粒子の幅 Γ からニュートリノの種類数 N_ν が正確に求まることはすでに 4-4 節で議論した．つ

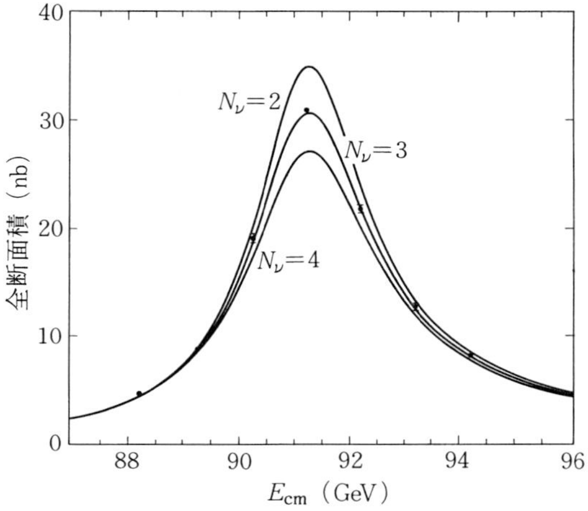

図 5-23 Z ボソン領域での $e^+e^-\to$hadrons の断面積．データは LEP コライダーの OPAL グループによるもの．7 つの点がデータで，誤差はほとんどない．図中 3 つの曲線はニュートリノの種類数 N_ν が 2, 3, 4 に対応する理論値(5.89)である．ただし N_ν の影響は，(4.53)式を通して Γ の大きさに入っている．(東京大学理学部素粒子物理国際センター提供)

まり，N_ν の影響は(4.53)式の $\Gamma(Z\to\nu\bar{\nu})$ を N_ν 倍することで，これがさらに(5.93)式を通して断面積に及んでいる．長年の懸案であった世代の数は，少なくとも軽い($m_\nu<m_Z/2$)ニュートリノに関しては，3 世代であることがわかったのである．これは LEP コライダーの最大の成果の 1 つである．もちろん，Z 粒子のデータの精密な解析により，電弱相互作用のみならず，α_s の決定を通して強い相互作用(QCD)についても大きな進歩をもたらしたことはすでに見てきた通りである．

5-7 走る結合定数

強い相互作用(QCD)の結合定数 α_s は，5-4 節でみたように，考えている系のエネルギーに依存しているらしい．しかし，このことは定数という定義に矛盾しているようにみえる．いったい，エネルギーに依存する結合定数とは何であろうか．

まず電磁力を考えてみよう．電荷 Q をもつ粒子から距離 r だけ離れた場所がもつポテンシャルエネルギーは

$$V = \frac{Q\alpha}{r} \tag{5.94}$$

である．ただし $\alpha = e^2/4\pi$ である．ポテンシャルエネルギー V は誘電体の中では分極の影響を受ける．すなわち，$\varepsilon(r)$ を誘電率として，

$$V = \frac{Q\alpha}{\varepsilon(r)r} \tag{5.95}$$

となることはよく知られている．

真空中に点電荷 Q を置いた場合を改めて考えてみよう．r をどんどん小さくしていけば V は r に逆比例して大きくなり，ついには $2m_e$ を越えてしまう（m_e は電子の質量）．すると，真空中の電磁エネルギーは一部 e^+ と e^- の対に変換されてもよいであろう．Q が正であれば e^+e^- 対は Q に近い方に e^-，逆方向に e^+ が伸び，ちょうど誘電体中の分極電荷のように振るまうことになる（図 5-24）．したがって真空は分極し，中心電荷 Q を遮蔽する．このような真空分極による誘電率を $\varepsilon(r)$ とすれば，ポテンシャルエネルギーは(5.95)式で与えられる．しかし，誘電率の定義は，真空中に電荷を置き，巨視的に離れた距離でその電荷を計測したときの誘電率を 1 ときめている．したがって実際に観測される電荷を Q とすれば，当然

$$V = \frac{Q\alpha}{r} \tag{5.96}$$

であるから，本来 $Q\alpha$ は上の(5.95)式で

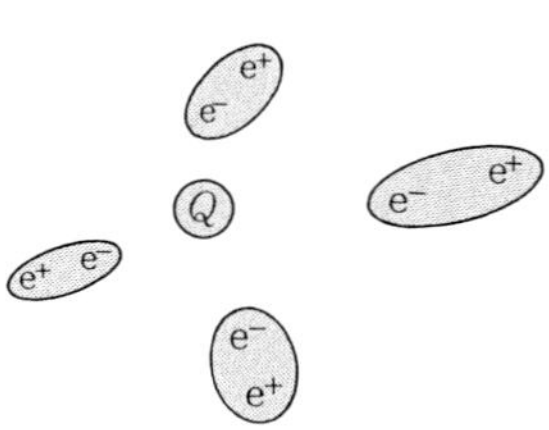

図 5-24 真空の電磁エネルギーが増大すれば，そのエネルギーは局所的に e^+ と e^- の対に変換されることが可能である．e^+e^- 対は中心電荷 Q の影響で分極し，したがって真空が分極することになる．

$$\frac{Q\alpha}{\varepsilon(r\to\infty)} \to Q\alpha \tag{5.97}$$

としたものにほかならない．むずかしくいえば，電磁相互作用は $U(1)$ ゲージ理論であり，電荷 Q は $U(1)$ 群の表現になっている(2-2 節)．したがって Q 自体を真空分極によって変化させるわけにゆかず，結合定数(の 2 乗) α が必然的に距離 r の関数にならざるを得ない．これを**走る結合定数**(running coupling constant)とよんでいる．ポテンシャルエネルギー V を Fourier 変換することにより，結局

$$V(q^2) = \frac{4\pi Q\alpha(q^2)}{q^2} \tag{5.98}$$

となるのである(5-4 節参照)．

それでは具体的に，$\alpha(q^2)$ はどのような形になるのだろうか．図 5-24 はダイアグラムで書くと図 5-25 のようになる．運動量 q をもつフォトンは途中で運動量 k をもつ e^- と運動量 $q-k$ をもつ e^+ のペアになる．両者は直ちに消滅してフォトンとなり，他の粒子に電磁力を及ぼす．この過程の散乱振幅を計算することは本書の範囲を越えるが，概要を簡単に説明しておく．3-1 節に説明した散乱振幅の計算をここですこし拡張しなければならない．e^-, e^+ ともに自由粒子でなく，A 点から B 点に伝播するプロパゲーターとして表わす必要がある．まず図の下から上に見て行けば，このダイアグラムの振幅は，カレント $\bar{u}(p_4)\gamma_\mu u(p_2)$ がプロパゲーター $-1/q^2$ を通して A 点で e^+e^- の対生成の後，B 点では対消滅する．これを定式化するには，まずプロパゲーター $S_F(k)$ で A→B に電子が伝播し，さらに $S_F(-(q-k))$ によって B→A まで電子が伝播

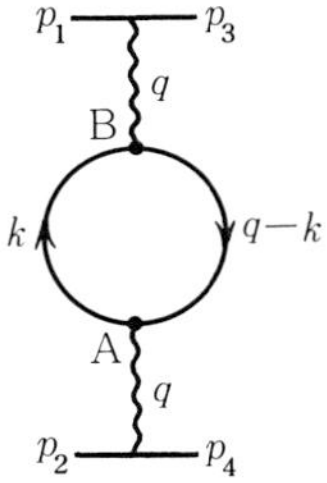

図 5-25 真空分極を表わすダイアグラム．γ, e^-, e^+ の運動量をそれぞれ $q, k, q-k$ とする．

したと考える(運動量の符号に注意). A, B 点でカレント形式になっていなければならないから，結局

$$e^2\int\frac{d^4k}{(2\pi)^4}[S_F(-(q-k))\gamma_\mu S_F(k)\gamma_\nu]_{\alpha\alpha} \tag{5.99}$$

となる．ただし，行列の足 $\alpha\alpha$ は A 点で出発した e^- がふたたび時間反転して戻ってくるため同じ添え字になる必要があり，かつ α での和をとらなければならない．さらに運動量 k は自由に取れるからその自由度についての和すなわち k についての積分がかかってくる．B 点からはふたたびフォトンプロパゲーター $-1/q^2$ がかかってカレント $\bar{u}(p_3)\gamma^\mu u(p_1)$ に吸収される．以上から，真空分極によるプロパゲーターは

$$(-1)e^2\frac{-1}{q^2}\int\frac{d^4k}{(2\pi)^4}\,\mathrm{Tr}\left[\frac{1}{\not k-\not q-m}\gamma_\mu\frac{1}{\not k-m}\gamma_\nu\right]\frac{-1}{q^2} \tag{5.100}$$

となる．最初の (-1) は時空を逆向きに走るフェルミオンに必ずつける因子で，Fermi 統計に由来するものである．Tr は行列のトレースを表わす．k の次元を考えれば明らかなように，この項は発散する*．いま，$Q^2=-q^2\gg m^2$ の場合を考え，あらゆるトリックを総動員して上の積分とトレースを敢行する．しかし発散はいかんともしがたいので，積分を $k^2=k_\mu k^\mu=\lambda^2\gg Q^2$ でストップする．結果は*,

$$\frac{-1}{q^2}\left(-\frac{\alpha}{3\pi}\right)\ln\frac{\lambda^2}{Q^2} \tag{5.101}$$

である．したがって，真空分極なしの最低次の項といっしょにすると，

$$\frac{-1}{q^2}\left(1-\frac{\alpha}{3\pi}\ln\frac{\lambda^2}{Q^2}\right) \tag{5.102}$$

すなわち，真空分極により，結合定数 α は

$$\alpha\left(\frac{\lambda^2}{Q^2}\right)=\alpha\left(1-\frac{\alpha}{3\pi}\ln\frac{\lambda^2}{Q^2}\right) \tag{5.103}$$

---

* J. D. Bjorken and S. D. Drell : *Relativistic Quantum Mechanics* (McGraw-Hill, 1964).

となる.

図 5-26 に分極が 2 重, 3 重, … になったダイアグラムが示されているが, これらは図 5-25 の計算結果がわかれば, それらの 2 乗, 3 乗, … になることは容易に察しがつく.

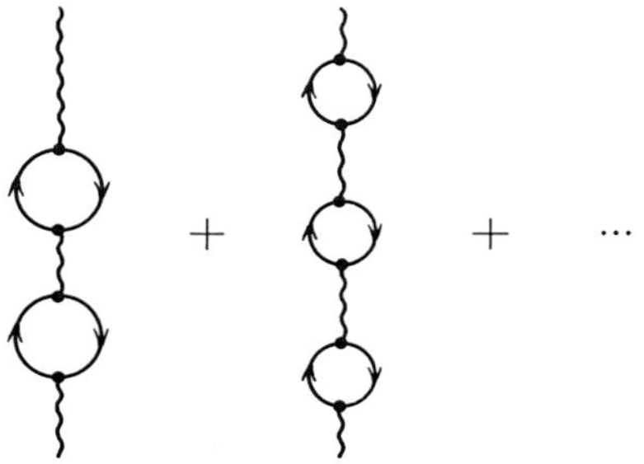

図 5-26 さらに高次の真空分極の一種は簡単に計算することができる. それらのダイアグラム.

そこで直列につながった真空分極をすべてたし合わせると, 結局

$$\alpha\left(\frac{\lambda^2}{Q^2}\right) = \frac{\alpha}{1+\dfrac{\alpha}{3\pi}\ln\dfrac{\lambda^2}{Q^2}} \qquad (5.104)$$

となるのである. 誘電率まで考慮した $\alpha(Q^2)$ は本来計算のために導入しただけの切断パラメーター λ に依存するわけがない. そこでさらに次のトリックを考える. ある系のエネルギー $Q^2=\mu^2$ での $\alpha(\mu^2)$ を考える. 当然,

$$\frac{1}{\alpha(\mu^2)} = \frac{1}{\alpha}+\frac{1}{3\pi}\ln\frac{\lambda^2}{\mu^2} \qquad (5.105)$$

である. 右辺の α は本来ラグランジアン密度の中に現われた結合定数であるが, 屁理屈をこねれば, この α は実際の観測にかかる値ではなく $\alpha(\mu^2)$ こそが実験で測定される量であると主張できる. そこで Q^2 のエネルギーをもつある系での結合定数 $\alpha(Q^2)$ は, $\alpha(\mu^2)$ を使って,

$$\frac{1}{\alpha(Q^2)} = \frac{1}{\alpha(\mu^2)}-\frac{1}{3\pi}\ln\frac{Q^2}{\mu^2} \qquad (5.106)$$

とし, λ^2 は $\alpha(\mu^2)$ の定義の中にくりこんでしまう. この操作がいわゆるくりこみ操作である. (5.106)式はもはや切断パラメーター λ に依存しない.

電磁力は巨視的な距離だけ離れたところからでも電荷が測定できる．その値がいわゆる微細構造定数((1.4)式)にほかならない．そこで図5-24の直観的説明はこうである．遠方から点電荷 Q に近づく．$r \cong 1/2m_e$ (m_e は電子の質量)のあたりから，すなわち $Q^2 > (2m_e)^2$ で電子による真空分極が効きはじめる．さらに近づくと，u, d クォークの真空分極が目立ちはじめる．このように，点電荷 Q に近づけば近づくほど，重い粒子の真空分極が効果を表わしてくる．したがって，(1.4)式の微細構造定数の値は $\alpha(4m_e{}^2)$ と考えることができる．それではZ粒子の質量のところでは微細構造定数はどのような値をとるのだろうか．(5.106)式の第2項は当然変更を受けて，

$$-\frac{1}{3\pi}\left(\sum_l \ln\frac{m_Z{}^2}{4m_l{}^2} + 3\sum_q Q_q{}^2 \ln\frac{m_Z{}^2}{4m_q{}^2}\right) \qquad (5.107)$$

となる．ただし，l に対して e, μ, τ の和を，q に対して u, d, s, c, b の和をとる．表1-1と表1-4から質量と電荷を代入すると，上式は -9.07 となる．したがって，

$$\alpha(m_Z{}^2) = \frac{\alpha(4m_e{}^2)}{1-9.07\alpha(4m_e{}^2)} = \frac{1}{128} \qquad (5.108)$$

となり，約6% 増加する．

このように真空の誘電率を含んだ結合定数を**有効結合定数**(effective coupling constant)といい，一般に，フォトンのプロパゲーターを含んだ反応のダイアグラムでは，$\alpha \to \alpha(Q^2)$ とすることにより，高次の効果を考えることができる．

次に，非可換ゲージ粒子としてグルーオンのプロパゲーターを考える．この考察から電磁相互作用のときと同様に，有効結合定数 $\alpha_s(Q^2)$ を計算することができる．クォーク対による真空分極の効果は，例によって $\lambda^a/2$ の代数を考えれば，(5.106)式の第2項として

$$-\frac{1}{3\pi} T \ln\frac{Q^2}{\mu^2} \qquad (5.109)$$

となる．ただし，T は(5.25d)で与えられており，$4m^2 < Q^2$ なる質量 m をも

つクォークフレーバーの数を f とすれば，$T=f/2$ である．しかし話はここで終わりではない．グルーオンはカラーをもっているので，(5.8)式のようなグルーオン間の3体反応が可能である．すなわち，図5-27のようなダイアグラムの計算を行なわなければならない．

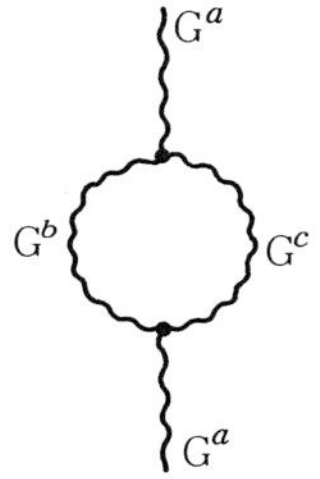

図 5-27 グルーオンループによる真空分極のダイアグラム．

計算結果のみを示すと，(5.106)式の第2項にさらにグルーオンループの項として，

$$+\frac{11}{12\pi}C_{\mathrm{A}}\ln\frac{Q^2}{\mu^2} \tag{5.110}$$

が入ってくる．C_{A} は(5.25c)式で与えられた値，$C_{\mathrm{A}}=3$ である．したがって，まとめると，強い力の構造定数 $\alpha_{\mathrm{s}}(Q^2)$ は，基準の系 μ^2 から測って

$$\frac{1}{\alpha_{\mathrm{s}}(Q^2)}=\frac{1}{\alpha_{\mathrm{s}}(\mu^2)}+\frac{33-2f}{12\pi}\ln\frac{Q^2}{\mu^2} \tag{5.111}$$

となる．Q^2 の値によって f は変化するが，クォークの世代数が3であれば $f=6$，したがって $\ln(Q^2/\mu^2)$ の前の係数は正になる．これは電磁力と比べて符号が反転している．すなわち，$Q^2\to$小 に対して $\alpha_{\mathrm{s}}(Q^2)\to$大 なる関係になっている．したがって α_{s} が低エネルギーで文字どおり強い力となっていることは，まさに真空分極の効果であった．このため α_{s} は電磁力の場合の α のように低エネルギーで定義することができず，ある適当なエネルギーを選ぶ必要がある．通常行なわれているのは，(5.111)式をすこしく変形して，

$$\alpha_{\mathrm{s}}(Q^2)=\frac{\alpha_{\mathrm{s}}(\mu^2)}{1+b\alpha_{\mathrm{s}}(\mu^2)\ln(Q^2/\mu^2)}\equiv\frac{1}{b\ln(Q^2/\Lambda^2)} \tag{5.112}$$

のように Λ を定義する．ただし $b=(33-2f)/12\pi$ で，

$$\Lambda^2 = \mu^2 \exp\left(-\frac{1}{b\alpha_s(\mu^2)}\right) \tag{5.113}$$

である．Λ がいわゆる QCD パラメーターといわれる量で，α_s を決定するのにどうしても1つのエネルギースケールを決めなければならないという要請から，エネルギーの次元をもつパラメーター Λ が入ってきたのである．LEP コライダーのデータから $\alpha_s(m_Z{}^2)=0.120\pm0.012$ と決定されたことはすでに(5.82)式で説明した．$Q^2<m_Z{}^2$ で $f=5$ であるから，Λ を求めると，

$$\Lambda = 99^{+84}_{-53} \quad \text{MeV} \tag{5.114}$$

となる．低エネルギーでのクォーコニウムのデータを使えば，$\Lambda \cong 100\sim200$ MeV となることはすでに5-4節で説明した．(5.113)式からわかるように，α_s のちょっとした誤差が Λ に大きくはねかえってくる．

$\alpha_s(Q^2)$ が $Q^2\to$大 で小さくなる性質を**漸近自由性**(asymptotic freedom)という．$Q^2\lesssim m_Z{}^2$ で実験的に漸近自由性が確認されていることは，すでに5-5節で見たとおりである．漸近自由性を直観的に理解するには，図5-28のように考えればよい．Red というカラーをもった粒子は(Red $\overline{\text{Blue}}$)なるカラーをもったグルーオンを放出して Blue というカラーに変身することができる．このようなグルーオン放出は粒子に近づけば近づくほど多くなるから，粒子の非常な近傍ではいろいろなカラーが混じり合い，結果としてほとんど無色になっ

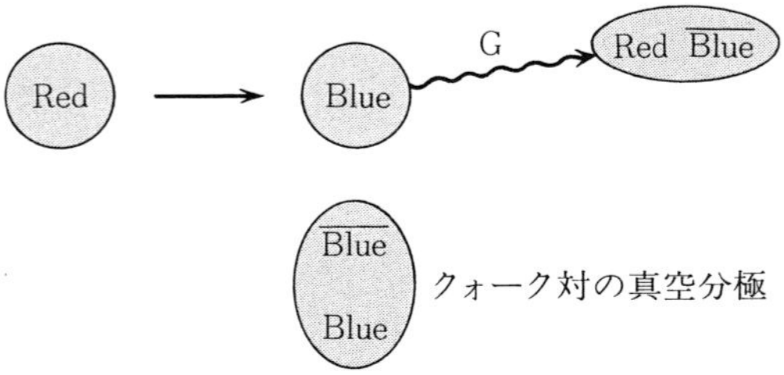

図5-28 カラーをもった点状粒子は，グルーオンを放出することによって変色する．たとえば，Red の粒子は Red $\overline{\text{Blue}}$ のグルーオンを放出して Blue に変色する．いろいろなカラー状態をたし合わせれば，無色に近づく．すなわち力の強さが弱まってくる．グルーオン放出は，点粒子に近づけば近づくほど頻繁になるので，近距離でますます力の強さが弱くなる．

てしまう．すなわち力の強さが弱くなったのである．近距離は大きなエネルギーに対応するので，以上から漸近自由性が理解できる．もちろんクォーク対による真空分極の効果も強くなるが，グルーオン放出の効果の方が優っているので，漸近自由性が成り立っている．

電弱相互作用についても，まったく同様に考えることができる．

$SU(2)\times U(1)$ のうち，まず $U(1)$ を考えてみよう．関連する粒子は最初の世代について(4.1)，(4.2)，(4.3)式から，ハイパーチャージについて以下のようになる．

$$Y=-1/2: \qquad \nu_{eL},\ e_L \tag{5.115a}$$

$$Y=-1: \qquad e_R \tag{5.115b}$$

$$Y=1/6: \qquad u_L,\ d_L \tag{5.115c}$$

$$Y=2/3: \qquad u_R \tag{5.115d}$$

$$Y=-1/3: \qquad d_R \tag{5.115e}$$

またクォークはカラーについて3種類あることを忘れてはいけない．あとはQEDの電荷の代わりにハイパーチャージ Y を使えば，$\alpha'(Q^2)$ を求めることができる．すなわち F を世代数として，

$$\frac{1}{\alpha'(Q^2)}=\frac{1}{\alpha'(\mu^2)}-\frac{1}{3\pi}\cdot\frac{5}{3}F\ln\frac{Q^2}{\mu^2} \tag{5.116}$$

となる．係数5/3は上のハイパーチャージの2乗の計算から

$$[1/4+1/4+1+3(1/36+1/36+4/9+1/9)]/2 \tag{5.117}$$

によって求められた．全体を2で割っているのは右巻きと左巻きに分離したとき，余分な項 $(1\pm\gamma_5)/2$ がカレントの中に入ったためである．F は世代数を表わす．すなわち $F=3$．

$SU(2)$ の走る結合定数 $\alpha_2(Q^2)$ は，QCDの場合のように，ゲージ粒子同士の反応がはいるので複雑になる．計算は $\lambda^a/2$ の代わりに $\tau^i/2$ の代数を考えれば，まったく同様に行なうことができる．結果を示すと，

$$\frac{1}{\alpha_2(Q^2)}=\frac{1}{\alpha_2(\mu^2)}+\frac{22-4F}{12\pi}\ln\frac{Q^2}{\mu^2} \tag{5.118}$$

で，(5.110)式の C_{A} が3から2（すなわち $SU(3)$ から $SU(2)$）に代わったものにほかならない．

$F=3$ $(f=6)$ として，$SU(3)$，$SU(2)$，$U(1)$ の係数を比較するとそれぞれ，0.5570，0.2653，-0.5305 となる．$\mu^2=m_{\mathrm{Z}}{}^2$ のところでは，$\alpha_{\mathrm{s}}(\mu^2)$，$\alpha_2(\mu^2)$，$\alpha'(\mu^2)$ はそれぞれ 0.120 ± 0.012，0.0337 ± 0.003，0.0100 ± 0.0001 であるから（α_2，α' の導出は4-4節の議論を使った），縦軸に $\alpha_{\mathrm{s}}{}^{-1}$，$\alpha_2{}^{-1}$，$\alpha'^{-1}$ をとり，横軸に Q^2 をとると，α'^{-1} は100から下へ，$\alpha_{\mathrm{s}}{}^{-1}$，$\alpha_2{}^{-1}$ はそれぞれ8.3と30から上へと向かう．高エネルギーのどこかで3つの結合定数は一致しそうであるがどうだろうか．そこでは電弱力と強い力が同等となった，本当に力が統一された世界ではないのだろうか．この議論は標準模型の彼方に存在するたいへん魅力ある考えで，このような考察を**大統一理論**(grand unified theories，GUTs)とよんでいる．理論が theories と複数になっているのは，いくつものゲージ群が考えられるからである．

補注1(130頁)　この式は通常のポテンシャル表示 $-Q^2e^2/r$ と $1/4\pi$ だけ異なる．これは，電磁気の公式において特にエネルギー密度 L を $L=(\boldsymbol{E}^2+\boldsymbol{H}^2)/2$ としたためである(通常は $L=(\boldsymbol{E}^2+\boldsymbol{H}^2)/8\pi$)．49頁補注参照．

補注2(131頁)　正しくは，(3.7)式の $A^{\mu}(x)$ の第0成分 $A^0(x)$ で，粒子2の静止した値がポテンシャルである．

6
標準模型の非摂動解

前章までわれわれは$SU(3)\times SU(2)\times U(1)$の対称性をもつゲージ場の理論を，素粒子の標準模型と考えた．このとき，本書ではすべての実験データを網羅することはできなかったが，これまで加速器実験で得られたすべてのデータが標準模型による計算と矛盾しない．素粒子物理学はこれで終わりなのだろうか．決してそうではない．すでに見たように，標準模型には実験的に決定しなければならないパラメーターが18も存在する．これはいかにも多すぎる．自然はこれら18のパラメーターに何らかの関係をつける対称性を有しているはずである．現在までの素粒子物理学の発展と歴史をみると，未発見の対称性はさらに高いエネルギー領域で実現されている可能性が大きい．対称性の破れが電弱相互作用におけるHiggs機構のようにきれいな破れ方をしていれば，低エネルギーのこの世界においても，本来，高エネルギー領域の現象をかすかに垣間みることができるかもしれない．

このようにまだ不完全と信じられている標準模型の彼方を探り，さらに統一され単純な自然記述を追求するのが，これからの素粒子物理学の行くべき道である．本章ではこのような観点から，まず今後の発展が期待される問題として，ゲージ理論の非摂動解に関係した議論を行なう．しかし，それらのほとんどは難解かつ未解決の問題であって，本章の議論はいきおい定性的にならざるをえず，消化不良をもよおしそうである*.

6-1 非摂動的な解

前章までにいろいろな実験と比較するべく，標準模型による計算を行なってきた．それらの計算はいわゆる Feynman 規則に従って行なわれている．この計算方法は結合定数 g のベキ乗展開にほかならない．すなわち，散乱振幅 $\boldsymbol{M}$ を

$$\boldsymbol{M} = gA_1 + g^2A_2 + \cdots \tag{6.1}$$

のように展開し，各ベキでの係数 A_i を求める．これは g が小さいとして行なう摂動計算である．

それでは標準模型のすべては摂動計算によって計算可能であろうか？　答えは否である．これを簡単な例によって示そう．図 6-1 のように，小振動をしている棒の振子を考える．棒の効果を無視すれば，振子のポテンシャルエネルギー V は明らかに，

$$V(\theta) = mgh(1-\cos\theta) \tag{6.2}$$

で与えられる．ただし m, g, h は振子の質量，重力定数，棒の長さである．これはポテンシャルエネルギーの正確な解である．さて，θ が小さいときには

$$V(\theta) = mgh\left(\frac{\theta^2}{2} - \frac{\theta^4}{24} + \cdots\right) \tag{6.3}$$

と展開できる．標準模型はこのような展開式の 2～3 項のみが計算でき，(6.1)

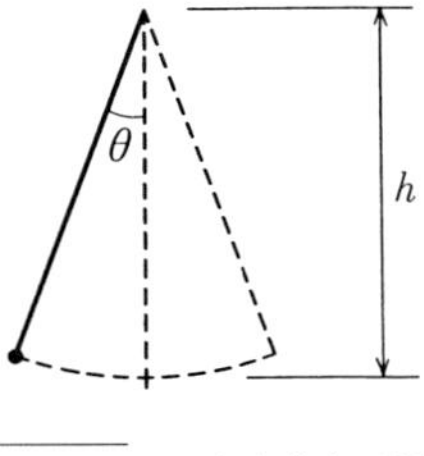

図 6-1　小振動を行なっている振子．

*　藤川和男：ゲージ場の理論（岩波講座 現代の物理学 20）を参照せよ．

式のような正確な式がわかっていないことに対応する．しかしながら(6.3)式からは，図 6-2 のように，振子が真上に直立して静止している解や，あるいは図 6-3 のように，振子がぐるぐると回転している解を表現することはできない．すなわち，摂動解だけでは振子のすべてのふるまいを表わしていないことは明らかである．

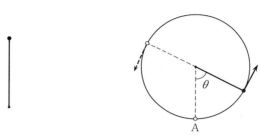

図 6-2 小振動の解に含まれない解：振子が真上に直立したもの．この解は，外部からの乱れがなければ時間的に安定である．

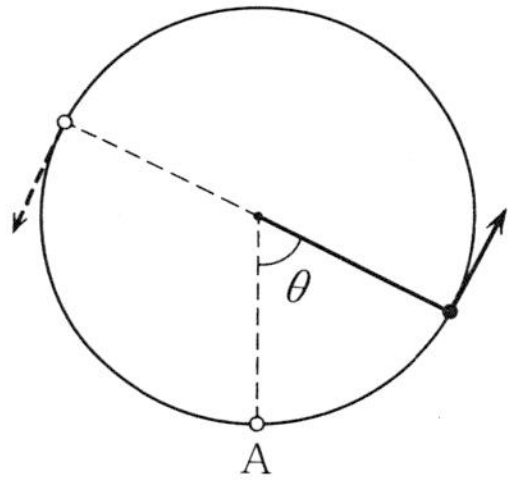

図 6-3 小振動の解に含まれない解：振子が軸のまわりを回転している．

図 6-3 の振子の回転をもうすこし考えてみる．真下の点 A は最低エネルギーであるから，場の理論でいえば 真空に相当する．$V(\theta)$ を $\theta/2\pi$ で表わしたグラフが図 6-4 であるが，摂動解は $\theta=0$ である点 A のまわりでの小振動に対応する．点 C は振子が真上にきた点であり，点 B はふたたび「真空解」に戻った状態であることは明らかである．A と B との違いは回転数または巻き数(winding number)が異なっているのみで，古典的にはまったく同一の状態である．しかしながら量子力学になるとそうはいかない．なぜなら，ポテンシャルの山 C を突き抜けて，A→B に状態が移動するトンネル効果が考えられるか

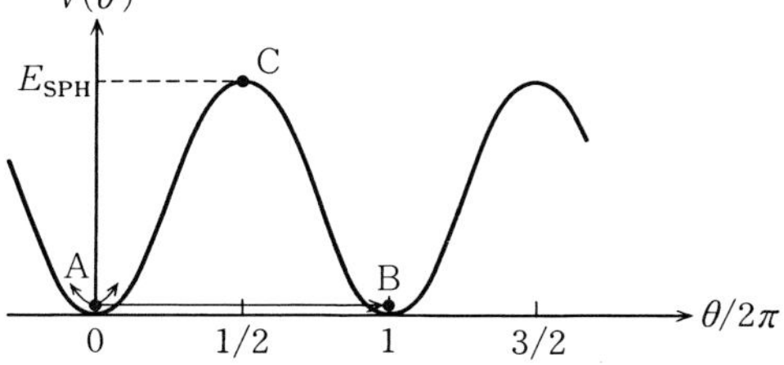

図 6-4 回転解に対するポテンシャルエネルギー．

らである(すなわち，回転もせず瞬間的に巻き数が 1 だけ増える)．つまり，真空は単純ではなく，多葉な複素平面のように複雑な構造をしている可能性がある．A→B へのトンネル効果の振幅 $\boldsymbol{M}$ は

$$\boldsymbol{M} = \exp\left[-\int_0^{2\pi}[2mV(\theta)]^{1/2}\,h\,d\theta\right] \tag{6.4}$$

で与えられることはよく知られている．この振幅 $\boldsymbol{M}$ は当然 $V(\theta)$ の正確な解を必要とし，したがって非摂動的な解でなければならない．

次のような作用 S_{E} を考える．

$$S_{\mathrm{E}} = \int d\tau\, L(\theta) = \int d\tau \left[\frac{1}{2}mh^2\left(\frac{d\theta}{d\tau}\right)^2 + V(\theta)\right] \tag{6.5}$$

ただし，τ は時間 t を虚数と考えたものとする．また L はラグランジアンである．すると運動方程式

$$mh^2\frac{d^2\theta}{dt^2} = -\frac{\partial V(\theta)}{\partial\theta} \tag{6.6}$$

は

$$mh^2\frac{d^2\theta}{d\tau^2} = +\frac{\partial V(\theta)}{\partial\theta} \tag{6.7}$$

に変更される．これから

$$\frac{1}{2}mh^2\left(\frac{d\theta}{d\tau}\right)^2 = V(\theta) \tag{6.8}$$

である．したがって作用 S_{E} は

$$S_{\mathrm{E}} = \int d\tau\cdot 2V(\theta) = \int h\,d\theta\,[2mV(\theta)]^{1/2} = \int P(\theta)h\,d\theta \tag{6.9}$$

ただし $P(\theta) = mh\,d\theta/d\tau$ である．したがって，トンネル効果の振幅 $\boldsymbol{M}$ は

$$\boldsymbol{M} = \exp(-S_{\mathrm{E}}) \tag{6.10}$$

と表わすことができる．t の代わりに虚時間 τ を考えることは，Minkowski 空間の長さ

$$-ds^2 = dt^2 - d\boldsymbol{x}^2 \tag{6.11}$$

の代わりに

$$ds^2 = d\tau^2 + d\boldsymbol{x}^2 \tag{6.12}$$

を考えることであるから，Euclid 時空における物理を考えていることに相当する．このようにすれば，振幅 $\boldsymbol{M}$ はより一般化できる式(6.10)になるのである．

さて，以上の関係式を $SU(2)$ ゲージ場に拡張する．$SU(2)$ ゲージ場の解として，十分遠方で場の強さが 0 になるような解を考える．すなわち，

$$\begin{aligned} F^a_{\mu\nu} &= \partial_\mu A^a_\nu - \partial_\nu A^a_\mu + g\varepsilon^{abc} A^b_\mu A^c_\nu \\ &\to 0 \qquad (x \to \infty) \end{aligned} \tag{6.13}$$

を Euclid 時空で解く．自明な解として，$A^a_\mu = 0$ があるが，これは通常の何もない真空に他ならない．一般的には(2.60)式のゲージ変換を使って，$x \to \infty$ で $A^a_\mu \to 0$ としても右辺第 2 項のゲージ変換が残るので，行列表示(2.73)式を使えば，行列 A_μ は

$$A_\mu \to -i\sqrt{2}\, U^{-1}(x)\partial_\mu U(x) \tag{6.14}$$

となる．ただし $U(x)$ は(2.55)式から

$$U(x) = \exp(-iL^a A^a(x)) \tag{6.15}$$

である．Polyakov 他によれば，それらの解は周期的に現われ，対応する解は，

$$n = \frac{g^2}{16\pi^2} \int d^4x\, F^a_{\mu\nu} \tilde{F}^{a\,\mu\nu} \tag{6.16}$$

$$\tilde{F}^{a\,\mu\nu} = \varepsilon^{\mu\nu\alpha\beta} F^a_{\alpha\beta} \tag{6.17}$$

で与えられる n が $1, 2, \cdots$ に対応している．とくに $n=1$ に対しては，

$$A^a_\mu(x) = \frac{2}{g} \frac{\eta^a_{\mu\nu}(x-x_0)^\nu}{(x-x_0)^2 + \lambda^2} \tag{6.18}$$

である．x_0, λ は定数で，$\eta^a_{\mu\nu}$ は

$$\eta^a_{\mu\nu} = \varepsilon_{a\,\mu\nu} \qquad (a, \mu, \nu = 1, 2, 3) \tag{6.19a}$$

$$\eta^a_{0\nu} = -\delta_{a\nu} \qquad (a, \nu = 1, 2, 3) \tag{6.19b}$$

$$\eta^a_{\mu 0} = \delta_{a\mu} \qquad (a, \mu = 1, 2, 3) \tag{6.19c}$$

$$\eta^a_{00} = 0 \tag{6.19d}$$

のように，時空の添え字とアイソスピンの添え字が混じったテンソルとなる($\varepsilon_{a\mu\nu}$は完全反対称テンソル)．(6.18)式の解はτ(またはt)に関しても局所的であるので，系のエネルギー密度には効いてこない．この解は時間的に瞬間に現われ消えていくので，**インスタントン**(instanton)という．

nは振子の場合の角$\theta/2\pi$に対応していることがわかる．ゲージ場のエネルギーをnの関数として表わせば図6-4のようになるはずで(まだ正確な形は計算されていない)，真空AからBへのトンネル効果の振幅$\boldsymbol{M}$は，作用S_{E}が

$$S_{\mathrm{E}} = \int d^4x\, L = \int d^4x\left(-\frac{1}{4}F^a_{\mu\nu}F^{a\mu\nu}\right) = \frac{8\pi^2}{g^2} \qquad (6.20)$$

と計算されるから，

$$\boldsymbol{M} = \exp\left(-\frac{8\pi^2}{g^2}\right) \qquad (6.21)$$

となる．$g^2/4\pi=0.0337$ ((4.47)式)から，$\boldsymbol{M}$はe^{-190}という途方もなく小さな値になり，したがって現実問題として「あの世B点」にトンネル効果でとびこむ確率は無視できる．図6-4のポテンシャルの山E_{SPH}も計算が行なわれており，

$$E_{\mathrm{SPH}} = B\left(\frac{\lambda}{\alpha_2}\right)\frac{\pi m_{\mathrm{W}}}{\alpha_2} = 7\sim15 \quad \mathrm{TeV} \qquad (6.22)$$

となる．ここで，Bは定数，m_{W}はゲージ粒子Wボソンの質量である．λは(4.18)，(4.23)式から$\lambda=m_\eta/v$で与えられる．

上の議論は，考えている宇宙の温度が絶対零度近くの場合には正しい．現在の宇宙の温度は宇宙背景放射の測定から2.7Kという極低温であることがわかっているので，われわれはA点の世界で幸福に暮らしており，「あの世」のことを考える必要はない．ところがよく知られているように，宇宙は膨張している．したがって過去にさかのぼれば，逆に宇宙の温度はどんどん上昇し，4-3節で述べたようなHiggsポテンシャルが大変動を受ける温度(約200 GeV)にまで達しよう．この相転移はHiggs機構を不可能とさせ，したがって，この時点ですべての粒子の質量が0となってしまう．m_{W}も例外でなく転移温度

$T=T_c$ で 0 となる．くわしい計算によれば $T<T_c$ でも質量 $m_W(T)$ は変化を受け，図 6-5 のような形になる．高温の宇宙では $m_W\sim 0$ すなわち $S_E\sim 0$，したがって $\boldsymbol{M}\sim 1$ となり，異なった真空間での転移が自由となってしまう．この転移は実際に観測できる効果を与えるのだろうか．

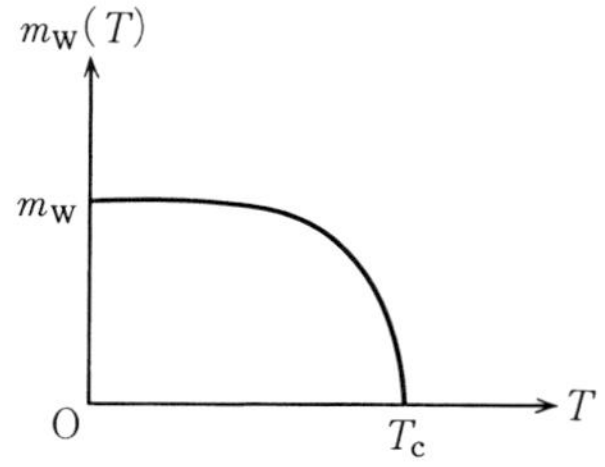

図 6-5 $SU(2)$ ゲージ粒子 W ボソンの質量 m_W は，宇宙の温度 T とともに減少し，Higgs ポテンシャルが大変動を受ける転移温度 T_c で 0 となる．$m_W(T)$ は $T=T_c$ で突然 0 になるのではなく，その効果は $T<T_c$ ですでに現われている．

6-2 電弱力によるバリオン数非保存

質量 0 のフェルミオン場 ψ のラグランジアン密度は

$$L=\bar{\psi}i\partial_\mu\gamma^\mu\psi \tag{6.23}$$

である．いま無限小変換 $\psi\to\psi-i\alpha\gamma_5\psi$ を行なうと，明らかに L は不変である．Noether の定理により(表 6-1)，この変換に対応する保存カレント J_μ^5 が存在し，

$$J_\mu^5=\bar{\psi}\gamma_\mu\gamma_5\psi \tag{6.24}$$

$$\partial_\mu J^{5\mu}=0 \tag{6.25}$$

である．このカレントは γ_5 のために軸ベクトルであるから，**軸ベクトルカレント**(axial vector current)とよばれている．カレント J_μ^5 に対応するチャージ Q_5 は

$$Q_5=\int d^3x\,J^{5,0}=\int d^3x\,\bar{\psi}\gamma^0\gamma_5\psi=\int d^3x\,\psi^\dagger\gamma_5\psi \tag{6.26}$$

で定義される．

ところが，具体的なダイアグラムの計算を行なうと，$\partial_\mu J^{5\mu}$ は異常項をもち，$SU(2)$ ゲージ場に対して 0 にならない．結果のみを記すと

表 6-1 Noetherの定理

無限小変換 $\psi_r \to \psi_r - i\alpha\varepsilon_{rs}\psi_s$ ($\alpha \ll 1$) を考える．ラグランジアンは一般に ψ_r, $\partial_\mu\psi_r$ の関数であるから，$L(\psi, \partial_\mu\psi)$ はこの変換により，

$$L - i\alpha\varepsilon_{rs}\left[\psi_s\frac{\partial L}{\partial\psi_r} + \frac{\partial L}{\partial(\partial_\mu\psi_r)}\partial_\mu\psi_s\right]$$

となる．運動方程式(2-2節脚注)から

$$\frac{\partial L}{\partial\psi_r} = \partial_\mu\frac{\partial L}{\partial(\partial_\mu\psi_r)}$$

であるから，上の第2項は

$$-i\alpha\varepsilon_{rs}\partial_\mu\left[\psi_r\frac{\partial L}{\partial(\partial_\mu\psi_s)}\right]$$

となる．したがって L が変換に対して不変であるためには，この項は恒等的に0，すなわち，カレント

$$J^\mu = -i\varepsilon_{rs}\psi_s\frac{\partial L}{\partial(\partial_\mu\psi_r)}$$

は保存する．

$$\partial_\mu J^\mu = 0$$

$\psi \to \psi - i\alpha\gamma_5\psi$ の変換に対して，軸カレント J_μ^5 は，$L = \bar{\psi}i\partial_\mu\gamma^\mu\psi + \cdots$ に注意すれば

$$J_\mu^5 = \bar{\psi}\gamma_\mu\gamma_5\psi$$

となる．

$$\partial_\mu J^{5\mu} = -\frac{g^2}{16\pi^2}F_{\mu\nu}^a\tilde{F}^{a\mu\nu} \tag{6.27}$$

となることが知られている*．(6.16)式と比べてみれば，この式は巻き数 n の被積分関数にほかならない．そこで(6.27)式の左辺を積分すると，

$$\int d^4x\,\partial_\mu J^{5\mu} = \int dt\int d^3x\,(\partial_0 J^{5,0} + \partial_i J^{5,i}) \tag{6.28}$$

となる．静止しているフェルミオンを考えれば，(2.10)式の具体的なスピノルを使うことにより，第2項は0となる．したがって，

$$\begin{aligned}\int d^4x\,\partial_\mu J^{5\mu} &= \int dt\frac{\partial}{\partial t}\int d^3x\,J^{5,0} \\ &= Q_5(t=\infty) - Q_5(t=-\infty) = \Delta Q_5\end{aligned} \tag{6.29}$$

* 藤川和男：ゲージ場の理論(岩波講座 現代の物理学 **20**)．

となり，チャージの変化分にほかならない．Q_5は(6.26)式であるが，同じく静止しているフェルミオンを考え，(2.12)式を使えば，Q_5はフェルミオン数そのものである(場の理論では$\psi^\dagger\psi$は粒子ψの個数密度を表わすオペレーターである)．

これから重要な結論が導かれる．高温の宇宙では真空間の転移が自由に起こるが，その転移は$\Delta n=1$，したがって$\Delta Q_5=1$をひきおこす．$\Delta Q_5=1$はすべてのフェルミオンに効果があるから，1世代だけを考えると，

$$\nu_e,\ e$$
$$u^1,\ u^2,\ u^3,\ d^1,\ d^2,\ d^3$$

なる粒子の粒子数がすべて1だけ変化する．ただしu, dの添え字はカラーを表わす．したがって真空間の転移の際，レプトン数L，バリオン数B(＝3×クォーク数)は両方とも保存しない．すなわち，

$$\Delta L \neq 0, \qquad \Delta B \neq 0 \tag{6.30}$$

しかし，上の粒子の対応から

$$\Delta(B-L) = 0 \tag{6.31}$$

は成立する．

このように宇宙初期の高温状態では，バリオン数が保存しない反応がおこっている．宇宙は熱的平衡状態にあると考えられているから，宇宙は単純に熱学的諸量で表わされ，くわしい反応の情報は完全に失われてしまう．このため，仮に宇宙初期に宇宙全体のバリオン数が0でない系を考えても，真空の相転移によってバリオン数非保存の遷移が起こり，もしバリオンの数が反バリオンの数より多ければ，両者の数が等しくなる時点まで遷移が進み，したがって有限なバリオン数は洗い流されてしまう．つまり，電弱相互作用の転移温度以下に宇宙が冷えたとき，宇宙にはバリオンと反バリオンが同数個残る．しかしこれらは直ちに対消滅を起こしてレプトンやガンマ線となってしまい，結局，現在の世界にはバリオンは存在しないはずである．

もうすこし議論を定量化してみよう．安定なバリオンは陽子であるから，その質量をm_pとする．陽子と反陽子は同数個あるから，相互に強い力によって

対消滅を起こす．この反応は十分強いので，宇宙が膨張する間，熱的平衡を保っている．宇宙の膨張が十分進み，陽子と反陽子の密度が小さくなりすぎると，もはや反応は起こらず，残った陽子・反陽子は宇宙にとり残される．この反応がおさまるときの温度を T_{DEC} とすれば，Boltzmann の法則によって，宇宙における陽子の数密度 n_{p} は，

$$n_{\mathrm{p}} = \frac{2}{(2\pi)^{3/2}}(m_{\mathrm{p}}T_{\mathrm{DEC}})^{3/2}\exp\left(-\frac{m_{\mathrm{p}}}{T_{\mathrm{DEC}}}\right) \qquad (6.32)$$

となる．T_{DEC} は十分小さく，くわしい計算によれば，$T_{\mathrm{DEC}} \cong 22$ MeV．この温度における陽子の数密度は，

$$n_{\mathrm{p}} = 1.15\times10^{-13} \quad \mathrm{MeV}^3$$

となる．これに対して，相対論的粒子の数密度 n は，

$$n = g'\frac{\zeta(3)}{\pi^2}T^3 \qquad (6.33)$$

$$\zeta(3) = 1.2020\cdots, \qquad g' = g_{\mathrm{B}}+(6/8)g_{\mathrm{F}}$$

で与えられる((4.40),(4.41)式参照)．とくにフォトンを考えると，$g'=2$ であるから，

$$n_{\gamma} = \frac{2\zeta(3)}{\pi^2}T^3$$

したがって温度 T_{DEC} における値は，

$$n_{\gamma} = 2.59\times10^{3} \quad \mathrm{MeV}^3$$

となる．したがって陽子とフォトンの数密度比は，

$$n_{\mathrm{p}}/n_{\gamma} = 4.4\times10^{-17}$$

という小さな値になる．ところが，現在の宇宙論における元素合成の理論からは，その比は(7.66)式で与えられている．すなわち，

$$n_{\mathrm{p}}/n_{\gamma} = (3\pm1)\times10^{-10}$$

となる．したがって，バリオン・反バリオン対称の宇宙では，とうていわれわれ人類の存在を証明することはできない．何かがおかしいわけであるが，現在のところその解決方法はわかっていない．

6-3 アキシオン

強い相互作用QCDを考えよう．ラグランジアン密度L_{QCD}の一般形は

$$L_{\mathrm{QCD}} = -\frac{1}{4}F^a_{\mu\nu}F^{a\mu\nu}+\sum_{i=1}^{n}[\overline{\psi_i}i\gamma_\mu D^\mu\psi-m_i\overline{\psi_{iL}}\psi_{iR}-m_i^*\overline{\psi_{iR}}\psi_{iL}] \quad (6.34)$$

である．m_iは形式上実数である必要はない．nは考えているフェルミオンの数である．しかしL_{QCD}に次の項を付け加えたラグランジアン密度L'_{QCD}

$$L'_{\mathrm{QCD}} = \frac{{g_s}^2}{16\pi^2}\theta F^a_{\mu\nu}\tilde{F}^{a\mu\nu}+L_{\mathrm{QCD}} \quad (6.35)$$

$$\tilde{F}^{a\mu\nu} = \varepsilon^{\mu\nu\alpha\beta}F^a_{\alpha\beta} \quad (6.36)$$

を考えても，運動方程式にはまったく変化がない(2-2節の脚注を使え)．ただしθは任意のパラメーターである．つまりL'_{QCD}がQCDの最も一般的なラグランジアン密度と考えればよい．しかしながらこの余分な項はP,CP変換に対して不変ではない．したがって，強い力の反応でPやCPあるいはTが破れる有限な量が存在しなければならないが，強い力ではP,C,Tとも十分な精度で保存していることがわかっている．

つまりなんらかの機構によって，(6.35)式のθが0になっていなければならない．これが**強いCP問題**(strong CP problem)といわれている問題である．この問題は異常項と密接にかかわり合っている．まず，以下のようなグローバルな，すなわち変数が時空によらないゲージ変換を考えよう．

$$\psi_i \to e^{-i\alpha_i\gamma_5}\psi_i, \qquad m_i \to e^{2i\alpha_i}m_i \quad (6.37)$$

この変換に対して(6.34)式のラグランジアン密度は形式的に不変である．しかし，QCDの場合においても，場の理論特有の異常項がつきまとう．すなわち，(6.27)式と同様な異常項が現われる．表6-1を使うと，軸ベクトルカレントJ_μ^5が保存しなければ，(6.37)式の変換によってラグランジアン密度に新たに

$$2\sum_i\alpha_i\partial_\mu(\overline{\psi_i}\gamma^\mu\gamma_5\psi_i) \quad (6.38)$$

が付け加わる．ところがこの項は異常であって，(6.27)式のようにグルーオン場 $F^a_{\mu\nu}$ に対しても，

$$\partial_\mu(\overline{\psi_i}\gamma^\mu\gamma_5\psi_i) = -\frac{g_s{}^2}{16\pi^2}F^a_{\mu\nu}\tilde{F}^{a\mu\nu} \tag{6.39}$$

となる．したがって一般のラグランジアン密度(6.35)式は，変換によって

$$L'_{\mathrm{QCD}} \to L'_{\mathrm{QCD}} = \frac{g_s{}^2}{16\pi^2}(\theta-2\sum_i\alpha_i)F^a_{\mu\nu}\tilde{F}^{a\mu\nu}+L_{\mathrm{QCD}} \tag{6.40}$$

となる．α_i を適当に選んで質量 m_i を実数にすると，一般に $\theta-2\sum_i\alpha_i$ は 0 でないので，強い CP 問題は相変わらず残る．

もしフェルミオンのうち，1 つが 0 の質量をもつと仮定しよう．ただしここではレプトンを考えてはいけない．なぜならレプトンは強い力を感じず，したがってグルーオンの異常項はないのである．つまり，われわれはここでクォークのみを考えていることに注意しなければならない．クォークのうち，ψ_i が 0 の質量をもつと仮定する．すると α_i は質量を実数にするために使う必要がなく，したがって，α_i を適当に選ぶことによって $\theta-\alpha_i-\sum_i{}'\alpha_i$ を 0 にできる．しかしながら，クォークの質量は表 1-4 に示したように有限であって，この議論は単純すぎる．

そこで議論をさらに進めて，Higgs 場 ϕ_i $(i=1,2,\cdots,n)$ を導入する．すなわち，全ラグランジアン密度は

$$L'_{\mathrm{QCD}}+(\partial_\mu\phi_i^\dagger)\partial^\mu\phi_i-V(\phi_i^\dagger\phi_i) \tag{6.41}$$

となる．ポテンシャル V は各 ϕ_i に対して，(4.13)式 または図 4-2 ($T<T_c$) のような，真中がふくらんだソンブレロのような形をしているものとする．Higgs 場 ϕ_i は対称性が破られて真空期待値 $\langle\phi_i\rangle$ をもつ．さらに Higgs 粒子とフェルミオンとの反応として湯川型を考える(これは 4-2 節ですでに学んだ)．一般に $\langle\phi_i\rangle$ は実数である必要がなく，

$$\langle\phi_i\rangle = Ve^{i\beta_i}/\sqrt{2} \tag{6.42}$$

であり，またフェルミオンの質量 m_i は

$$m_i = G_i\langle\phi_i\rangle \tag{6.43}$$

で与えられる．G_i は湯川結合定数である．そこで，グローバルゲージ変換，

$$\begin{aligned}&\psi_i \to e^{-i\alpha_i\gamma_5}\psi_i, \qquad \phi_i \to e^{-i\delta_i}\phi \\ &G_i \to e^{2i\alpha_i - i\delta_i}G_i\end{aligned} \tag{6.44}$$

を行なえば，$\theta\to\theta-2\sum_i \alpha_i$ となる．(6.37)式の変換と比較すると，余分なパラメーター δ_i が入ってくるので，G_i を実数化し，さらに θ を 0 にすることができる．Peccei と Quinn によれば，このように ϕ_i を変換したとき，じつにうまいことにポテンシャル V は最低エネルギーの極値に落ちつくことがわかったのである．またこのとき $\langle\phi_i\rangle$ は実数ととってよいのである．すなわち $\beta_i=0$. したがって $\theta\to 0$ および $m_i\to \mathrm{Re}\, m_i$ が自然に満足されることになる．

しかしこの模型ではあまりにも多くの Higgs 場を導入している．そこで世代間の対称性を考えて，たとえば，u クォークの質量を実数化すれば，c および t クォークも同時に実数化できるものとする．このようにすれば，Higgs 場は u, d クォークに対応する 2 種類でよいことになる．これは，明らかに標準模型の拡張になっていることに注意して欲しい．4-2 節と同様な Higgs 機構を考えれば，Higgs 粒子 η とともに，質量 0 の新スカラー粒子 a が存在することになる．これがいわゆる**アキシオン**(axion)とよばれるスカラー粒子である．すなわち，強い CP 問題を避けるためには，新粒子アキシオンが存在しなければならない．

軸ベクトル J_μ^5 をもうすこし考えてみる．擬スカラー粒子 π^+ は $(\mathrm{u\bar{d}})$ の束縛状態であるが，π^+ は弱い相互作用によって $\mu^+\nu_\mu$ に崩壊する．現象論的に考えれば，(3.18)式のような等価的ラグランジアン密度 L_{eff} は

$$L_{\mathrm{eff}} = \frac{G_{\mathrm{F}}}{\sqrt{2}}\langle 0|J_\mu^5|\pi\rangle[\bar{\nu}_\mu\gamma^\mu(1-\gamma_5)\mu] \tag{6.45}$$

となる．ただし ν_μ, μ は対応する粒子の場を表わす．また $\langle 0|J_\mu^5|\pi\rangle$ は π メソンが消滅する際に関与する軸ベクトルの振幅である．ここで軸ベクトルが現われるのは π メソンがパリティー奇の 0^- であるからである．また，J_μ^5 は形式的に

$$J_\mu^5 \propto \bar{d}\gamma_\mu\gamma_5 u \tag{6.46}$$

である(ただし，J_μ^5 は Fourier 変換後の式，すなわち運動量表示における式を

考えている．J_μ^5 の次元は π メソンが 0^- のために $[E^2]$ となり，表 3-2 の議論と異なることに注意する)．ところが，π メソンに関係したベクトルは π メソンの 4 元運動量 q_μ しかない．したがって比例係数を f_π として

$$\langle 0 | J_\mu^5 | \pi \rangle = f_\pi q_\mu \tag{6.47}$$

というふうに現象論的に書くことができる．あとは標準の計算方法に従えば，π メソンの崩壊率 Γ は，

$$\Gamma = \frac{{G_\mathrm{F}}^2}{8\pi} {f_\pi}^2 m_\pi {m_\mu}^2 \left[1 - \left(\frac{m_\mu}{m_\pi} \right)^2 \right]^2 \tag{6.48}$$

となる．ただし m_π, m_μ はそれぞれ π メソン，ミューオンの質量である．Γ に $\Gamma^{-1} = 2.6 \times 10^{-8}\,\mathrm{s}$ を代入すれば，結局

$$f_\pi = 128 \quad \mathrm{MeV} \tag{6.49}$$

が得られる．ところが $J_\mu{}^5$ の発散は異常である．(6.47)式から，$J_\mu{}^5$ の発散は

$$\partial_\mu J^{5\mu} = f_\pi {q_\mu}^2 = f_\pi {m_\pi}^2 \tag{6.50}$$

となる(余分な q_μ は微分操作により出てくる)．したがって，軸ベクトルの異常は π メソンの質量が有限なことと密接な関係がある．π メソンの ($\mathrm{u\bar{d}}$) 束縛状態は明らかに強い力の効果であるから，軸ベクトルの異常は QCD のインスタントン解によるものと考えられる((6.46)式にはカラーの添え字がかくれていることに注意せよ)．

次に，(6.44)式で与えられた変換に対応するカレント J_μ を考える．表 6-1 から，

$$J_\mu = -2i \sum_{i=\mathrm{u,d}} [\phi_i^\dagger (\partial_\mu \phi_i) - (\partial_\mu \phi_i^\dagger) \phi_i] + \sum_i \bar{\psi}_i \gamma_\mu \gamma_5 \psi_i \tag{6.51}$$

となる．係数 −2 は(6.44)式が G_i を実数化するため $\delta_i = -2\alpha_i$ としたためである．いま ϕ_u の真空期待値 v_u のまわりの振動がアキシオン a と考える($a = a^\dagger$)．すなわち，

$$\phi_\mathrm{u} = \frac{v_\mathrm{u}}{\sqrt{2}} \exp\left(\frac{ia}{v_\mathrm{u}} \right) = \frac{v_\mathrm{u} + ia}{\sqrt{2}}$$

とし，J_μ の ϕ_u に関係した項を $\langle 0 | J_\mu | a \rangle$ と書くと，

$$\langle 0|J_\mu|a\rangle = \langle 0|2v_u(\partial_\mu a)|a\rangle$$

となる．したがって，運動量表示では，

$$\langle 0|J_\mu|a\rangle = 2v_u p_\mu \tag{6.52}$$

ただし p_μ はアキシオンの4元運動量である．π メソンの場合とまったく同様に，J_μ が QCD 異常をもつためにアキシオンも質量をもつことになる．(6.47)，(6.52)式のカレントで静止系を考えてみる．フェルミオンの項(異常をもつ項)を考えると，フレーバー数を f として J_μ は J_μ^5 の f 倍になっているから，第1近似として

$$2v_u m_a = f f_\pi m_\pi \tag{6.53}$$

と考えてよかろう．これから F を世代数として，

$$m_a = \frac{F \cdot f_\pi}{v_u} m_\pi \tag{6.54}$$

となる．v_u は電弱相互作用の Higgs 粒子の期待値にほぼ等しいから，(4.51)式の 246 GeV を使えば $m_a = 220$ keV となる．このような質量をもつスカラー粒子の探索が直ちにいろいろな実験で行なわれたが，すべて否定的であった．

そこで Dine，Fischler，Srednicki たちは，$SU(2)$ 1重項の Higgs 場 $\boldsymbol{\Phi}$ をさらにつけ加えて，まったく同じ議論を行なった．$\boldsymbol{\Phi}$ の真空期待値 V はもはや電弱相互作用とは関係ないので，どのように大きな値をとることもできる．このときアキシオンは V のまわりの小振動 a となる．アキシオンの質量 m_a は同様にして

$$m_a = \frac{F \cdot f_\pi}{V} m_\pi \tag{6.55}$$

となり，V を大きくすればいくらでも m_a を小さくでき，また，他の粒子との反応の強さをいくらでも小さくできる．したがって，いままでいくら探してもアキシオンが発見できなかったことと矛盾しないようにできるのである．

それでは m_a の制限はまったくないのだろうか．じつは宇宙論の方から制限がついてくる．ここでくわしく議論することはできないので，概略のアウトラインを示すことにする．宇宙初期で温度 T が $T>V$ では Higgs 場 $\boldsymbol{\Phi}$ のポテ

ンシャル $V(\boldsymbol{\Phi}^\dagger\boldsymbol{\Phi})$ は図 4-2 の $T>T_c$ のようになっており，$\boldsymbol{\Phi}$ は自由粒子として振舞う．$T<V$ でポテンシャルはソンブレロ型となり，$\boldsymbol{\Phi}$ は $\langle\boldsymbol{\Phi}\rangle=V/\sqrt{2}$ のところに落ちつく．しかしながら，ポテンシャル $V(\boldsymbol{\Phi}^\dagger\boldsymbol{\Phi})$ がつねに $\boldsymbol{\Phi}^\dagger\boldsymbol{\Phi}$ の形で $\boldsymbol{\Phi}$ に関係しているので，$V(\boldsymbol{\Phi}^\dagger\boldsymbol{\Phi})$ の極小値は図 6-6 のように位相 α だけの自由度が残る．したがって宇宙の温度が転移点以下に下がると，相転移は空間の各点で一般に位相 $\alpha(x)$ をもった極値におさまる．すなわち，

$$\langle\boldsymbol{\Phi}\rangle=\frac{V}{\sqrt{2}}\exp(i\alpha(x)) \tag{6.56}$$

である．真の極値は $\alpha(x)=0$ の点であるから，$\langle\boldsymbol{\Phi}\rangle$ を展開することにより，各点の Higgs 場はアキシオン場 a として

$$a\cong V\alpha \tag{6.57}$$

をもつと考えることができる．

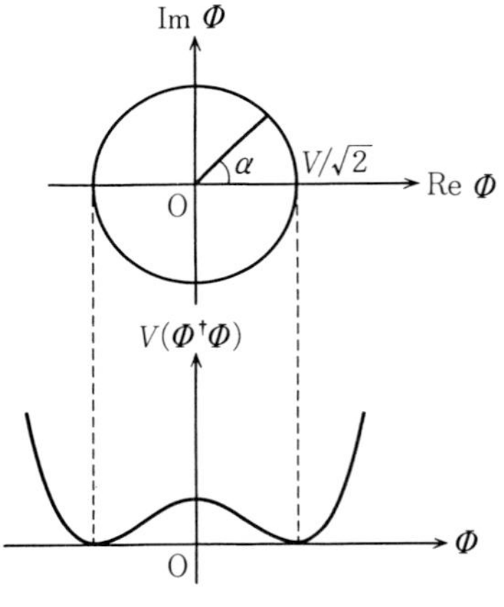

図 6-6 ポテンシャル $V(\boldsymbol{\Phi}^\dagger\boldsymbol{\Phi})$ が図 4-2($T<T_c$)のような形をしているとき，$\boldsymbol{\Phi}$ は V の最低エネルギーの場所に落ちつき，真空期待値をもつ．しかし $\boldsymbol{\Phi}$ は一般に複素数であるが，いぜんとして図のように $|\boldsymbol{\Phi}|=V/\sqrt{2}$ の円周上の自由度をもつ．

宇宙の温度 T は，QCD の関与するエネルギー Λ（QCD パラメーターで(5.114)式参照）または f_π よりもずっと大きいので，アキシオンの質量はまだ誘起されない($m_\mathrm{a}=0$)．すなわち，$\Lambda<T<V$ で，宇宙には Coulomb 場のように動かない(運動量 $p_\mathrm{a}=0$)アキシオン場が満ち満ちている．$p_\mathrm{a}=0$，$m_\mathrm{a}=0$ の場はまったくエネルギー密度をもたない．宇宙がさらに膨張を続け $T<\Lambda$

になると，QCD のインスタントンによる効果が効きはじめ，アキシオンは質量をもちはじめる．このときアキシオンが寄与するエネルギー密度 ρ_{a} はラグランジアン密度の質量項に等しいから，

$$\rho_{\mathrm{a}} = m_{\mathrm{a}}{}^2 a^\dagger a \cong m_{\mathrm{a}}{}^2 V^2 \alpha^2 \cong 1.50 \times 10^{42} \alpha^2 \quad \mathrm{keV/cm^3} \tag{6.58}$$

となる．α は典型的に 1 のオーダーの値であるから，アキシオンのエネルギー密度はこの時点の宇宙ではたいへん大きい．

さて，以後アキシオンは宇宙の膨張により，振幅 α がしだいに減少していく．膨張を記述する式は Boltzmann 方程式といわれるもので，

$$\ddot{\alpha} + 3\frac{\dot{R}}{R}\dot{\alpha} + m_{\mathrm{a}}{}^2(t)\alpha = 0$$

で与えられる．ただしドットは時間微分を表わす．また，R は宇宙のスケールファクターで $\dot{R}/R$ は宇宙の膨張を表わし，時刻 t での Hubble 定数 H そのものである*．第 3 項はアキシオン場 α が自由振動 $\alpha(t) \propto \exp(-im_{\mathrm{a}}t)$ をしているため($p_{\mathrm{a}}=0$ に注意)に入ってくる．アキシオン質量 $m_{\mathrm{a}}(t)$ は宇宙の温度 T，したがって宇宙年齢 t に依存した複雑な関数となっている．これは図 6-5 に示した m_{W} の温度依存性に類似なものである．この間の計算を省いて結果のみを書くと，現在宇宙に占めるアキシオンのエネルギー密度 ρ_{a}^0 は，オーダーとして，

$$\rho_{\mathrm{a}}^0 \cong 10\rho_{\mathrm{c}}^0 \left(\frac{V}{10^{12}\,\mathrm{GeV}}\right)^{7/6} \tag{6.59}$$

で与えられる．ただし ρ_{c}^0 は現在の宇宙の臨界密度で，$\rho > \rho_{\mathrm{c}}^0$ ならば宇宙は永遠に膨張を続け，$\rho < \rho_{\mathrm{c}}^0$ ならば宇宙はふたたび収縮に転じる．$\rho = \rho_{\mathrm{c}}^0$ ではちょうど宇宙の曲率が 0 で，Minkowski 的になっている．その値は

$$\rho_{\mathrm{c}}^0 = \frac{3}{8\pi}\frac{H_0{}^2}{G_{\mathrm{N}}} = 11h_0{}^2 \quad \mathrm{keV/cm^3} \tag{6.60}$$

である(添え字 0 は現在の値を表わすのに使われている)．H_0 は $h_0 \times$(100 km・

---

* この分野の勉強には，E. W. Kolb and M. S. Turner : *The Early Universe* (Addison-Wesley, 1990) を読むこと．

$\mathrm{s}^{-1}\cdot\mathrm{Mpc}^{-1}$)と表わすと，観測では $1/2<h_0<1$ におさまっているようである．Mpc は 10^6 pc（パーセク）で，約 3×10^6 光年に等しい．

宇宙論では1つのパラダイムがある．すなわち，宇宙初期に宇宙が大膨張を起こしたというものである．これを**インフレーション**(inflation)というが，インフレーション後の宇宙では，宇宙のエネルギー密度 ρ は正確に ρ_c に等しくなければならない．これは大膨張のため宇宙の曲率が伸び切ってしまい，正確に0になってしまうからである．このパラダイムを借用すると(6.59)式から V に制限がついて，大ざっぱに

$$10^{10} < V < 10^{12} \quad \mathrm{GeV} \tag{6.61}$$

となる．すなわち，アキシオンの質量は

$$10^{-5} < m_{\mathrm{a}} < 10^{-3} \quad \mathrm{eV} \tag{6.62}$$

というたいへん小さな値となる．

もしアキシオンのエネルギー密度が宇宙を閉じさせる($\rho_{\mathrm{a}}^0>\rho_{\mathrm{c}}^0$)くらいあると，アキシオンこそ宇宙の暗黒物質の張本人である疑いが出てくる．このため世界の各地で宇宙から飛んでくるアキシオンを観測しようとしているが，実験の感度がいま1つ足りていないのが現状である．

最後に強調したいのは，強い CP 問題を解決するためにはアキシオンという新粒子の存在が必要で，かつ新しい超高エネルギーのスケール V($V=10^{10}\sim10^{12}$ GeV)が入ってきたことである．

7
標準模型の彼方

標準模型の仮定に反する観測事実を探すことは，標準模型を越えた研究を行なう上で最も重要なことである．標準模型ではニュートリノ質量を正確に0と仮定した．本章ではまずニュートリノが有限な質量をもっている可能性について考察する．

$SU(3)\times SU(2)\times U(1)$ を包含するさらに大きなゲージ群を考えて，電弱相互作用と強い相互作用を統一的に記述する，いわゆる大統一理論を考え，その帰結である陽子崩壊の可能性について議論する．

7-1 ニュートリノの質量とニュートリノ振動

ニュートリノは基本粒子(クォークおよびレプトン)の中で特徴的な粒子である．まず，電気をもたない唯一の粒子である．したがってニュートリノは弱い力(と重力)しか感じない．第2に，ニュートリノの質量は対応する荷電レプトンに比べて極端に軽い．これはニュートリノの質量の起源が荷電レプトンやクォークと異なっていることを示唆している．実際，すでに見てきたように，標準模型ではニュートリノの質量を恒等的に0にしている．ニュートリノは電気をもたないために，粒子と反粒子の区別が自明ではない．なぜなら，弱い力は粒子の左巻き成分のみに結合し，粒子・反粒子の区別にはこだわらないからである．このため，すでに2-5節でみたように，ニュートリノはMajorana粒子である可能性が強い．このとき，ニュートリノの質量は(2.118)式のように大・小の両極端に分離し，小の質量の粒子が現実に観測されるニュートリノと考えることができる．この考えは最初柳田によって行なわれ，**シーソー機構**(see-saw mechanism)とよばれている．

シーソー機構をもたせるには，標準模型を拡張しなければならない．ニュートリノが有限な質量をもつためには，新しく右巻きニュートリノ ν_R を導入する．ν_R は $SU(2)$ 1重項($I=I^3=0$)でハイパーチャージ $Y=0$ である．さらに $SU(2)$ 1重項の新しいHiggs場 $\boldsymbol{\Phi}$ も必要である．このときラグランジアン密度中のニュートリノ質量項 $L_{m\nu}$ は，(4.15)式を参考にすれば

$$-L_{m\nu} = G_2 \bar{l}_L \tilde{\varphi} \nu_R + G_0 \boldsymbol{\Phi} (\overline{\nu_L^c} \nu_R) + \text{h.c.} \tag{7.1}$$

と書くことができる．ただし l_L はレプトン2重項，$\tilde{\varphi}$ は(4.16)式で与えられる2重項のHiggs場である．ただし ν_L^c は

$$\nu_L^c = P_L(\nu^c) = P_L i\gamma^2 \nu^* = i\gamma^2 (P_R \nu^*) = (\nu_R)^c \tag{7.2}$$

である．Higgs場 $\tilde{\varphi}$, $\boldsymbol{\Phi}$ は，それぞれ次のような真空期待値をもつ．

$$\langle \tilde{\varphi} \rangle = \frac{1}{\sqrt{2}} \begin{pmatrix} v \\ 0 \end{pmatrix}, \quad \langle \boldsymbol{\Phi} \rangle = \frac{V}{\sqrt{2}} \tag{7.3}$$

すると質量項 $L_{m\nu}$ は，

$$-L_{m\nu} = \frac{G_2 v}{\sqrt{2}} \overline{\nu_L} \nu_R + \frac{G_0 V}{\sqrt{2}} \overline{\nu_L^c} \nu_R + \text{h.c.} \tag{7.4}$$

となる．これは(2.116)式と同じ形をしている．すなわち，

$$m = \frac{G_2 v}{\sqrt{2}}, \quad M = \frac{G_0 V}{\sqrt{2}} \tag{7.5}$$

とおくことにより，2つのMajoranaニュートリノ ν_1, ν_2 の質量の固有値はそれぞれ $m^2/4M$ と M になる．

あとで議論するように，太陽ニュートリノ欠損の解析から $m(\nu_e) \ll 10^{-3}$ eV,

$m(\nu_\mu)=10^{-3\pm0.5}$ eV という可能性が高い．すると 2-5 節で説明したように，$m=m_\mu=0.106$ GeV として $M=3\times10^9$ GeV，したがって Higgs 場 Φ の真空期待値 V は

$$V=\frac{4\times10^9}{G_0}\quad\text{GeV} \tag{7.6}$$

となる．G_0 はまったく不明であるが，G_2 と同程度，すなわち $G_2=\sqrt{2}\,m_\mu/v=6\times10^{-4}$ とすると

$$V\cong10^{12}\sim10^{13}\quad\text{GeV} \tag{7.7}$$

近辺となる．この真空期待値はアキシオンの対称性の破れのスケール(6.16)式にきわめて近いことは大変おもしろい．

次に ν_τ を考えよう．2 つの可能性がある．

(1)　$m(\nu_{\tau\mathrm{R}})=m(\nu_{\mu\mathrm{R}})$，すなわち，(7.4)式で $G_0(\tau)=G_0(\mu)$ である．このときは

$$m(\nu_\tau)=\left(\frac{m_\tau}{m_\mu}\right)^2m(\nu_\mu)=10^{-0.55\pm0.5}\quad\text{eV} \tag{7.8}$$

すなわち，$m(\nu_\tau)\cong0.09\sim0.9$ eV となる．

(2)　$m(\nu_{\tau\mathrm{R}})/m(\nu_{\mu\mathrm{R}})=m_\tau/m_\mu$，すなわち，(7.4)式で $G_0(\tau)/G_0(\mu)=G_2(\tau)/G_2(\mu)$ である．このときは

$$m(\nu_\tau)=\frac{m_\tau}{m_\mu}m(\nu_\mu)=10^{-1.8\pm0.5}\quad\text{eV} \tag{7.9}$$

すなわち，$m(\nu_\tau)\cong0.005\sim0.05$ eV となる．

要するに，$m(\nu_\tau)$ は 0.005～1 eV の間にある可能性が高い．

さて，このように微小な質量を測定するためには，ニュートリノ振動を使わなければならない．これを説明しよう．簡単のために 2 種類のニュートリノ ν_e,ν_μ を考える．Cabibbo 角に相当する混合角を θ と書けば，ν_e,ν_μ は質量の固有値 ν_1,ν_2 から

$$\begin{pmatrix}\nu_\mathrm{e}\\ \nu_\mu\end{pmatrix}=\begin{pmatrix}\cos\theta & \sin\theta\\ -\sin\theta & \cos\theta\end{pmatrix}\begin{pmatrix}\nu_1\\ \nu_2\end{pmatrix}\equiv(U_{li})\begin{pmatrix}\nu_1\\ \nu_2\end{pmatrix} \tag{7.10}$$

のように変換される(4-5節参照).

いま，l という種類のニュートリノを発生させたとする(l=e または μ). ν_l が空間を伝播する状態を考える．空間では ν_l は自由粒子として伝播するから，ある時間 t 後の波動関数は

$$|\nu_l(t)\rangle = e^{-iHt}|\nu_l(0)\rangle \tag{7.11}$$

である．H はハミルトニアンで，ν_1, ν_2 に対して対角化され，その固有値はエネルギーを E，運動量を p として

$$H_i = E_i = \sqrt{p^2+m_i^2} \cong E + \frac{m_i^2}{2E} \qquad (i=1,2) \tag{7.12}$$

である．ただし $m_i \ll p$ とした．すると，

$$\begin{aligned} |\nu_l(t)\rangle &= \sum_i U_{li} \exp(-iE_i t)|\nu_i\rangle \\ &= \sum_{i,l'} U_{li} U_{l'i} \exp(-iE_i t)|\nu_{l'}\rangle \end{aligned} \tag{7.13}$$

である．したがって，時間 t のビーム中に新しく $\nu_{l'}$ が混入してくる確率 $P(l \to l')$ は,

$$\begin{aligned} P(l \to l') &= |\langle \nu_{l'}|\nu_l(t)\rangle|^2 \\ &= \sum_{i,i'} U_{li} U_{l'i} U_{li'} U_{l'i'} \cos[(E_i - E_{i'})t] \end{aligned} \tag{7.14}$$

時間 t の間に走る距離を $L(L=t)$ とすると，上式を整理して,

$$P(\nu_e \to \nu_\mu) = P(\nu_\mu \to \nu_e) = \sin^2(2\theta)\sin^2\left(\frac{\Delta m^2}{4E}L\right) \tag{7.15a}$$

$$P(\nu_e \to \nu_e) = P(\nu_\mu \to \nu_\mu) = 1 - \sin^2(2\theta)\sin^2\left(\frac{\Delta m^2}{4E}L\right) \tag{7.15b}$$

となる．このようにCabibbo混合のため確率 P が距離 L とともに振動するので，**ニュートリノ振動**とよばれる．ここに Δm^2 は

$$\Delta m^2 = m_2^2 - m_1^2 \tag{7.16}$$

である．いま Δm^2 を[eV^2]，E を[MeV]，L を[m]で表わすと，上式中の

$\sin^2$ の中味は

$$\frac{\Delta m^2}{4E}L = 1.27\frac{\Delta m^2(\mathrm{eV}^2)}{E(\mathrm{MeV})}L(\mathrm{m}) \tag{7.17}$$

のようになる.

以上の関係式から，たとえば，ν_μ ビームを使ってある距離はなれたところで ν_e が出現するのを見るか(appearance)，または ν_μ が減るのを見るか(disappearance)すれば，混合角 θ と質量差 Δm^2 を求めることが可能である．実際，多くの実験が加速器によるニュートリノビーム($E \cong 1 \sim 10$ GeV)を使って行なわれたが，appearance, disappearance ともに否定的な結果であり，$\theta, \Delta m^2$ の上限値が求まったのみであった．

次に，ニュートリノビームが物質中を走る場合を考える．ニュートリノは物質からの弱い力を感じるが，そのダイアグラムは図 7-1 に示されている．ニュートリノが感じるポテンシャル，とくに ν_e が感じるポテンシャル V_e は，5-4 節のクォーコニウムでのポテンシャルと(3.8)式を参考にして求めることができる．図 7-1(b)の荷電カレント反応の有効ラグランジアン密度を適当に変換すれば(Fierz 変換)，以下のように表わすことができる(補遺(4)参照)．

$$L = \frac{G_F}{\sqrt{2}}\bar{\nu}_e\gamma_\mu(1-\gamma_5)\nu_e\bar{e}\gamma^\mu(1-\gamma_5)e \tag{7.18}$$

ここで，例によって粒子の記号をそのまま場の記号に使った．電子は静止して

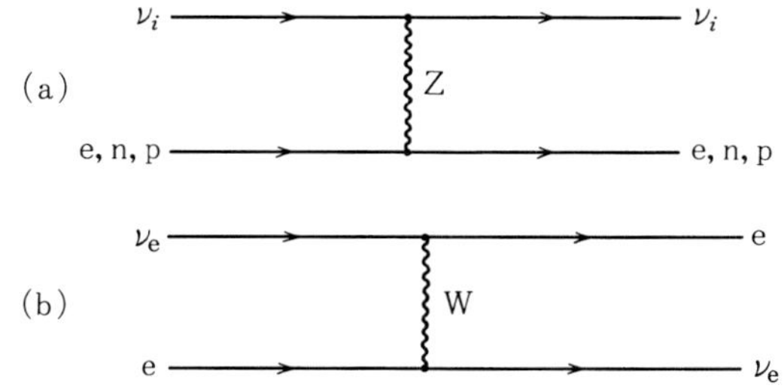

図 7-1 物質中でニュートリノが感じる弱い力のダイアグラム．(a) の ν_i は i=e, μ, τ のどれにも，さらに，反粒子 ν_i^c にもはたらく力であるが，(b) は ν_e のみにしかはたらかない．n, p はそれぞれ中性子，陽子である．

いるから，e のスピノルとして(2.10)式の最初の2つをとれば，$\bar{e}\gamma^{\mu}(1-\gamma_5)e=e^{\dagger}e$ となる．(3.8)式のニュートリノカレント j_{μ} は

$$j_{\mu} = \overline{\nu_{\mathrm{eL}}}\gamma_{\mu}(1-\gamma_5)\nu_{\mathrm{eL}} = \frac{1}{2}\overline{\nu_{\mathrm{e}}}\gamma_{\mu}(1-\gamma_5)\nu_{\mathrm{e}}$$

だから，そのカレントに作用するポテンシャルは結局，

$$V_{\mathrm{e}} = \frac{G_{\mathrm{F}}}{\sqrt{2}}\cdot 2\cdot(e^{\dagger}e) \tag{7.19}$$

のようになる．ここで，$(e^{\dagger}e)$ は粒子の個数密度を表わすから，単位体積当りの電子数を N_{e} と書けば，

$$V_{\mathrm{e}} = \sqrt{2}\,G_{\mathrm{F}}N_{\mathrm{e}} \tag{7.20}$$

となる．また，反電子ニュートリノに対するポテンシャルは $-V_{\mathrm{e}}$ となる．

さて，ν_{e}, ν_{μ} の時間変化を求めるには，Schrödinger 方程式

$$i\frac{d}{dt}\begin{pmatrix}\nu_{\mathrm{e}}\\ \nu_{\mu}\end{pmatrix} = H\begin{pmatrix}\nu_{\mathrm{e}}\\ \nu_{\mu}\end{pmatrix} \tag{7.21}$$

を解く必要がある．ただしハミルトニアン H は

$$H \cong E+\frac{1}{2E}(M^2+2EV) \tag{7.22}$$

である．図7-1(a)によるポテンシャルを V_{μ} とすれば，ポテンシャル V は

$$V = \begin{pmatrix}V_{\mathrm{e}}+V_{\mu} & 0\\ 0 & V_{\mu}\end{pmatrix} \tag{7.23a}$$

であるが，対角成分の共通項は ν_{e}, ν_{μ} の共通位相項になるだけだから差し引き

$$V = \begin{pmatrix}V_{\mathrm{e}} & 0\\ 0 & 0\end{pmatrix} \tag{7.23b}$$

としてよい．また M^2 は(7.10)式のユニタリー行列 U を使って，

$$M^2 = U\begin{pmatrix}{m_1}^2 & 0\\ 0 & {m_2}^2\end{pmatrix}U^{-1} \tag{7.24}$$

である．いま

$$A = 2EV_{\mathrm{e}} = 2\sqrt{2}\,G_{\mathrm{F}}N_{\mathrm{e}}E \tag{7.25}$$

とおくと，(7.22)式から E を差し引いて

$$2EH = \frac{1}{2}(m_1{}^2+m_2{}^2+A)\begin{pmatrix} 1 & 0 \\ 0 & 1 \end{pmatrix} + \frac{1}{2}\begin{pmatrix} A-\Delta m^2\cos 2\theta & \Delta m^2\sin 2\theta \\ \Delta m^2\sin 2\theta & -A+\Delta m^2\cos 2\theta \end{pmatrix} \tag{7.26}$$

となる．とくに ν_e, ν_μ の質量の固有値は

$$m^2 = \frac{1}{2}(m_1{}^2+m_2{}^2+A) \pm \frac{1}{2}[(\Delta m^2\cos 2\theta - A)^2+\Delta m^4\sin^2 2\theta]^{1/2} \tag{7.27}$$

となる．

星の中心で発生したニュートリノは最初大きな N_e の場所を通り，$N_e=0$ の表面から外に放出される．このとき $m(\nu_e)$, $m(\nu_\mu)$ の振舞いは図 7-2 のようになる．すなわち，高いポテンシャルの状態で生成された電子ニュートリノ ν_e は電子密度の減少につれて曲線上の矢印をたどり，m_1 に行かず，「断熱的」に m_2 の固有状態に移ってしまう．$\theta \ll 1$ とすれば，m_2 の固有状態はほとんど ν_μ であるから，ν_e のすべてが ν_μ に移行することができる．もちろんすべての Δm^2, θ でこの移行が起こるわけでなく，$A=\Delta m^2\cos 2\theta$ の近辺で密度の変化が十分滑らかという「断熱条件」が必要である．もう 1 つの条件は，ニュートリノのエネルギー E と電子密度 N_e が

$$A = 2\sqrt{2}\,G_F N_e E = \Delta m^2\cos 2\theta \tag{7.28}$$

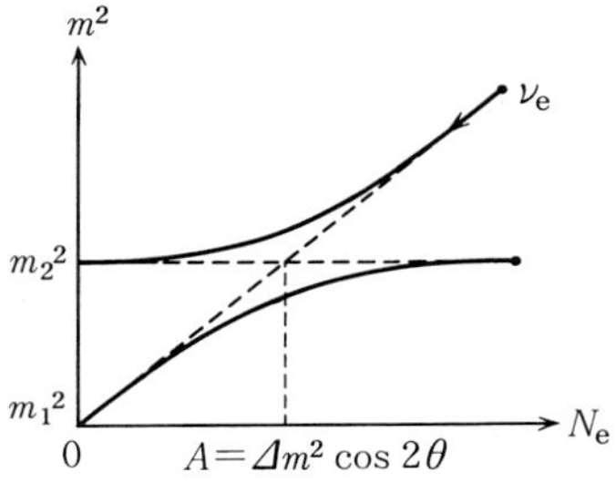

図 7-2 ニュートリノ質量の固有値 m^2 が電子密度 N_e の変化とともにどう変わるかを示す．N_e が十分大きなところで発生した電子ニュートリノは $N_e \to 0$ で $m^2 \to m_1{}^2$ にいかず，$m_2{}^2$ に「断熱的」に移行することが可能である．すなわち，θ が小さいとき，できた ν_e は星から出るときにはすべて ν_μ（正確には ν_2）に変化してしまう．

を満たす必要があることである．

以上のことを定量的に行なうには，実際に微分方程式(7.21)を解かなければならない．(7.21)式を簡単化すると

$$i\frac{d}{dt}\begin{pmatrix}\nu_e\\ \nu_\mu\end{pmatrix} = 2\pi\begin{pmatrix}\dfrac{1}{L_e}-\dfrac{\cos 2\theta}{L_v} & \dfrac{\sin 2\theta}{2L_v}\\ \dfrac{\sin 2\theta}{2L_v} & 0\end{pmatrix}\begin{pmatrix}\nu_e\\ \nu_\mu\end{pmatrix} \tag{7.29}$$

$$L_v = \frac{4\pi E}{\Delta m^2}, \qquad L_e = \frac{4\pi E}{A} = \frac{\sqrt{2}\,\pi}{G_F N_e(t)} \tag{7.30}$$

である．ただし対角成分の定数項は差し引くことにより簡単化されている．

A が定数，すなわち一定の電子密度をもつ物質中をニュートリノが伝播するとき，(7.29)式は直ちに解けて，

$$P(\nu_e\to\nu_\mu) = \sin^2(2\theta_m)\sin^2\left(\frac{\pi L}{L_m}\right) \tag{7.31a}$$

$$L_m = L_v\left[1-2\frac{L_v}{L_e}\cos 2\theta+\left(\frac{L_v}{L_e}\right)^2\right]^{-1/2} \tag{7.31b}$$

$$\sin^2(2\theta_m) = \sin^2(2\theta)\left[\sin^2(2\theta)+\left(\frac{L_v}{L_e}-\cos 2\theta\right)^2\right]^{-1} \tag{7.31c}$$

となる．

$$L_v = L_e\cos 2\theta \tag{7.32}$$

のとき，すなわち

$$A = \Delta m^2\cos 2\theta \tag{7.33}$$

のところで共鳴が起こり，$\sin^2(2\theta_m)=1$ と最大の振動がおこる．$\sin^2(2\theta_m)$ が共鳴を起こすときの振舞いは図 7-3 のようになる．共鳴幅 $\Gamma=2\sin 2\theta$ の間で振動が多数回おこることにより，質量の固有状態は断熱的に ν_e から ν_μ に移行する．

以上の考察は S. P. Mikheyev と A. Yu. Smirnov によって，次節で議論する太陽ニュートリノに適用された．物質中での振動は最初に L. Wolfenstein によって考察されたので，以上のような効果を **MSW 効果**という．

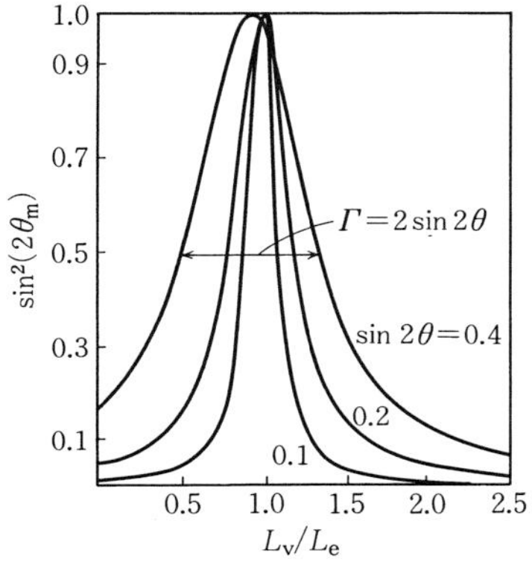

図 7-3 $\sin^2(2\theta_m)$が共鳴を起こす$L_v \cong L_e$の近くのふるまい．半値幅は$\Gamma=2\sin 2\theta$である．

7-2 太陽ニュートリノ問題

太陽中心の温度は約 1500 万度(1.5 keV)，そこでの物質密度は 150 g/cm^3 にも達する．このような極限状況では，陽子 p は互いに十分近接し，Coulomb 障壁を乗り越えて融合を起こす．すなわち

$$p+p \rightarrow {}^2H+e^+ +\nu_e \tag{7.34a}$$

できた重水素 ^{2}H はさらに p と反応して ^{3}He をつくる．

$$^2H+p \rightarrow {}^3He+\gamma \tag{7.34b}$$

^{3}He は他の ^{3}He と衝突して

$$^3He+{}^3He \rightarrow {}^4He+p+p \tag{7.34c}$$

となる．このようにして結局，4 個の陽子が融合してヘリウムをつくる反応が太陽中で進行し，結果として反応当り 25 MeV のエネルギーを放出している．表 7-1 に融合反応の全体を各反応の分岐比とともに示した．いくつかの反応は(7.34a)式のような弱い相互作用であり，そのとき必然的に電子ニュートリノ ν_e を放出する．表 7-1 には ν_e のエネルギー(連続分布のときには最大エネルギー)を示してある．とくに興味があるのは ^{8}B のベータ崩壊からでる ν_e で，エネルギーがたいへん高い．エネルギーが高いと ν_e と物質との断面積も大きく，捕らえやすい．さらにエネルギーが高いと，環境からのバックグラウンドを減

表 7-1 太陽の中心部分における核反応(pp 鎖)

反　応	分岐比(100%)	ν_e エネルギー(MeV)
$p+p \rightarrow {}^2H+e^++\nu_e$	100	≦0.420(連続)
または		
$p+e^-+p \rightarrow {}^2H+\nu_e$	0.4	1.442
${}^2H+p \rightarrow {}^3He+\gamma$	100	
${}^3He+{}^3He \rightarrow \alpha+2p$	85	
または		
${}^3He+{}^4He \rightarrow {}^7Be+\gamma$	15	
${}^7Be+e^- \rightarrow {}^7Li+\nu_e$	15	(90%) 0.861 (10%) 0.383
${}^7Li+p \rightarrow 2\alpha$	15	
または		
${}^7Be+p \rightarrow {}^8B+\gamma$	0.02	
${}^8B \rightarrow {}^8Be^*+e^++\nu_e$	0.02	<15(連続)
${}^8Be^* \rightarrow 2\alpha$	0.02	
または		
${}^3He+p \rightarrow {}^4He+e^++\nu_e$	0.00002	<18.77(連続)

らすことができるのである.

表 7-2 には太陽中に含まれる炭素, 窒素, 酸素を触媒として使う, いわゆる CNO 環反応を示した. 重い元素を使うため, 太陽のような中心温度が比較的低い星ではその寄与はあまり大きくない.

以上の反応の断面積は実験で決定する必要がある. 粒子 i と粒子 j の断面積 σ_{ij} を入力として, さらに太陽内の物質組成, 光の透過度などを入力して一連の方程式を解くことにより, 太陽内部の構造を決定することができる. いうま

表 7-2 CNO 環による太陽中心部での核反応

反　応	ν_e エネルギー(MeV)
${}^{12}C+p \rightarrow {}^{13}N+\gamma$	
${}^{13}N \rightarrow {}^{13}C+e^++\nu_e$	≦1.199
${}^{13}C+p \rightarrow {}^{14}N+\gamma$	
${}^{14}N+p \rightarrow {}^{15}O+\gamma$	
${}^{15}O \rightarrow {}^{15}N+e^++\nu_e$	≦1.732
${}^{15}N+p \rightarrow {}^{12}C+\alpha$	

でもないが，基本定数，すなわち太陽の質量，半径，エネルギー放射率は境界条件として入ってくる．表 7-3 が基本方程式である．以上の連立方程式からニュートリノの発生率を出し，1億5000万 km 離れた地球でのニュートリノフラックスに焼き直したのが図 7-4 である．^{8}B ニュートリノはフラックスこそ小さいが約 15 MeV まで延びている．エネルギーで積分した ^{8}B ニュートリノ

表 7-3 太陽の基本方程式

$\dfrac{dP(r)}{dr} = -\rho\dfrac{GM(r)}{r^2}$	または
$\dfrac{dM(r)}{dr} = 4\pi r^2\rho$	$-\dfrac{dT}{dr} = -\left(1-\dfrac{1}{\gamma}\right)\dfrac{T}{P}\dfrac{dP}{dr}$
$\dfrac{dL(r)}{dr} = 4\pi r^2\rho\varepsilon$	$\varepsilon = \sum Q\,\langle\sigma_{ij}\rangle\, n_i N_j$
	$P = \dfrac{kT}{\mu m_p}\rho(r)$
$-\dfrac{dT}{dr} = \dfrac{3}{4ac}\dfrac{\kappa\rho}{T^3}\dfrac{L(r)}{4\pi r^2}$	$\dfrac{1}{\mu} = 2X+0.75Y+0.5Z$

〔注〕 P：圧力，M：r 内質量，ρ：密度，L：光度，ε：エネルギー発生率($\mathrm{erg\cdot g^{-1}\cdot s^{-1}}$)，$\kappa$：不透明度，$a$：Stefan-Boltzmann 定数，$\gamma$：断熱率，$\sigma$：反応断面積，$n_i$：粒子 i の数密度，N_j：粒子 j の g 当り個数，Q：反応当りエネルギー発生量，μ：平均分子量，m_p：陽子質量，X：水素質量比，Y：ヘリウム質量比，Z：金属質量比

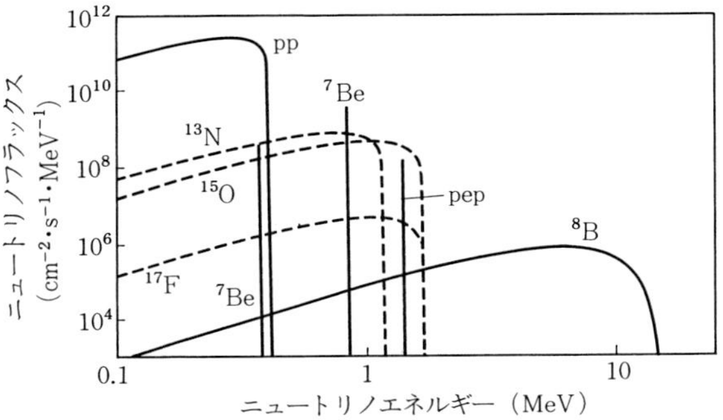

図 7-4 いろいろな反応から出てくる太陽ニュートリノのエネルギースペクトル．各記号は表 7-1，表 7-2 の反応に対応している．縦1本の線からなるフラックスは2体反応からくるニュートリノで，単色エネルギーをもつ．この場合，フラックスの単位は $\mathrm{cm^{-2}\cdot s^{-1}}$ のみとなる．(J. N. Bahcall : *Neutrino Astrophysics* (Cambridge Univ. Press, 1989) p. 154)

フラックスは，$5.8\times10^4\,\mathrm{cm^{-2}\cdot s^{-1}}$ である．また全太陽ニュートリノはずっと多く，$6.8\times10^{10}\,\mathrm{cm^{-2}\cdot s^{-1}}$ にものぼる．以上の計算を**標準太陽模型**（standard solar model, SSM）という．

ニュートリノは電気的に中性であるので直接観測は不可能で，何か適当な物質に衝突させて，反応生成物を測定する．ここでは 2 種類の実験を考える．

（1） **Homestake 実験**　標的として $^{37}\mathrm{Cl}$ を使う．

$$\nu_e + {}^{37}\mathrm{Cl} \to e^- + {}^{37}\mathrm{Ar} \tag{7.35}$$

で，できた $^{37}\mathrm{Ar}$ を抽出してその個数を測り，反応率を SNU 単位で求める．SNU とは，10^{36} 個の標的原子を使ったとき毎秒観測される反応数で定義される．上の反応はニュートリノエネルギーが 0.814 MeV 以上で起こる．Homestake 金鉱の地下 1600 m で R. Davis Jr. は 20 年間観測を続けた．結果は 2.1 ± 0.3 SNU であった．しかし，標準太陽模型からの計算は 7.9 ± 2.9 SNU である（誤差は 3σ）．そこで（観測/理論）を R_H と書くと，理論値の中心値をとって

$$R_\mathrm{H} = 0.27\pm0.04 \tag{7.36}$$

となり，観測値は理論値より大幅に小さく，まったく合わない．これが有名な**太陽ニュートリノ問題**である．

（2） **Kamiokande 実験**　標的として電子を使う．

$$\nu_e + e^- \to \nu_e + e^- \tag{7.37}$$

この反応は標準模型の電弱相互作用で正確に計算できる．対応するダイアグラムはすでに図 7-1 に示した．断面積の計算は格好の練習問題となるが，その答えは表 7-4 にまとめておいた（補遺参照）．神岡鉱山の地下 1000 m における実験では電子のエネルギーを 7.5 MeV 以上で測定した．3 年間のデータを集計すると，（観測/理論）を R_K として

$$R_\mathrm{K} = 0.46\pm0.05\pm0.06 \qquad (E>7.5\,\mathrm{MeV}) \tag{7.38}$$

であった．ただし第 1，第 2 の誤差はそれぞれ統計，系統誤差を表わす．

やはり，太陽ニュートリノ問題は存在する．しかし $R_\mathrm{H}, R_\mathrm{K}$ が有意に異なった値であることに注意する．Homestake のエネルギーしきい値は 0.81 MeV だから，計算によると生成アルゴンの 3/4 は $^8\mathrm{B}$ ニュートリノに由来する．ま

表 7-4 種々のニュートリノ ν_i (i=e, μ, τ またはその反粒子)と電子との散乱断面積．ただし $y=(E-E')/E$ とおく．E, E' は入射および散乱ニュートリノのエネルギーである．m は電子の質量で，すべての量は実験室系で考える．

$$\frac{d\sigma}{dy} = \frac{G_F{}^2 mE}{2\pi}\left[A+B(1-y)^2-Cy\frac{m}{E}\right]$$

$$\sigma = \frac{G_F{}^2 mE}{2\pi}\left[Ay_m+\frac{B}{3}\{1-(1-y_m)^3\}-\frac{C}{2}\frac{m}{E}y_m{}^2\right]$$

$$y_m = \frac{2E}{2E+m}$$

反　応	A	B	C
$\nu_e e \to \nu_e e$	$(g_V+g_A+2)^2$	$(g_V-g_A)^2$	$(g_V+1)^2-(g_A+1)^2$
$\bar{\nu}_e e \to \bar{\nu}_e e$	$(g_V-g_A)^2$	$(g_V+g_A+2)^2$	$(g_V+1)^2-(g_A+1)^2$
$\nu_\mu e \to \nu_\mu e$	$(g_V+g_A)^2$	$(g_V-g_A)^2$	$g_V{}^2-g_A{}^2$
$\bar{\nu}_\mu e \to \bar{\nu}_\mu e$	$(g_V-g_A)^2$	$(g_V+g_A)^2$	$g_V{}^2-g_A{}^2$

〔注〕 $g_V = I^3-2Q\sin^2\theta_W = -1/2+2\sin^2\theta_W$, $g_A = I^3 = -1/2$ である．$\sin^2\theta_W=0.23$ として計算すればよい．

反　応	σ ($\times 10^{-44}$ cm^2)
$\nu_e e \to \nu_e e$	$9.2\cdot(E/10\text{ MeV})$
$\bar{\nu}_e e \to \bar{\nu}_e e$	$3.9\cdot(E/10\text{ MeV})$
$\nu_\mu e \to \nu_\mu e$	$1.5\cdot(E/10\text{ MeV})$
$\bar{\nu}_\mu e \to \bar{\nu}_\mu e$	$1.3\cdot(E/10\text{ MeV})$

た，Kamiokande のエネルギーしきい値は 7.5 MeV だから，反応は 100%，^{8}B ニュートリノによるものである．したがって，R_H, R_K の値が異なるということは，^{8}B のニュートリノスペクトルがベータ崩壊から期待されるものになっていないことを示している．つまり，ニュートリノのエネルギースペクトルを乱すなんらかの要因がはたらいているわけであるが，太陽の中心温度や物質組成を変えたところで，そのような核物理上の変化を引きおこすはずがない．したがって以上から，太陽ニュートリノ問題は，ニュートリノ反応，すなわちニュートリノ振動によると考えるのが最も自然である．

それでは早速(7.29)式を解いてみよう．このためには太陽中の N_e の情報が必要である．図 7-5 が標準太陽模型による N_e の計算値を示している．太陽中

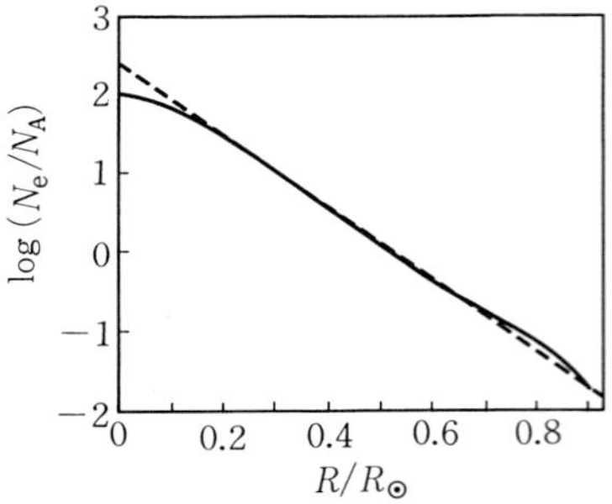

図 7-5 太陽中での電子密度 N_e (cm^{-3}) を太陽中心からの距離 R の関数として表わしたもの．$R_\odot$ は太陽半径，N_A は Avogadro 数．計算は，標準太陽模型によるものであり，図中の点線は計算値を指数関数で近似したものを表わす．(J. N. Bahcall : *Neutrino Astrophysics* (Cambridge Univ. Press, 1989), p. 100)

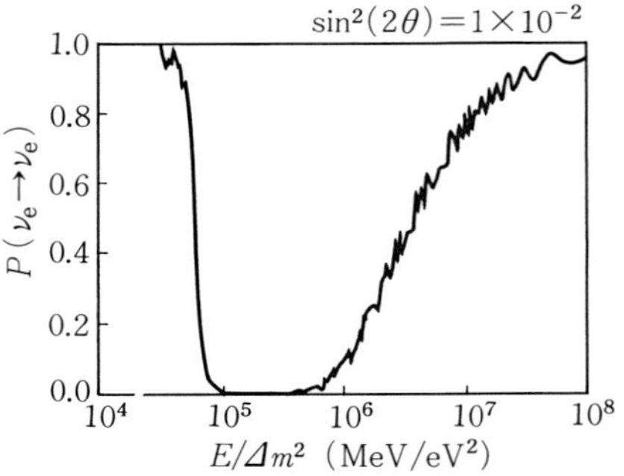

図 7-6 太陽物質による MSW 効果．電子密度 N_e として図 7-5 の値をとり，(7.29) 式を数値的に解いた結果である．

心では 1 cm^3 あたり Avogadro 数の 100 倍になっている．(7.29) 式は解析的に解くことはできず，数値計算を必要とする．図 7-6 は $\sin^2 2\theta=0.01$ としたとき $P(\nu_e\to\nu_e)$ を $E/\Delta m^2$ の関数として表わしたものである．$E/\Delta m^2=10^5\sim10^6$ (MeV/eV^2) で ν_e はほとんどすべて失われ，前に議論したように，ν_μ (正確には ν_2) になってしまう．$E/\Delta m^2=10^6\sim10^7$ (MeV/eV^2) でも効果は残り，一部の ν_e は ν_μ に変換される．以上の計算を R_H, R_K に適用し，Δm^2, $\sin^2 2\theta$ の許される領域を示したのが図 7-7 である．斜線で示した部分は Homestake, Kamiokande が観測した太陽ニュートリノ欠損を同時に説明できる Δm^2, $\sin^2 2\theta$ の領域である．$\sin^2 2\theta$ が 1 に近い部分はまだ排除し切れていないが，興味深いのは，3 角形の対角線に相当する部分で，ニュートリノの混合角 θ がクォークの Cabibbo 角 (4.67) 式と同じ値とすると，$\sin^2 2\theta=0.185\pm0.004$ となるが，このとき $\Delta m^2\cong1.5\times10^{-7}$ eV^2 が許される値となる．すなわち，混合角としてレプトンとクォークセクターで同じ程度の値をもつ可能性があるのである．

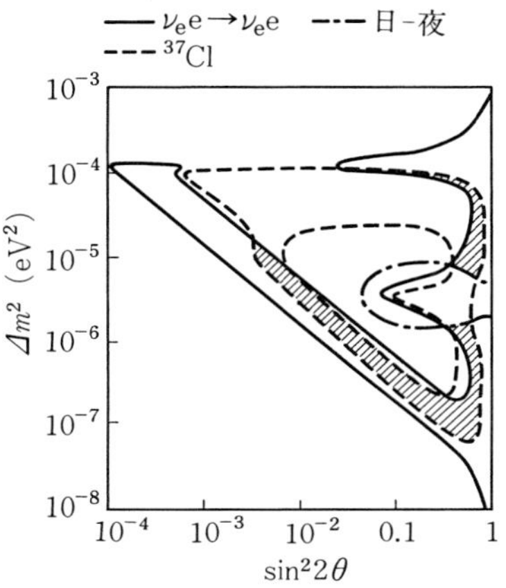

図 7-7　MSW 効果によって許される Δm^2, $\sin^2 2\theta$ の領域(90% 信頼度). 実線で囲まれた領域は Kamiokande によるもの, 破線で囲まれた領域は Homestake によるものである. 1 点鎖線の部分は地球内部による MSW 効果によって排除される領域で, Kamiokande のデータによる. 斜線部分が Homestake, Kamiokande の両データを説明できる領域である.

いずれにせよ, 図 7-7 から Δm^2 として許される範囲は $10^{-6\pm1}$ eV^2 となる. $m_1 \ll m_2$ とすると, 結局

$$m_2 = 10^{-3\pm0.5} \quad \text{eV} \tag{7.39}$$

であり, ν_μ の質量はこの m_2 にほとんど等しいことになる.

本書を書いている時点で, 標準模型を越えるデータとしてはこのニュートリノの有限質量が唯一のものである. 太陽は思わぬところで素粒子物理学に貢献している. Kamiokande は宇宙線が大気中で作るニュートリノ, いわゆる大気ニュートリノの観測で ν_μ の欠損を観測している. もしこれが本当だとすると, ν_τ に有限な質量を付与する必要がある. ただし観測にはさらに詰める点があり, 最終結果が待たれている.

7-3　大統一理論

$SU(3) \times SU(2) \times U(1)$ ゲージ対称性に基礎をおく標準模型はたしかに美しい. しかし 4-5 節にちょっと述べたように, 標準模型には理論自体で決められないパラメーターが 18 個も存在する. パラメーターのほとんどは世代間の混合や, Higgs ポテンシャルに関係しており, それらの考察はほとんど進展がない.

しかし結合定数 $\alpha', \alpha_2, \alpha_s$ の間に何か関係があるかどうかの議論は，さらに発展させることができる．なんらかの関係ということは電磁力，弱い力，強い力の 3 力が同一の起源をもつことを仮定している．この大統一力はどのように考えたらよいのだろうか．

5-7 節において，真空分極の効果まで考えると，分極率まで含めた有効結合定数は系のエネルギーに依存するようになった．これをもう一度考えてみる．(5.111), (5.116), (5.118)式，さらに $\mu^2 = m_Z{}^2$ における $\alpha_s(\mu^2)$, $\alpha_2(\mu^2)$，および $\alpha'(\mu^2)$ の値，0.120 ± 0.012, 0.0337 ± 0.003, 0.0100 ± 0.0001 をとり，世代数 $F = 3$ を代入すると，$\alpha_s(Q^2)^{-1}$, $\alpha_2(Q^2)^{-1}$, $\alpha'(Q^2)^{-1}$ は系のエネルギースケール $(Q^2)^{1/2}$ とともに図 7-8 のように変わる．$SU(3)$, $SU(2)$ の結合定数は，ゲージ粒子の自己結合のため，上向きの直線，すなわち漸近自由性をもつ．$U(1)$ の結合定数は，ゲージ粒子の寄与がなく，フェルミオンの真空分極のみが分極率に効くため，下向きの曲線，すなわち系のエネルギーが上がるほど力は強くなる．図から $(Q^2)^{1/2} = 10^{17} \sim 10^{20}$ GeV で 3 力の力の強さはほぼ一致する．すなわち，ほとんど Planck エネルギー(1.15)式に対応する温度をもつ宇宙では，3 力が統一された「理想郷」が実現されている可能性がある．

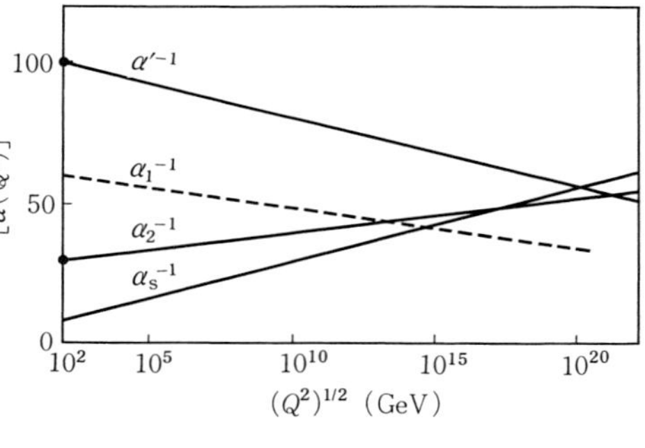

図 7-8 3 力の有効結合定数 $\alpha_s(Q^2)$, $\alpha_2(Q^2)$, $\alpha'(Q^2)$ が系のエネルギースケール $(Q^2)^{1/2}$ に依存する様子．なお，$\alpha_1(Q^2)$ は $\alpha_1(Q^2) = 5\alpha'(Q^2)/3$ としたものである．

大統一の世界においても浮世で成功をおさめたゲージ対称性に基礎をおく理論形式が正しいとしよう．3 力をひっくるめて考えるには，ゲージ群の大きさをさらに拡張すればよい．$SU(3)$, $SU(2)$, $U(1)$ の作用素の基本表現のうち，対角行列はそれぞれ 2, 1, 1 と 4 つある．そこで 4 つの対角行列が基本表現となっている最も簡単な群を探すと，それは$SU(5)$である．そこで，$SU(5)$ゲージ場の理論を考えたのがGeorgiとGlashowである．残念ながらナイーブな$SU(5)$理論は陽子崩壊の実験と矛盾する．しかし最も考えやすい大統一理論であるので，ここに例題としてあげる．2-3節の議論を参考にすると，$SU(5)$群の基本表現は24個の5行5列ユニタリー行列L^a $(a=1,2,\cdots,24)$であり，そのうち，L^3, L^8, L^{15}, L^{24}を対角化することができる．具体的な行列は，表2-2を参考にして改めて書くと，表7-5のようになる．

表7-5 $SU(5)$の基本表現のうち対角行列となっているもの

$$\frac{1}{2}\begin{pmatrix}1&&&&\\&-1&&&\\&&0&&\\&&&0&\\&&&&0\end{pmatrix},\quad \frac{1}{2\sqrt{3}}\begin{pmatrix}1&&&&\\&1&&&\\&&-2&&\\&&&0&\\&&&&0\end{pmatrix}$$

$$\frac{1}{2\sqrt{6}}\begin{pmatrix}1&&&&\\&1&&&\\&&1&&\\&&&-3&\\&&&&0\end{pmatrix},\quad \frac{1}{2\sqrt{10}}\begin{pmatrix}1&&&&\\&1&&&\\&&1&&\\&&&1&\\&&&&-4\end{pmatrix}$$

この表現に対応してゲージ粒子A^α $(\alpha=1,2,\cdots,24)$を導入するわけであるが，グルーオンG^a $(a=1,2,\cdots,8)$，弱粒子W^i $(i=1,2,3)$，$U(1)$粒子Bはこれらのどれかに対応するはずである．それを見るため，(2.73)式の行列表現A^α_β $(\alpha,\beta=1,2,\cdots,5)$を考えてみる．ゲージ粒子の対応はある程度自分の裁量が効くから，表7-6のように，ゲージ場を5行5列の行列表現にしたとき，左

表7-6 $SU(5)$ゲージ場の行列表現A^α_β $(\alpha,\beta=1,2,\cdots,5)$

$$(A^\alpha_\beta)=\begin{pmatrix}\frac{A^3}{\sqrt{2}}+\frac{A^8}{\sqrt{6}}+\frac{A^{15}}{2\sqrt{3}}+\frac{A^{24}}{2\sqrt{5}} & A^1_2 & A^1_3 & A^1_4 & A^1_5\\ A^2_1 & -\frac{A^3}{\sqrt{2}}+\frac{A^8}{\sqrt{6}}+\frac{A^{15}}{2\sqrt{3}}+\frac{A^{24}}{2\sqrt{5}} & A^2_3 & A^2_4 & A^2_5\\ A^3_1 & A^3_2 & -\frac{2A^8}{\sqrt{6}}+\frac{A^{15}}{2\sqrt{3}}+\frac{A^{24}}{2\sqrt{5}} & A^3_4 & A^3_5\\ A^4_1 & A^4_2 & A^4_3 & -\frac{\sqrt{3}A^{15}}{2}+\frac{A^{24}}{2\sqrt{5}} & A^4_5\\ A^5_1 & A^5_2 & A^5_3 & A^5_4 & -\frac{2A^{24}}{\sqrt{5}}\end{pmatrix}$$

上の3行3列の部分は表2.4にあげた $SU(3)$ に対応させ，グルーオン場 G_b^a ($a,b=1,2,3$；a,行；b,列）とする．すると，右下の2行2列の部分には当然 $SU(2)$ の部分(表2-4)が入ってくる．そこで，$\alpha,\beta=1,2,3$ のとき

$$A_\beta^\alpha = G_\beta^\alpha \qquad (\alpha \neq \beta) \tag{7.40a}$$

$$A_\alpha^\alpha = G_\alpha^\alpha + A' \qquad (\alpha = \beta) \tag{7.40b}$$

$$G_1^1 = \frac{G^3}{\sqrt{2}} + \frac{G^8}{\sqrt{6}} \tag{7.41a}$$

$$G_2^2 = -\frac{G^3}{\sqrt{2}} + \frac{G^8}{\sqrt{6}} \tag{7.41b}$$

$$G_3^3 = -\frac{2G^8}{\sqrt{6}} \tag{7.41c}$$

さらに $\alpha,\beta=4,5$ のとき

$$A_5^4 = W_2^1, \qquad A_4^5 = W_1^2 \tag{7.42a}$$

$$A_4^4 = \frac{W^3}{\sqrt{2}} + A'', \qquad A_5^5 = -\frac{W^3}{\sqrt{2}} + A''' \tag{7.42b}$$

とする．A', A'', A''' は当然残りのゲージ粒子 B に比例する．さらに規格化 $3A'^2 + A''^2 + A'''^2 = 1$ となるように比例係数を決定する．結局，ゲージ場は，表7-7のようになる．当然ながら余分な12個のゲージ粒子 $\mathbf{X}_a, \mathbf{Y}_a, \bar{\mathbf{X}}^a, \bar{\mathbf{Y}}^a$ ($a=1,2,3$) が入ってくる．カラー荷，弱荷(弱アイソスピン第3成分)の対応は，必然的に以下のようになる．すなわち，上付き添え字 α に対して $\alpha=1,2,3$ がカラー $a=1,2,3$ に対応し，$\alpha=4,5$ に対して $2I^3=1,-1$ を対応させる．下付き添え字に対しては反カラー(すなわち補色)および $\mathbf{2^*}$ に対応するアイソスピン成分

表7-7 $SU(5)$ ゲージ場を $SU(3)$ ゲージ場 G_b^a，$SU(2)$ ゲージ場 W^i，$U(1)$ ゲージ場 B を含む表現に直したもの．ただし $W^{\pm}=(W^1 \mp iW^2)/\sqrt{2}$ である．

$$(A_\beta^\alpha) = \begin{pmatrix} \frac{G^3}{\sqrt{2}}+\frac{G^8}{\sqrt{6}}-\frac{2B}{\sqrt{30}} & G_2^1 & G_3^1 & \bar{X}^1 & \bar{Y}^1 \\ G_1^2 & -\frac{G^3}{\sqrt{2}}+\frac{G^8}{\sqrt{6}}-\frac{2B}{\sqrt{30}} & G_3^2 & \bar{X}^2 & \bar{Y}^2 \\ G_1^3 & G_2^3 & -\frac{2G^8}{\sqrt{6}}-\frac{2B}{\sqrt{30}} & \bar{X}^3 & \bar{Y}^3 \\ X_1 & X_2 & X_3 & \frac{W^3}{\sqrt{2}}+\frac{3B}{\sqrt{30}} & W^+ \\ Y_1 & Y_2 & Y_3 & W^- & -\frac{W^3}{\sqrt{2}}+\frac{3B}{\sqrt{30}} \end{pmatrix}$$

を対応させる．さらにハイパーチャージと電荷を対応させる必要があるが，このためにはクォークとレプトンの表現がどうしても必要になる．あとですぐみるが，対応は以下のようにするとよい．すなわち，上付き添え字 α に対して $\alpha=1,2,3$ は $Y=-1/3$，$Q=-1/3$，$\alpha=4$ は $Q=1$，$Y=1/2$，$\alpha=5$ は $Q=0$，$Y=1/2$ とする．規則としては，$\sum Y=0, \sum Q=0$ のようにとる．表 7-8 に以上のことを整理してある．

表 7-8 場 ψ^α, ψ_α $(\alpha=1,2,\cdots,5)$ のカラー(a)，弱アイソスピン(I^3)，ハイパーチャージ Y，および電荷 Q の指定

	ψ^α				ψ_α			
α	a	I^3	Y	Q	a	I^3	Y	Q
1	1	0	$-1/3$	$-1/3$	$\bar{1}$	0	$1/3$	$1/3$
2	2	0	$-1/3$	$-1/3$	$\bar{2}$	0	$1/3$	$1/3$
3	3	0	$-1/3$	$-1/3$	$\bar{3}$	0	$1/3$	$1/3$
4	0	$1/2$	$1/2$	1	0	$-1/2$	$-1/2$	-1
5	0	$-1/2$	$1/2$	0	0	$1/2$	$-1/2$	0

以上から直ちに $\mathrm{X}_a, \mathrm{Y}_a, \bar{\mathrm{X}}^a, \bar{\mathrm{Y}}^a$ の量子数が決定できる．つまり，$A_a^4=X_a$，$A_a^5=Y_a$，$A_4^a=\bar{X}^a$，$A_5^a=\bar{Y}^a$ に注意すれば，表 7-9 のようになる．極めて異常な量子数をもっている．

表 7-9 新しいゲージ粒子 $\mathrm{X}_a, \mathrm{Y}_a$ の量子数．$\bar{\mathrm{X}}^a, \bar{\mathrm{Y}}^a$ は $\mathrm{X}_a, \mathrm{Y}_a$ の反粒子である．

	カラー	I^3	Y	Q
X_a $(a=1,2,3)$	$\bar{a}$	$1/2$	$5/6$	$4/3$
Y_a	$\bar{a}$	$-1/2$	$5/6$	$1/3$
$\bar{\mathrm{X}}^a$	a	$-1/2$	$-5/6$	$-4/3$
$\bar{\mathrm{Y}}^a$	a	$1/2$	$-5/6$	$-1/3$

次に，クォークとレプトンを考える．反粒子まで含めると，左巻きフェルミオンの数は 1 世代当りクォークは 12 個，レプトンは 3 個となる．ニュートリノは質量が 0 のため左巻き反粒子がないことに注意する．これらを $SU(5)$ 群

の表現につめこむことを考える．群の表現のうち，5, 10 次元表現を使う．対応する波動関数は ψ^{α} $(\alpha=1, 2, \cdots, 5)$，$\psi^{\alpha\beta}$ $(\alpha, \beta=1, 2, \cdots, 5$，反対称関数 $\psi^{\alpha\beta}=-\psi^{\beta\alpha})$ である．ここで表 7-8 の量子数指定と(4.1)〜(4.5)式をじっくり比較してみれば，直ちに，

$$\psi_R^{\alpha} = \begin{pmatrix} d^1 \\ d^2 \\ d^3 \\ e^+ \\ -\nu_e^c \end{pmatrix}_R \tag{7.43}$$

とすればよいことがわかる．ψ_R^{α} は，カラー，ハイパーチャージの指定から，右巻きでなければならない．ν^c にマイナスの符号がつくのは，(2.102)式のところで説明したように，$(e^+ - \nu^c)$ を $SU(2)$ の **2** 表現にしたからである．次は $\psi^{\alpha\beta}$ であるが，まず $\alpha, \beta=1, 2, 3$ の部分に対しては，3 つのカラー 123 の合成色は無色，すなわち 2 つのカラー 12 はカラー 3 の補色 $\bar{3}$ に等しいことに注意する．式で書くと，

$$\psi_L^{\alpha\beta} = \varepsilon^{\alpha\beta\gamma}(u_{\gamma}^c)_L \tag{7.44}$$

とすることにより，表 7-8 の量子数をちょうど満たすことができる．すなわち，それらは $Y=-2/3$, $Q=-2/3$ に対応する．当然ヘリシティーは左巻きとなる．他の指定は容易にでき，結局

$$\psi_L^{\alpha\beta} = \frac{1}{\sqrt{2}} \begin{pmatrix} 0 & & & & \\ -u_3^c & 0 & & (-) & \\ u_2^c & -u_1^c & 0 & & \\ u^1 & u^2 & u^3 & 0 & \\ d^1 & d^2 & d^3 & e^+ & 0 \end{pmatrix}_L \tag{7.45}$$

のようにすればよい(205 頁補注 1 参照)．ただし右辺の成分は左下の成分を逆符号にしたものである．また係数 $\sqrt{2}$ は $\psi^{\alpha\beta}$ を規格化するために導入した．

それでは早速，ゲージ粒子とフェルミオンとの相互作用がどうなるかをみてみよう．

フェルミオンの運動エネルギーに対応するラグランジアン密度 L_{f} は(2.65)，(2.75)式から

$$L_{\mathrm{f}} = (\overline{\psi_{\mathrm{R}}})_a (i\not{D}\psi_{\mathrm{R}})^a + (\overline{\psi_{\mathrm{L}}})_{ac} (i\not{D}\psi_{\mathrm{L}})^{ac}$$
$$= (\overline{\psi_{\mathrm{R}}})_a \left[i\not{\partial}\delta^a_b + \frac{g_5}{\sqrt{2}} \not{A}^a_b \right] (\psi_{\mathrm{R}})^b$$
$$+ (\overline{\psi_{\mathrm{L}}})_{ac} \left[i\not{\partial}\delta^a_b + \frac{g_5}{\sqrt{2}} \not{A}^a_b \right] (\psi_{\mathrm{L}})^{bc} \tag{7.46}$$

ここで g_5 は $SU(5)$ 結合定数で，ただ1つの結合定数しか入ってこない．さらに，(7.43)，(7.44)式を使って，すべてバラバラにしてしまう．それからゲージ相互作用部分のみを取り出すと，やっかいではあるが，以下のようになる．

$$L_{\mathrm{G}} = g_5 \left[\bar{u} \not{G}^a \frac{\lambda^a}{2} u + \bar{d} \not{G}^a \frac{\lambda^a}{2} d \right]$$
$$+ g_5 \left[(\bar{u}\bar{d})_{\mathrm{L}} \not{W}^i \frac{\tau^i}{2} \begin{pmatrix} u \\ d \end{pmatrix}_{\mathrm{L}} + (\bar{\nu}_{\mathrm{e}} \bar{e})_{\mathrm{L}} \not{W}^i \frac{\tau^i}{2} \begin{pmatrix} \nu_{\mathrm{e}} \\ e \end{pmatrix}_{\mathrm{L}} \right]$$
$$+ \sqrt{\frac{3}{5}} g_5 \left[-\frac{1}{2} (\overline{\nu_{\mathrm{L}}} \not{B} \nu_{\mathrm{L}} + \overline{e_{\mathrm{L}}} \not{B} e_{\mathrm{L}}) + \frac{1}{6} (\overline{u_{\mathrm{L}}} \not{B} u_{\mathrm{L}} + \overline{d_{\mathrm{L}}} \not{B} d_{\mathrm{L}}) \right.$$
$$\left. + \frac{2}{3} \overline{u_{\mathrm{R}}} \not{B} u_{\mathrm{R}} - \frac{1}{3} \overline{d_{\mathrm{R}}} \not{B} d_{\mathrm{R}} - \overline{e_{\mathrm{R}}} \not{B} e_{\mathrm{R}} \right]$$
$$+ \left\{ \frac{g_5}{\sqrt{2}} \bar{X}^{\alpha}_{\mu} [\overline{d^{\alpha}_{\mathrm{R}}} \gamma^{\mu} e^{c}_{\mathrm{R}} + \overline{d^{\alpha}_{\mathrm{L}}} \gamma^{\mu} e^{c}_{\mathrm{L}} + \varepsilon_{\alpha\beta\gamma} \overline{u^{c\gamma}_{\mathrm{L}}} \gamma^{\mu} u^{\beta}_{\mathrm{L}}] \right.$$
$$\left. + \frac{g_5}{\sqrt{2}} \bar{Y}^{\alpha}_{\mu} [-\overline{d^{\alpha}_{\mathrm{R}}} \gamma^{\mu} \nu^{c}_{\mathrm{R}} - \overline{u^{\alpha}_{\mathrm{L}}} \gamma^{\mu} e^{c}_{\mathrm{L}} + \varepsilon_{\alpha\beta\gamma} \overline{u^{c\gamma}_{\mathrm{L}}} \gamma^{\mu} d^{\beta}_{\mathrm{L}}] + \mathrm{h.c.} \right\} \tag{7.47}$$

第1項は $SU(3)$，第2項は $SU(2)$，第3項は $U(1)$ の相互作用をみごとに再現している(205頁補注2参照)．$SU(5)$ 大統一理論では，この式から，直ちに大統一が成立するエネルギースケール M_{X} で，

$$\alpha_{\mathrm{s}}(M_{\mathrm{X}}^2) = \alpha_5 \equiv \frac{{g_5}^2}{4\pi} \tag{7.48a}$$

$$\alpha_2(M_{\mathrm{X}}^2) = \alpha_5, \qquad \alpha'(M_{\mathrm{X}}^2) = \frac{3}{5}\alpha_5 \tag{7.48b}$$

すなわち，

$$\sin^2\theta_{\mathrm{W}}(M_{\mathrm{X}}^2) = 3/8 \tag{7.49}$$

定義として改めて $5\alpha'/3$ を α_1 と書くことにする(表7-7中のゲージ場 B に対

応した結合定数が α_1 である）．すなわち

$$\alpha_1(M_X{}^2) = \alpha_5 \tag{7.50}$$

とおく．すると，$\alpha_1(Q^2)$, $\alpha_2(Q^2)$, $\alpha_s(Q^2)$ は低エネルギー，たとえば m_Z での値から出発して $(Q^2)^{1/2}=M_X$ でちょうど α_5 に等しくなるはずである．図 7-8 の破線が $\alpha_1{}^{-1}$ を示している．$\alpha_1, \alpha_2, \alpha_s$ がほぼ一致する領域は 10^{13}～10^{15} GeV と大幅に下がってくる．しかしながら，結合定数の測定誤差を考慮しても，3 つの α は 1 点に収束しない．したがって，たいへん残念であるが，ナイーブな $SU(5)$ 大統一理論は変更を受けざるを得ないのである．

次に，(7.47)式の第 4 項を考える．これは新しいゲージ粒子 X_α, Y_α とフェルミオンとの相互作用を表わし，ゲージ群を拡張したために新たに入ってきた項である．これらはまことに異常な反応である．X_α に結合する最初の項を考えると，陽電子 e^c は $\bar{X}^\alpha$ 粒子を吸収して，d^α クォークに変換される反応を表わす(図 7-9 参照)．同じように，Y_α に結合する最初の項は，ν^c が $\bar{Y}^\alpha$ を吸収して d^α クォークになっている．つまり，X_α, Y_α はレプトン数とクォーク数を保存しない．すこし考えれば，これは当然であることがわかる．われわれは(7.43)，(7.45)式でクォーク，レプトンをひっくるめて 2 種類の粒子 ψ_R^α, $\psi_L^{\alpha\beta}$ と考えたのであるから，その粒子の内部自由度間の転換は当然起こってしかるべきである．内部自由度はカラー，I^3, Y で表現されるので，必然的にカラーから I^3, Y への転換，またはその逆転換が当然起こらなければならない．この

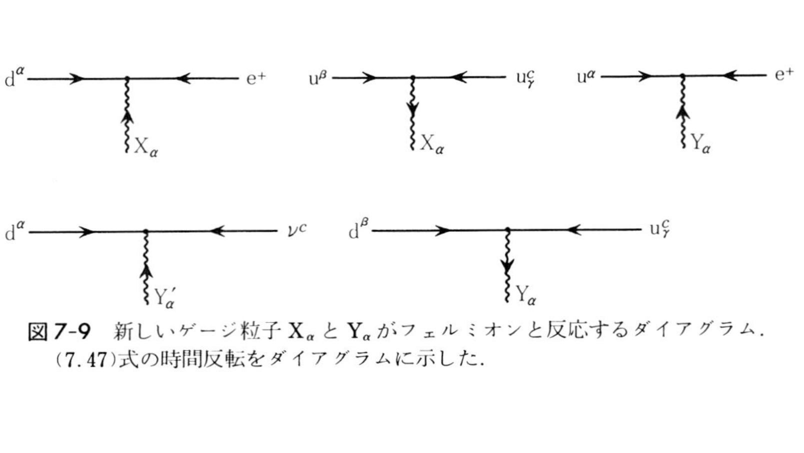

図 7-9 新しいゲージ粒子 X_α と Y_α がフェルミオンと反応するダイアグラム．(7.47)式の時間反転をダイアグラムに示した．

クォーク・レプトンの混合は，大統一理論を考えるときに必然的なものであることに注意する．

新ゲージ粒子 X_α, Y_α の相互作用は現実世界でどのような現象として見られるのだろうか．図 7-10 を見てみよう．陽子や中性子はメソンと反レプトンに崩壊してしまう！ もし X_α や Y_α が W 粒子のように 100 GeV 程度の質量しかもたないとすると，陽子は弱い相互作用のスケールすなわち 10^{-10}～10^{-12} 秒でなくなってしまうはずである．これはわれわれの生存にまさに矛盾する．この矛盾を避けるには，X_α や Y_α の質量をずっと重くしてやる必要がある．なぜなら図 7-10 の反応は明らかに $\alpha_5{}^2/m_X{}^4$ に比例するからである（考えよ）．

X_α, Y_α 粒子に質量を付与するためには，電弱相互作用で用いた Higgs 機構が

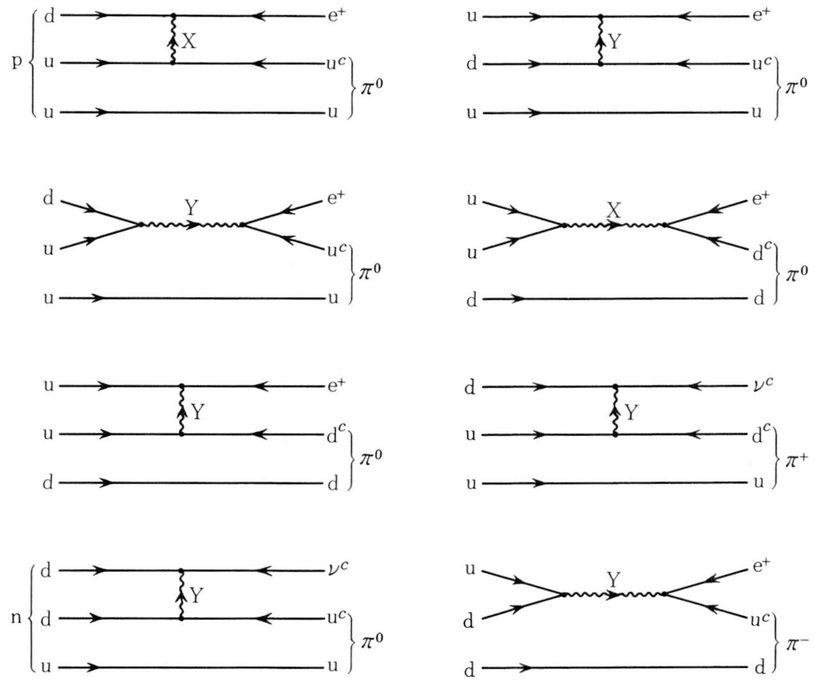

図 7-10 新ゲージ粒子 X_α, Y_α による陽子（一般に核子）の崩壊．メソンは π メソンのみならず，ρ や ω メソンであってもよい．

われわれの知っている唯一のものである．しかしこの Higgs 場は電弱相互作用の Higgs 場とは明らかに異なる．すなわち，新たに Higgs 場 $\boldsymbol{\Phi}^{\alpha}_{\beta}$ $(\alpha, \beta=1, 2, \cdots, 5)$ を導入し，その自発的対称性の破れによって，巨大な真空期待値をもたせる．これによって $\mathrm{X}_\alpha, \mathrm{Y}_\alpha$ のみに質量を付与させ，G や W, B には関与させないようにする．これはいささか不自然のような気がするが，電弱相互作用のときにも光子の質量を 0 にし W, Z 粒子のみに質量をもたせることができた．そこでふたたび同じようなトリックを使えばよろしい．

ここでは結果のみを記すことにしよう．Higgs ポテンシャル V は

$$V(\boldsymbol{\Phi}) = -\frac{\mu^2}{2}\mathrm{Tr}(\boldsymbol{\Phi}^2)+\frac{a}{4}[\mathrm{Tr}(\boldsymbol{\Phi}^2)]^2+\frac{b}{2}\mathrm{Tr}(\boldsymbol{\Phi}^4) \qquad (7.51)$$

となる．$\boldsymbol{\Phi}$ は対角的な真空期待値 $\langle\boldsymbol{\Phi}\rangle$ をもつとする．このときポテンシャル $V(\boldsymbol{\Phi})$ は

$$\langle\boldsymbol{\Phi}\rangle = \begin{pmatrix} V & & & & \\ & V & & & 0 \\ & & V & & \\ & & & -\frac{3}{2}V & \\ 0 & & & & -\frac{3}{2}V \end{pmatrix} \qquad (7.52)$$

の真空期待値で極値をもつ．ここで，

$$V = \frac{2\mu^2}{15a+7b} \qquad (7.53)$$

となり，X_α, Y_α 粒子の質量 m_X, m_Y は

$$m_\mathrm{X}{}^2 = m_\mathrm{Y}{}^2 = \frac{25}{8}g_5{}^2V^2 = 0.90V^2 \qquad (7.54)$$

となる．ただし g_5 として(7.61)式を使った．12 個の Higgs 場 $\boldsymbol{\Phi}-\langle\boldsymbol{\Phi}\rangle$ は，Higgs 機構により X, Y 粒子に吸収されて姿を消し，他の 12 個の Higgs 粒子は現実に残って質量 $\sqrt{b}\,V$ をもつのである．

したがって，α_1, α_2, α_s が一致する大統一のエネルギースケール M_X は $M_\mathrm{X} \cong m_\mathrm{X} \cong V$ と考える必要がある．すでに説明したように，$V \cong 10^{13} \sim 10^{15}$ GeV

となる．

$SU(5)$ 大統一理論はいくつかの理由で重大な変更を受けなければならない．すでに述べたように，$\alpha_1(Q^2)$，$\alpha_2(Q^2)$，$\alpha_s(Q^2)$ が1点に収束しない．走る結合定数の係数，(5.111)，(5.116)，(5.118)式の $\ln(Q^2/\mu^2)$ の係数として新しい項が必要である．これらの式では Higgs 粒子の寄与は小さいとして無視したが，本当は正しくない．参考のために，Higgs 粒子の寄与は，$\alpha'(Q^2)$，$\alpha_2(Q^2)$，$\alpha_s(Q^2)$ に対してそれぞれ，

$$-\frac{H}{40\pi}\ln\frac{Q^2}{\mu^2}, \qquad -\frac{H}{24\pi}\ln\frac{Q^2}{\mu^2}, \qquad 0 \tag{7.55}$$

となる．ただし H は Higgs 2 重項の数で，標準模型では $H=1$ である．しかしその寄与を入れても相変わらず3つの結合定数は1点に収束せず，なんらかの新しい粒子，それがフェルミオンなのか Higgs 粒子なのかは不明であるが，を導入しなければならない．

次節で述べるが，大統一のスケールが $10^{13} \sim 10^{15}$ GeV とすると，陽子は観測にかかるほど崩壊するはずであるが，現在まで行なわれたたいへんな努力にもかかわらず，陽子はいぜんとして極めて安定である．すなわち，実験的にも $SU(5)$ 大統一理論は否定される．

さらにわれわれはすでに，ニュートリノが有限な質量をもつ可能性が非常に強いことをみた．もっともらしい模型を考えると，ミューニュートリノに 10^{-3} eV 程度の質量を与えるためには，新しい $SU(2)$ 1重項の Higgs 場 $\boldsymbol{\Phi}$ が必要で，その真空期待値は $10^{12} \sim 10^{13}$ GeV になる必要があった((7.7)式参照)．さらに強い CP 問題を解決するためにアキシオン粒子を導入したが，この場合にも2つの電弱相互作用のための Higgs 場のほかにさらに新しい Higgs 場 $\boldsymbol{\Phi}$ を導入し，その真空期待値が $10^{10} \sim 10^{12}$ GeV とする必要があった．$SU(5)$ 大統一理論ではこのような Higgs 場は極めて中途半端なもので，理論的に導入することはできないのである．

もういちど図 7-8 をみよう．α_1, α_2 は約 10^{13} GeV 近辺で一致し，それらはさらに $10^{15} \sim 10^{17}$ GeV で α_s と一致する．すなわち，大統一のスケールを2段

階に考えたほうがよいのではなかろうか．$SU(3)\times SU(2)\times U(1)$ は $M_1\cong 10^{12}$ $\sim 10^{13}$ GeV でなんらかの統一 $G_1\times G_2$ (G_1, G_2 はあるゲージ群)を達成する．G_1 が $SU(2)\times U(1)$ に分解するためには，$10^{12}\sim 10^{13}$ GeV の真空期待値をもつ Higgs 粒子 $\boldsymbol{\Phi}$ を必要とする．さらに高エネルギー $M_{\mathrm{X}}\cong 10^{15}\sim 10^{17}$ GeV で最後の大統一 G が起こる．このようなシナリオも十分可能で，たとえばゲージ群として $SO(10)$ をとると，いろいろな対称性の破れが考えられるが，

$$\begin{aligned} SO(10) &\to SU(4)\times SU(2)\times SU(2) \\ &\to SU(3)\times SU(2)\times U(1) \end{aligned} \tag{7.56}$$

のような模型をつくることができる．

しかし，大統一理論を検証するにはどうしても X_α や Y_α 粒子による新しい反応を観測する必要がある．その唯一の可能性が陽子崩壊なのである．

7-4 陽子崩壊と宇宙における物質・反物質の非対称性

$SU(5)$ ゲージ対称性によって電弱力，弱い力，強い力の 3 力を統一すると，必然的に新しい力，すなわち新しいゲージ粒子 $\mathrm{X}_\alpha, \mathrm{Y}_\alpha$ が現われてくる．これらのゲージ粒子は，図 7-9 のように，粒子・反粒子，レプトン・クォーク間の遷移をひきおこし，必然的に図 7-10 のようなダイアグラムを通して，陽子や中性子をメソンと反レプトンに崩壊させる．最も大きな分岐比をもつと思われる崩壊様式は，

$$\mathrm{p}\to\begin{cases} \mathrm{e}^+\pi^0 & (7.57\mathrm{a}) \\ \bar{\nu}\pi^+ & (7.57\mathrm{b}) \end{cases}$$

$$\mathrm{n}\to\begin{cases} \mathrm{e}^+\pi^- & (7.57\mathrm{c}) \\ \bar{\nu}\pi^0 & (7.57\mathrm{d}) \end{cases}$$

である．陽子の寿命の計算は大変やっかいであるが，基本的にはクォーコニウムの崩壊と同様な扱いをする．すなわち，2 つのクォーク状態を表わす波動関数を $\psi(x)$ として，(5.10)式を使って，

$$\Gamma = (\sigma v)|\psi(0)|^2 \tag{7.58}$$

である．断面積 σ はクォークを自由粒子と考えたとき，X_α, Y_α 粒子によって媒介されるクォーク・クォーク間の反応断面積である．v は両クォーク間の相対速度である．したがって Γ は

$$\Gamma = \left(\frac{\alpha_5}{m_X{}^2}\right)^2 |\psi(0)|^2 m_{qq}{}^2 |A|^2 \lambda \tag{7.59}$$

のような形になる．$(\alpha_5/m_X{}^2)^2$ は X_α, Y_α のプロパゲーターとその両端に入る結合定数が散乱振幅に入ってくるために出てくる項である．m_{qq} は2つのクォークのエネルギーで，近似的に $m_{qq}=2m_p/3$，A はクォーク間でグルーオンをやりとりするためにおこるQCDの高次補正などの補正をひっくるめた項，さらに，λ は計算の際に入ってくる数値係数をまとめて表わしたものである．$|\psi(0)|^2$ は2つのクォークが空間的に重なり合う単位体積当りの確率(確率密度)であるから，その次元は $[E^3]$ であることに注意する．$\alpha_5, |A|^2, \lambda$ は無次限数である．参考のために数値を記すと，

$$A = \left[\frac{\alpha_s(\mu^2)}{\alpha_5(m_X{}^2)}\right]^{2/(11-4F/3)} \left[\frac{\alpha_2(m_W{}^2)}{\alpha_5(m_X{}^2)}\right]^{27/(86-16F)} \times \left[\frac{\alpha_1(m_W{}^2)}{\alpha_5(m_X{}^2)}\right]^{-33/(6+80F)} \cong 3.3 \tag{7.60}$$

図7-8から

$$\alpha_5{}^{-1} = 43\pm2, \qquad \alpha_5 = 0.023\pm0.001 \tag{7.61}$$

またQCDの**袋模型**(bag model)の計算から

$$|\psi(0)|^2 = 2.0\times10^{-3} \quad \mathrm{GeV}^3 \tag{7.62}$$

この計算の誤差は係数10くらいを考えておけば安全である．λ はダイアグラムによって複雑な値になるので省略する．2,3の専門家の計算によれば，陽子，中性子の寿命を τ_p, τ_n として $\tau_{p,n}=a_{p,n}\, m_X{}^4$ (GeV) とかくと，$a_{p,n}$ は表7-10のようになる．すなわち，

$$\tau_p = 4\times10^{31\pm1}\left(\frac{m_X}{10^{15}\,\mathrm{GeV}}\right)^4 \quad \mathrm{yr} \tag{7.63}$$

となる．

陽子崩壊の探索は，日本の Kamiokande(図 7-11)，アメリカの IMB というそれぞれ 4500 トン，8000 トンの水を使った水 Cherenkov 型測定器によって行なわれた．残念ながら陽子が崩壊した証拠はまったく得られておらず，たとえば，$p \to e^+\pi^0$ の崩壊モードに対しては，両者を合わせると 90% 信頼度(confidence level)で，

$$\tau(p \to e^+\pi^0) = \frac{\tau_p}{B(e^+\pi^0)} > 8\times 10^{32} \quad \text{yr} \tag{7.64}$$

表 7-10 陽子，中性子の寿命を，年を単位として $\tau_{p,n} = a_{p,n}\, m_X{}^4$ (GeV) と書いたときの $a_{p,n}$ の計算値．$a_{p,n}$ のバラツキは波動関数 $|\psi(0)|^2$ の推定方法の違いによる．また $m_X = 10^{14}$ GeV, 10^{15} GeV における $\tau_{p,n}$(yr) も示した．

計算		$m_X = 10^{14}$ GeV		$m_X = 10^{15}$ GeV	
$10^{29}a_p$	$10^{29}a_n$	τ_p(10^{30} yr)	τ_n(10^{30} yr)	τ_p(10^{30} yr)	τ_n(10^{30} yr)
3.7	4.3	0.0037	0.0043	37	43
4.8	—	0.0048	—	48	—
2.4	3.7	0.0024	0.0037	24	37

図 7-11 岐阜県神岡町の神岡鉱山がある池ノ山頂上直下 1000 m に設置された陽子崩壊・宇宙ニュートリノ観測用の水 Cherenkov 装置．ニュートリノ天文学を確立した歴史的観測装置である．

となり，m_X の最大値 10^{15} GeV で最大の許容誤差を考えても，陽子の寿命は $SU(5)$ の予言値(7.63)より長い．ただし $B(e^+\pi^0)$ は $p \to e^+\pi^0$ の分岐比で，$B>0.5$ と考えられている．

陽子崩壊の探索は1996年からさらに大きな装置，すなわち50000トンの水を使ったSuper-Kamiokandeによって行なわれる．数年間の観測で τ_p は 10^{34} 年，数10年間の観測で 10^{35} 年まで探索の幅を伸ばすことができる．$SU(5)$ はすでに否定されたが，前節で述べた $SO(10)$ は $e^+\pi^0$ のモードに対して $10^{33\pm1}$ 年の崩壊寿命を予想している．この値はSuper-Kamiokandeの到達範囲内にある．

次に，宇宙に目を向けてみよう．われわれの近傍，といっても数10 Mpc 内に，反物質でできた宇宙が存在する証拠はまったくない．われわれの体は陽子，中性子，電子というわゆる物質でできており，したがって，宇宙のバリオン数密度 n_B

$$n_B = \frac{N_B - \bar{N}_B}{V} \tag{7.65}$$

は明らかに正である．ただし，N_B, $\bar{N}_B$, V は宇宙全体のバリオン数，反バリオン数，体積を表わす．また，宇宙の化学組成，とくに ^{4}He, ^{3}He, ^{2}H, ^{7}Li の組成比はビッグバン後3分以内に決定されたはずである．これを**宇宙の元素合成**というが，観測された化学組成を説明するには，バリオン数密度 n_B が光子密度 n_γ に比べて，

$$\frac{n_B}{n_\gamma} = (3\pm1)\times10^{-10} \tag{7.66}$$

になっていなければならない．これからもバリオン数が反バリオン数に卓越していることがわかる．別な議論はすでに6-2節でも行なった．

宇宙は時刻 $t=0$ に1点から爆発的に始まったというビッグバン(big bang)模型が一般に信じられている．4-3節ですこし議論したが，温度 $T\cong10^{15}$ GeV，すなわち，ビッグバン後の時間

$$t = \frac{2.42}{\sqrt{g}} \frac{1}{T(\mathrm{MeV})^2} = 2 \times 10^{-37} \quad \mathrm{s} \tag{7.67}$$

では，たぶんまだクォークもレプトンもほとんど存在せず，ゲージ粒子 G, W, B, X, Y の支配する世界であった．すなわち大統一の理想郷である．それらのゲージ粒子は互いに反応しあい，熱平衡状態にあった．宇宙は急速に膨張をつづけ，ある時刻後，X, Y 粒子は反応で作られるよりも崩壊する速度の方が速くなる．図 7-9 からわかるように

$$\mathrm{X,\ Y} \to \mathrm{q}^c + l,\ \mathrm{q} + \mathrm{q}^c \tag{7.68}$$

のように崩壊する．分岐比 r, s として $\mathrm{X, Y} \to \mathrm{q} + \cdots$，$\mathrm{X, Y} \to \mathrm{q}^c + \cdots$ のようにクォークおよび反クォークの生成率を表わすものとする．同様に分岐比 $\bar{r}, \bar{s}$ が $\bar{\mathrm{X}}, \bar{\mathrm{Y}} \to \mathrm{q} + \cdots$，$\bar{\mathrm{X}}, \bar{\mathrm{Y}} \to \mathrm{q}^c + \cdots$ を表わすものとする．X, Y 粒子の崩壊で CP が保存していないときには，$r \neq \bar{r}$，$s \neq \bar{s}$ の可能性がある(考えよ)．したがって，

$$\frac{N_{\mathrm{B}} - \bar{N}_{\mathrm{B}}}{N_{\mathrm{B}} + \bar{N}_{\mathrm{B}}} = \frac{r + \bar{r} - (s + \bar{s})}{r + \bar{r} + (s + \bar{s})} \tag{7.69}$$

は 0 でなく正の値をとることができる．

$SU(5)$ 大統一理論では，とくにそうであるが，一般に多くの大統一理論では，X, Y 粒子の関与する反応で $\Delta B \neq 0$，$\Delta L \neq 0$ だが，$\Delta(B-L) = 0$，すなわち，$B-L$ なる量は保存されている．したがって，レプトン数，反レプトン数を $N_{\mathrm{L}}, \bar{N}_{\mathrm{L}}$ とすると，

$$N_{\mathrm{L}} - \bar{N}_{\mathrm{L}} = N_{\mathrm{B}} - \bar{N}_{\mathrm{B}} \tag{7.70}$$

となっていることに注意する．

このようにして，大統一理論とのかねあいで，宇宙にバリオン数が反バリオン数より多い状態，すなわち物質・反物質の非対称性をつくることができる．このときの条件は 3 つあり，

(1)　バリオン・反バリオン生成のとき，熱平衡が破れていること，

(2)　バリオン数非保存の反応がある，

(3)　同時に CP も非保存である，

となる．(1)の熱平衡がいつまでもつづくと，バリオン・反バリオンのアンバ

ランスを必ずなくすように流れが起こり，最終的に非対称性は0になってしまうからである．上の例では，X, Y 粒子の崩壊が熱平衡から破れて起こっているのである．この3条件を**Sakharov の3条件**という．また，Sakharov の3条件に大統一理論をうまくかみあわせたのが吉村の理論である．つまり，現実世界を説明するためには，どうしてもバリオン数非保存の反応が存在する必要があり，これから大統一の世界がビッグバン超初期に存在していた大きな証拠となっている．しかしすでに6-2節で説明したように，高温の $SU(2)$ 世界でバリオン数が破れ，このときには，(1)の条件をつくるのが難しいこと，さらに標準模型の KM 行列のみからでは，(3)の CP の破れが小さすぎ，せっかく作ったバリオン数非保存を完全になくしてしまう方向に作用してしまう．なにかうまい方法を発明する必要がある．

素粒子物理学はついに物質，ひいては人間そのものの存在を議論できるようになってきたのである．

補注1(194頁)　電荷等のオペレーター Q に対する ϕ^α の固有値が Q^α，すなわち $Q\phi^\alpha=Q^\alpha\phi^\alpha$ のとき，

$$Q\phi^{\alpha\beta} = (Q^\alpha+Q^\beta)\phi^{\alpha\beta}$$
$$Q\phi^\alpha_\beta = (Q^\alpha-Q^\beta)\phi^\alpha_\beta$$

である．

補注2(195頁)　フォトン場 A_γ は，電荷オペレーターを Q として

$$A_\gamma = \mathrm{Tr}((A^\alpha_\beta)\cdot Q)$$

である．オペレーター Q は

$$Q = \begin{pmatrix} -1/3 & & & & 0 \\ & -1/3 & & & \\ & & -1/3 & & \\ & & & 1 & \\ 0 & & & & 0 \end{pmatrix}$$

である．すると

$$A_\gamma = \frac{2}{\sqrt{3}}\left(\sqrt{\frac{3}{8}}W^3+\sqrt{\frac{5}{8}}B\right)$$

となる．(4.27)式と対応させてみよ．

補遺

散乱振幅 M の具体的計算例

本文でいろいろな反応の散乱断面積や崩壊率の式が使われたが，その具体的な計算は行なわなかった．ここで 2,3 の例をあげて，どのように計算を行なうのかを説明する．ただし，さらに複雑な反応，とくに高次の摂動計算は現在すべてコンピュータで行なわれているので，人力でたいへんな苦労をして計算を行なう必要は少なくなってきている．また理論家が行なう具体的計算は，実験家にとっての電子回路の設計や製作などに相当する．したがって実験家は具体的計算を 1 回や 2 回行なってみる必要はあるが，死活にかかわるような反応の計算は理論家にまかせるべきである．

(1)　$e^+ + e^- \to \mu^+ + \mu^-$ の微分断面積

図 5-21 を参照し，まず散乱振幅(5.85a)式の 2 乗を計算する．またそのとき，入射粒子のスピン自由度について平均し，放出粒子のスピンについてたし合わせる．すなわち，

$$\frac{1}{4}\sum_{s_1,s_2,s_3,s_4}|\boldsymbol{M}_1|^2 = \frac{Q^2e^4}{4s^2}A \tag{A.1}$$

ただし，μ の電荷を一般化するために Q と置いた．

$$\begin{aligned} A &= \sum_{s_1,s_2,s_3,s_4}(\bar{v}(p_3,s_3)\gamma_\mu u(p_1,s_1))^\dagger(\bar{v}(p_3,s_3)\gamma_\nu u(p_1,s_1)) \\ &\quad \times(\bar{u}(p_4,s_4)\gamma^\mu v(p_2,s_2))^\dagger(\bar{u}(p_4,s_4)\gamma^\nu v(p_2,s_2)) \\ &= \sum_{s_1,s_2,s_3,s_4}(\bar{u}(p_1,s_1)\gamma_\mu v(p_3,s_3))(\bar{v}(p_3,s_3)\gamma_\nu u(p_1,s_1)) \\ &\quad \times(\bar{v}(p_2,s_2)\gamma^\mu u(p_4,s_4))(\bar{u}(p_4,s_4)\gamma^\nu v(p_2,s_2)) \end{aligned} \tag{A.2}$$

表 3-1 の 3 から

$$\sum_{s_3} v_\alpha(p_3, s_3)\bar{v}_\beta(p_3, s_3) = (\not{p}_3 - m_e)_{\alpha\beta} \tag{A.3a}$$

$$\sum_{s_4} u_\alpha(p_4, s_4)\bar{u}_\beta(p_4, s_4) = (\not{p}_4 + m_\mu)_{\alpha\beta} \tag{A.3b}$$

$$\sum_{s_1} u_\alpha(p_1, s_1)\bar{u}_\beta(p_1, s_1) = (\not{p}_1 + m_e)_{\alpha\beta} \tag{A.3c}$$

$$\sum_{s_2} v_\alpha(p_2, s_2)\bar{v}_\beta(p_2, s_2) = (\not{p}_2 - m_\mu)_{\alpha\beta} \tag{A.3d}$$

ここで m_μ, m_e はそれぞれ μ および e の質量である．したがって

$$A = \mathrm{Tr}[(\not{p}_1 + m_e)\gamma_\mu(\not{p}_3 - m_e)\gamma_\nu]\cdot\mathrm{Tr}[(\not{p}_2 - m_\mu)\gamma^\mu(\not{p}_4 + m_\mu)\gamma^\nu] \tag{A.4}$$

最初のトレースを計算する．まず［　］内は展開して，

$$\not{p}_1\gamma_\mu\not{p}_3\gamma_\nu + m_e(\gamma_\mu\not{p}_3\gamma_\nu - \not{p}_1\gamma_\mu\gamma_\nu) - m_e{}^2\gamma_\mu\gamma_\nu \tag{A.5}$$

a_1^μ として μ 番目成分のみが 1 のベクトル，a_2^ν として ν 番目成分のみが 1 のベクトルとすると，明らかに

$$\gamma_\mu = \not{a}_1, \qquad \gamma_\nu = \not{a}_2 \tag{A.6}$$

である．γ 行列のトレースの公式を表 A-1 に示す．これから，

$$\begin{aligned}\mathrm{Tr}(\not{p}_1\gamma_\mu\not{p}_3\gamma_\nu) &= 4[(p_1\cdot a_1)(p_3\cdot a_2) + (p_1\cdot a_2)(p_3\cdot a_1) - (p_1\cdot p_3)(a_1\cdot a_2)] \\ &= 4[p_{1\mu}p_{3\nu} + p_{1\nu}p_{3\mu} - (p_1\cdot p_3)g_{\mu\nu}]\end{aligned} \tag{A.7}$$

$$\mathrm{Tr}(\gamma_\mu\not{p}_3\gamma_\nu - \not{p}_1\gamma_\mu\gamma_\nu) = 0 \tag{A.8}$$

$$\mathrm{Tr}(\gamma_\mu\gamma_\nu) = 4g_{\mu\nu} \tag{A.9}$$

のようになる．したがって

表 A-1　γ 行列のトレース公式

(1)	$\not{a}\cdot\not{b} = a\cdot b - i\sigma_{\mu\nu}a^\mu b^\nu$　（ただし　$\sigma_{\mu\nu} = \frac{i}{2}(\gamma_\mu\gamma_\nu - \gamma_\nu\gamma_\mu)$）
(2)	$\mathrm{Tr}(\not{a}_1\not{a}_2\cdots\not{a}_{2n-1}) = 0$
(3)	$\mathrm{Tr}\,\gamma_5 = 0$
	$\mathrm{Tr}\,1 = 4$
	$\mathrm{Tr}\,\not{a}\not{b} = 4(a\cdot b)$
	$\mathrm{Tr}\,\not{a}_1\not{a}_2\not{a}_3\not{a}_4 = 4[(a_1\cdot a_2)(a_3\cdot a_4) + (a_1\cdot a_4)(a_2\cdot a_3) - (a_1\cdot a_3)(a_2\cdot a_4)]$
	$\mathrm{Tr}\,\gamma_5\not{a}\not{b} = 0$
	$\mathrm{Tr}\,\gamma_5\not{a}\not{b}\not{c}\not{d} = 4i\varepsilon_{\alpha\beta\gamma\delta}a^\alpha b^\beta c^\gamma d^\delta$
(4)	$\gamma_\mu\not{a}\gamma^\mu = -2\not{a}$
	$\gamma_\mu\not{a}\not{b}\gamma^\mu = 4(a\cdot b)$
	$\gamma_\mu\not{a}\not{b}\not{c}\gamma^\mu = -2\not{c}\not{b}\not{a}$

$$
\begin{aligned}
A &= 16[p_{1\mu}p_{3\nu}+p_{1\nu}p_{3\mu}-(p_1\cdot p_3)g_{\mu\nu}-m_e{}^2g_{\mu\nu}] \\
&\quad\times[p_2^\mu p_4^\nu+p_2^\nu p_4^\mu-(p_2\cdot p_4)g^{\mu\nu}-m_\mu{}^2g^{\mu\nu}] \\
&= 32[(p_1\cdot p_2)(p_3\cdot p_4)+(p_1\cdot p_4)(p_2\cdot p_3) \\
&\quad+m_e{}^2(p_2\cdot p_4)+m_\mu{}^2(p_1\cdot p_3)+2m_e{}^2m_\mu{}^2]
\end{aligned}
\tag{A.10}
$$

ここで高エネルギー散乱のみを考える．すなわち，重心系で各粒子のエネルギーを E として，m_e/E の項は無視する．

重心系の散乱角を図 5-21 のように θ とすれば，

$$(p_1\cdot p_4)(p_3\cdot p_2) = [E^2(1-v_f\cos\theta)]^2 \tag{A.11a}$$

$$(p_1\cdot p_2)(p_3\cdot p_4) = [E^2(1+v_f\cos\theta)]^2 \tag{A.11b}$$

$$m_\mu{}^2(p_1\cdot p_3) = 2m_\mu{}^2E^2 \tag{A.11c}$$

ここで v_f は放出粒子 μ の速度である．したがって

$$\frac{1}{4}\sum_{s_1,s_2,s_3,s_4}|\boldsymbol{M}_1|^2 = Q^2e^4\left[1+v_f{}^2\cos^2\theta+\left(\frac{m_\mu}{E}\right)^2\right] \tag{A.12}$$

次に表 3-2 の 2 の断面積の公式を使う．

$$
\begin{aligned}
d\sigma &= \frac{1}{2}\frac{1}{4E^2}\left(\frac{1}{4}\sum|\boldsymbol{M}_1|^2\right)\frac{d^3p_2}{2E_2(2\pi)^3}\frac{d^3p_4}{2E_4(2\pi)^3} \\
&\quad\times(2\pi)^4\delta^4(p_2+p_4-p_1-p_3)
\end{aligned}
\tag{A.13}
$$

$$d^3p_4 = p_4{}^2dp_4d\Omega_4 = p_4E_4dE_4d\Omega_4 \tag{A.14}$$

d^3p_2 で積分する．

$$\int d^3p_2\,\delta^3(p_2+p_4-p_1-p_3)\rightarrow \boldsymbol{p}_2 = \boldsymbol{p}_1+\boldsymbol{p}_3-\boldsymbol{p}_4 \tag{A.15}$$

だから，立体角の添え字をとれば，

$$
\begin{aligned}
\frac{d\sigma}{d\Omega} &= \frac{1}{16E^2(4\pi)^2}\frac{p_4}{E}\left(\frac{1}{4}\sum|\boldsymbol{M}_1|^2\right) \\
&= \frac{Q^2\alpha^2}{4s}v_f\left[1+v_f{}^2\cos^2\theta+\frac{1}{\gamma_f{}^2}\right]
\end{aligned}
\tag{A.16}
$$

γ_f は粒子 μ の Lorentz 係数である．したがって全断面積は

$$\sigma = \pi\frac{Q^2\alpha^2}{s}v_f\left[1+\frac{v_f{}^2}{3}+\frac{1}{\gamma_f{}^2}\right] \tag{A.17}$$

m_μ/E も無視すれば，結局

$$\sigma = \frac{4\pi}{3}\frac{Q^2\alpha^2}{s} \tag{A.18}$$

となり，$Q^2=1$ とおけば，(1.19)式を再現できた．

(2) $\mathbf{Z}\rightarrow \mathbf{f\bar{f}}$ の崩壊率

$\bar{\mathrm{f}}, \mathrm{f}$ の運動量をそれぞれ p_1, p_2 とする．(4.49d)式から，振幅幅 $\boldsymbol{M}$ は，

$$\boldsymbol{M} = \frac{g}{c_W} \bar{u}(p_2, s_2)\gamma_\mu \frac{g_V - g_A\gamma_5}{2} v(p_1, s_1)\varepsilon^\mu \tag{A.19}$$

である．ただし，ε^μ は Z 粒子の偏極ベクトルで，また，

$$g_V = I^3 - 2Qs_W{}^2 \tag{A.20a}$$

$$g_A = I^3 \tag{A.20b}$$

で，I^3 と Q は，それぞれ粒子 f の弱アイソスピン第 3 成分と電荷である．また，f の質量項は，f の運動量が十分大きいので無視する．Z のスピンが 1 であることに注意すれば，

$$\frac{1}{3}\sum_{s_1, s_2, \mathrm{pol}} |\boldsymbol{M}|^2 = \frac{g^2}{12c_W{}^2}\sum_{\mathrm{pol}} \mathrm{Tr}[\not{p}_2\gamma_\mu(g_V - g_A\gamma_5)\not{p}_1\gamma_\nu(g_V - g_A\gamma_5)]\cdot\varepsilon^\mu\varepsilon^\nu \tag{A.21}$$

偏極の自由度についての和は(5.24)式で行なった．すなわち，トレース部分を $J_{\mu\nu}$ と書けば

$$\sum_{\mathrm{pol}} J_{\mu\nu}\varepsilon^\mu\varepsilon^\nu = -J_\mu^\mu \tag{A.22}$$

であった．したがって，

$$\frac{1}{3}\Sigma|\boldsymbol{M}|^2 = \frac{-g^2}{12c_W{}^2}\mathrm{Tr}[\not{p}_2\gamma_\mu(g_V - g_A\gamma_5)\not{p}_1\gamma^\mu(g_V - g_A\gamma_5)] \tag{A.23}$$

カッコ内の式を簡単にすると，

$$\not{p}_2\gamma_\mu\not{p}_1\gamma^\mu(g_V{}^2 + g_A{}^2) - 2g_Vg_A\not{p}_2\gamma_\mu\not{p}_1\gamma_\mu\gamma_5 \tag{A.24}$$

である．トレースをとれば，第 2 項の寄与は 0 となる．第 1 項のトレースは

$$\mathrm{Tr}[\not{p}_2\gamma_\mu\not{p}_1\gamma^\mu(g_V{}^2 + g_A{}^2)] = -8(p_1\cdot p_2)(g_V{}^2 + g_A{}^2) \tag{A.25}$$

また

$$2(p_1\cdot p_2) = m_Z{}^2 \tag{A.26}$$

である．したがって，

$$\frac{1}{3}\Sigma|\boldsymbol{M}|^2 = \frac{g^2}{3c_W{}^2}(g_V{}^2 + g_A{}^2)m_Z{}^2 \tag{A.27}$$

表 3-2 の 3 を使って，上と同様に位相空間に関する積分を行なえば，

$$\begin{aligned}\Gamma &= \frac{1}{16\pi m_Z}\left(\frac{1}{3}\Sigma|\boldsymbol{M}|^2\right) = \frac{1}{48\pi}\frac{g^2}{c_W{}^2}(g_V{}^2 + g_A{}^2)m_Z \\ &= \frac{G_F m_Z{}^2}{6\sqrt{2}\pi}(g_V{}^2 + g_A{}^2)m_Z\end{aligned} \tag{A.28}$$

となり，(4.53)式が求められた．

(3)　$\boldsymbol{\nu_\mu + e^- \rightarrow \nu_\mu + e^-}$

図 7-1 の(a)のみが寄与する．入射する ν_μ, e^- の運動量を p_1, p_2，放出される ν_μ, e^- の運動量を p_3, p_4 とする．(4.49d)式から，散乱振幅は

$$\boldsymbol{M} = \frac{g^2}{c_W{}^2}\left[\bar{u}(p_3, s_3)\gamma_\mu \frac{1-\gamma_5}{4} u(p_1, s_1)\right]\frac{-1}{q^2-m_Z{}^2} \times\left[\bar{u}(p_4, s_4)\gamma^\mu \frac{g_V-g_A\gamma_5}{2} u(p_2, s_2)\right] \tag{A.29}$$

である．ただし，$s_1, \cdots, s_4$ は各粒子のスピンを表わす．簡単のために，$u(p_3, s_3)$ を u_3 のように表わす．$|q^2| \ll m_Z{}^2$ とする．また，

$$\frac{g^2}{8c_W{}^2 m_Z{}^2} = \frac{g^2}{8m_W{}^2} = \frac{G_F}{\sqrt{2}} \tag{A.30}$$

に注意すると，

$$\boldsymbol{M} = \frac{G_F}{\sqrt{2}}(\bar{u}_3\gamma_\mu(1-\gamma_5)u_1)(\bar{u}_4\gamma^\mu(g_V-g_A\gamma_5)u_2) \tag{A.31}$$

入射粒子のスピンに対する平均を取るとき，ニュートリノには1成分(左巻き)しかないことに注意する．すなわち，電子のみの寄与があり，2となる．したがって

$$\frac{1}{2}\sum_{s_1, s_2, s_3, s_4}|\boldsymbol{M}|^2 \tag{A.32}$$

を計算しなければならない．まず，

$$\frac{1}{2}\sum_{s_1, s_2, s_3, s_4}|\boldsymbol{M}|^2 = \frac{G_F{}^2}{4}\mathrm{Tr}[\not{p}_3\gamma_\mu(1-\gamma_5)\not{p}_1\gamma_\nu(1-\gamma_5)] \times\mathrm{Tr}[(\not{p}_4+m_e)\gamma^\mu(g_V-g_A\gamma_5)(\not{p}_2+m_e)\cdot\gamma^\nu(g_V-g_A\gamma_5)] \tag{A.33}$$

となる．第1のトレースは

$$8[p_{3\mu}p_{1\nu}+p_{3\nu}p_{1\mu}-(p_1\cdot p_3)g_{\mu\nu}]-2\,\mathrm{Tr}(\not{p}_3\gamma_\mu\not{p}_1\gamma_\nu\gamma_5) \tag{A.34}$$

第2のトレースはややこしいが，

$$4(g_V{}^2+g_A{}^2)[p_4^\mu p_2^\nu+p_4^\nu p_2^\mu-(p_2\cdot p_4)g^{\mu\nu}]+4m_e{}^2(g_V{}^2-g_A{}^2)g^{\mu\nu}-2g_Vg_A\,\mathrm{Tr}(\not{p}_4\gamma^\mu\not{p}_2\gamma^\nu\gamma_5) \tag{A.35}$$

である．両者の積を取る際，以下のトレースの積を計算する必要がある．

$$\mathrm{Tr}(\not{p}_3\gamma_\mu\not{p}_1\gamma_\nu\gamma_5)\,\mathrm{Tr}(\not{p}_4\gamma^\mu\not{p}_2\gamma^\nu\gamma_5) \tag{A.36}$$

これは，もちろん Lorentz 不変で p_1, p_2, p_3, p_4 の1次結合，さらに p_1 と p_3，p_4 と p_2 の交換に対して符号が変わる．したがって，上の積は

$$a[(p_2\cdot p_3)(p_1\cdot p_4)-(p_1\cdot p_2)(p_3\cdot p_4)] \tag{A.37}$$

のような形になるはずである．あとは係数 a を決めればよい．そのためには，たとえば

$$p_3 = p_2 = (1,0,0,0), \qquad p_1 = p_4 = (0,1,0,0)$$

とおけば

$$\begin{aligned} -a &= \mathrm{Tr}(\gamma_0\gamma_\mu\gamma_1\gamma_\nu\gamma_5)\,\mathrm{Tr}(\gamma_1\gamma_\mu\gamma_0\gamma_\nu\gamma_5) \\ &= 2\,\mathrm{Tr}(\gamma_0\gamma_2\gamma_1\gamma_3\gamma_5)\,\mathrm{Tr}(\gamma_1\gamma_2\gamma_0\gamma_3\gamma_5) \\ &= 32 \end{aligned} \tag{A.38}$$

これらを使って長い計算を行なえば，結局

$$\frac{1}{2}\Sigma|\boldsymbol{M}|^2 = 16G_F{}^2\{(p_1\cdot p_2)(p_3\cdot p_4)(g_V+g_A)^2 + (p_1\cdot p_4)(p_2\cdot p_3)(g_V-g_A)^2 - m_e{}^2(g_V{}^2-g_A{}^2)(p_1\cdot p_3)\} \quad (A.39)$$

となる．

$$(p_1\cdot p_2) = \frac{1}{2}[(p_1+p_2)^2-p_1{}^2-p_2{}^2] = \frac{1}{2}(s-m_e{}^2) = (p_3\cdot p_4) \quad (A.40)$$

ここで，

$$q = p_1-p_3, \qquad \nu = \frac{q\cdot p_2}{m_e}, \qquad Q^2 = -q^2 = 2(p_1\cdot p_3) \quad (A.41)$$

とすると，

$$Q^2 = 2m_e\nu \quad (A.42)$$

かつ

$$(p_2\cdot p_3) = -p_2\cdot q+(p_1\cdot p_2) = -m_e\nu+\frac{s}{2}-\frac{m_e{}^2}{2} \quad (A.43)$$

さらに

$$y = \frac{Q^2}{s} = \frac{2m_e\nu}{s} \quad (A.44)$$

とおけば

$$(p_2\cdot p_3) = \frac{s}{2}\left[(1-y)-\frac{m_e{}^2}{s}\right] \quad (A.45)$$

以上を使えば

$$\frac{1}{2}\Sigma|\boldsymbol{M}|^2 = 4G_F{}^2s^2\left\{(g_V+g_A)^2+(g_V-g_A)^2(1-y)^2 - 4[g_V{}^2+g_A{}^2+g_A(g_V-g_A)y]\frac{m_e{}^2}{s}\right\}+2(g_V{}^2+g_A{}^2)\left(\frac{m_e{}^2}{s}\right)^2 \quad (A.46)$$

となる．実験室系では，

$$s = 2m_eE+m_e{}^2, \qquad \nu = E_1-E_3 \quad (A.47)$$

ただし $E=E_1$ は入射ニュートリノのエネルギーである．いま，

$$y' = \frac{E-E_3}{E} \quad (A.48)$$

とする．y' は非弾性率を表わす．E が m_e より十分大きいとき，y' は(A.44)式の y に一致する．また，y' は0から $2E/(2E+m_e)$ までの値をとる．実験室系における断面積は，表3-2を使って，

$$\frac{d\sigma}{dy'} = \frac{1}{32\pi}\frac{1}{m_eE}\left(\frac{1}{2}\Sigma|\boldsymbol{M}|^2\right) \quad (A.49)$$

と，y'を使うことにより大変簡単になる．次に(A.46)式を実験室系で表現すると，

$$\frac{1}{2}\sum|\boldsymbol{M}|^2 = 16G_F{}^2m_e{}^2E^2\left[(g_V+g_A)^2+(g_V-g_A)^2(1-y')^2-(g_V{}^2-g_A{}^2)\frac{m_e y'}{E}\right] \tag{A.50}$$

となる．実験室系での断面積は結局，

$$\frac{d\sigma}{dy'} = \frac{G_F{}^2m_eE}{2\pi}\left[(g_V+g_A)^2+(g_V-g_A)^2(1-y')^2-(g_V{}^2-g_A{}^2)\frac{m_e y'}{E}\right] \tag{A.51}$$

となる．以上の式は，$E\to 0$ の場合にも成立する．

(4)　$\boldsymbol{\nu_e+e^- \to \nu_e+e^-}$

図 7-1 の(a)，(b)が両方寄与する，入射粒子の ν_e，e の運動量を p_1, p_2，放出された ν_e，e の運動量を p_3, p_4 とする．散乱振幅は，

$$\begin{aligned}\boldsymbol{M} = \frac{G_F}{\sqrt{2}}[&\bar{u}(p_3,s_3)\gamma_\mu(1-\gamma_5)u(p_1,s_1)\cdot\bar{u}(p_4,s_4)\gamma^\mu(g_V-g_A\gamma_5)u(p_2,s_2)\\ &-\bar{u}(p_4,s_4)\gamma_\mu(1-\gamma_5)u(p_1,s_1)\cdot\bar{u}(p_3,s_3)\gamma^\mu(1-\gamma_5)u(p_2,s_2)]\end{aligned} \tag{A.52}$$

第 2 項の － は粒子 3, 4 が第 1 項と逆になっているため，フェルミオンの反交換関係の決まりによりついたものである．これはむしろ約束ごとであって，こうしないと実験結果と合わない．簡単のために $u(p_4,s_4)$ を u_4 のように書くと，Fierz 変換によって

$$\text{第 2 項} = +\bar{u}_4\gamma_\mu(1-\gamma_5)u_2\cdot\bar{u}_3\gamma^\mu(1-\gamma_5)u_1 \tag{A.53}$$

したがって

$$\boldsymbol{M} = \frac{G_F}{\sqrt{2}}[\bar{u}_3\gamma_\mu(1-\gamma_5)u_1\cdot\bar{u}_4\gamma^\mu(g_V+1-(g_A+1)\gamma_5)u_2] \tag{A.54}$$

この計算は(3)で $g_V\to g_V+1$，$g_A\to g_A+1$ にしたものにほかならない．すなわち，

$$\frac{d\sigma}{dy'} = \frac{G_F{}^2m_eE}{2\pi}\left[(g_V+g_A+2)^2+(g_V-g_A)^2(1-y')^2-((g_V+1)^2-(g_A+1)^2)\frac{m_e y'}{E}\right] \tag{A.55}$$

(5)　$\boldsymbol{\bar{\nu}_\mu+e^- \to \bar{\nu}_\mu+e^-}$

図 7-1 の(a)で，$\bar{\nu}_\mu$ は反粒子であるから，時間の進みが逆になり，入射粒子は $-p_3$，放出粒子は $-p_1$ になることに注意する．散乱振幅は，

$$\boldsymbol{M} = \frac{G_F}{\sqrt{2}}[\bar{v}_1\gamma_\mu(1-\gamma_5)v_3\cdot\bar{u}_4\gamma^\mu(g_V-g_A\gamma_5)u_2] \tag{A.56}$$

である．$|\boldsymbol{M}|^2$ を入射粒子のスピンに対する平均，放出粒子のスピンに対する和をとると，これは(3)で $p_1\to p_3$，$p_3\to p_1$ に置き換えたものにほかならない．したがって，

$$\frac{d\sigma}{dy'}=\frac{G_F{}^2 m_e E}{2\pi}\left[(g_V+g_A)^2(1-y')^2+(g_V-g_A)^2-(g_V{}^2-g_A{}^2)\frac{m_e y'}{E}\right] \quad (A.57)$$

(6)　$\bar{\nu}_e+e^-\rightarrow\bar{\nu}_e+e^-$

(5)と全く同様にして，

$$\frac{d\sigma}{dy'}=\frac{G_F{}^2 m_e E}{2\pi}\left[(g_V+g_A+2)^2(1-y')^2+(g_V-g_A)^2-((g_V+1)^2-(g_A+1)^2)\frac{m_e y'}{E}\right] \quad (A.58)$$

である．以上で表 7-4 の式を導出することができた．

補章

超対称性とは何か

素粒子物理学が今後どのように展開するかについては，すでに第6章および第7章にその一部を紹介した．最近，電子・陽電子コライダーLEPによる実験結果の解析から，超対称性(supersymmetry，略号SUSY)という新しい対称性を導入した大統一理論(SUSYGUT)が注目を浴びている．超対称性を補章に加えるほどの重要性がどこにあるのかというと，現在のところ純理論的な興味からであって，超対称性の追求から，重力相互作用の量子化に進み，さらに自然界に存在する4力のすべてを統一的に記述することができる大きな可能性があるからである．しかし，Planckエネルギーよりもずっと低いエネルギー領域でも，超対称性理論は興味ある予言をしていて，近い将来，それらの予言は実験的に検証される可能性が大いにある．そこで，超対称性とは何かについて本章で簡単に紹介したい*.

H-1　基本的な考え

超対称性とは，ボソンとフェルミオンの間の対称性のことをいう．ボソンとフ

*　なお，詳細を知りたい読者は，H. P. Nilles: Phys. Rep. **110** (1984) 1 などを参照されたい．

ェルミオンの状態を $|B\rangle, |F\rangle$ とすると，ある演算子 Q が

$$Q|B\rangle = |F\rangle \tag{H.1}$$

なる変換をするとき，その変換が超対称性変換である．

Q はかなり異常な演算子である．たとえばスピン 0 のボソンとスピン 1/2 のフェルミオンの場は，それぞれ複素スカラーとスピノルで記述される．したがって，演算子 Q はスピノルでなければならず，かつ次元 $[E^{1/2}]$ を持つ．さらに超対称性変換は，粒子数の保存，すなわち系の自由度を変えてはいけないはずである．複素スカラーの自由度は 2 であるから，スピノルは 2-1 節で考えた 2 成分スピノル，いわゆる右手系かまたは左手系という特別なヘリシティーを持ったスピノルでなければならない．このような 2 成分スピノルを Weyl スピノルという．このように右手系か左手系の区別がある状態をカイラル (chiral) といい，そのような状態の存在のことをカイラリティー (chirality) という．したがって，超対称性変換とは，ボソンをカイラルなフェルミオンに変換する対称性のことである．

このような対称性を理論的に整合性のあるものにしたのが，超対称性理論である．2-2 節および 2-3 節で紹介したゲージ理論を参考にすれば，場に作用する変換因子 (operator) は，

$$\exp[i(\theta Q + \bar{Q}\bar{\theta})] \tag{H.2}$$

であるべきであろう．ただし，ここで θ は 2 成分スピノルであり，上に棒のついた量は複素共役を表わす．θ の次元は $[E^{-1/2}]$ でなければならない．このように考えると，Q は群の生成元 (generator) にほかならない．あとは，生成元 Q の交換関係や反交換関係を設定し，上の超対称性変換に対する場の変換を具体的に設定して，理論体系を作ることになる．

θ が時空点 x によらないグローバル変換と，時空点の関数になる局所変換が当然考えられる．局所超対称性変換が重力に密接に関係していると考えられているが，あまりにも専門的に過ぎるので，本章ではグローバル超対称性の紹介のみにとどめることにする．

ここで，少し定式化を行なおう．2 成分スピノルの添え字についての規則を

作る.

$$Q_a = \varepsilon_{ab} Q^b \qquad (a, b=1, 2) \tag{H.3}$$

ここで ε_{ab} は反対称テンソルで，$\varepsilon_{12}=1$ である．また，$\bar{Q}^a$ は,

$$\bar{Q}^a = (Q^a)^* \tag{H.4}$$

θ についても同様に $\theta_a, \theta^a, \bar{\theta}^a$ を定義する．また，すべてのスピノルは，自分も含めて反交換関係にあるとする．すなわち，スピノル θ および η に対して,

$$\{\theta^a, \eta^b\} \equiv \theta^a \eta^b + \eta^b \theta^a = 0 \tag{H.5}$$

これは，場の理論におけるスピノル場の反交換関係と同一である.

添え字は 1 と 2 の数値をとるだけだから,

$$\theta^a \theta^b \theta^c = 0 \tag{H.6}$$

そのため,

$$\exp(i\theta Q) = 1 + i\theta Q + \frac{1}{2}(i\theta Q)^2 \tag{H.7}$$

と，Taylor 展開は有限項でストップする．ただし，演算子 Q とスピノル θ は交換し，積 θQ は,

$$\theta Q \equiv \theta^a Q_a = \varepsilon_{ab} \theta^a Q^b \tag{H.8}$$

のことである．当然,

$$\theta^2 \equiv \theta\theta = \theta^a \theta_a = \varepsilon_{ab} \theta^a \theta^b = 2\theta^1 \theta^2 \tag{H.9}$$

次に Pauli 行列に対しては,

$$\sigma_\mu^{ab} = (1, \sigma^1, \sigma^2, \sigma^3)_{ab} \tag{H.10}$$

で，σ^i は(2.7)式で与えられている．すると，σ_{ab}^μ と $\bar{\sigma}_\mu^{ab}$ は次のようになる.

$$\sigma_{ab}^\mu = (1, \sigma^1, \sigma^2, \sigma^3)_{ba} \tag{H.11}$$

$$\bar{\sigma}_\mu^{ab} = (1, -\sigma^1, -\sigma^2, -\sigma^3)_{ab} \tag{H.12}$$

つぎに，系の 4 元運動量演算子 P_μ と $Q, \bar{Q}$ の代数関係として,

$$[Q_a, P_\mu] = 0, \qquad [\bar{Q}_a, P_\mu] = 0 \tag{H.13}$$

をとる．これは，ボソン，フェルミオンが同一のエネルギー・運動量を持つことを意味し，静止系を考えれば，超対称性変換で結ばれたボソンとフェルミオンは同一の質量を持たなければならないことになる.

さらに,

$$\{Q_a, Q_b\} = 0, \quad \{\bar{Q}_a, \bar{Q}_b\} = 0 \tag{H.14}$$

$$\{Q_a, \bar{Q}_b\} = 2\sigma^{\mu}_{ab} P_{\mu} \tag{H.15}$$

なる反交換関係を要求する．最後の関係式では，演算子 Q が $[E^{1/2}]$ の次元を持つために右辺に P が入らなければならない．これは，スピノルのエネルギー写影演算子(表 3-1)に相当するものである．

スピノル θ を使えば，上の反交換関係は交換関係

$$[\theta Q, \bar{Q}\bar{\eta}] = 2\theta\sigma_{\mu}\bar{\eta}P^{\mu} \tag{H.16}$$

になる．

以上の定式化は，数学の公理に相当するもので，すべての議論はここから開始される．自然界がこの公理を反映しているかどうかは，実験および観測によってのみその解答が得られるのである*.

H-2 スーパー場

超対称性変換

---

* ここで，もう一度 Dirac スピノルと Majorana スピノルを復習しておきたい．左手系と右手系をはっきり区別するため，γ 行列の表現は(2.12)式を採用する．このとき，(H.3)式に出てきた反対称テンソルは,

$$\varepsilon_{ab} = i\sigma^2_{ab}$$

となり，荷電共役の際に作用する行列にほかならない．したがって，添え字の上付き下付きを変え，かつ複素共役を取る操作は，粒子を反粒子に変換する操作である．2 つの 2 成分 Weyl スピノル χ_a と $\bar{\xi}^b$ から 1 つの Dirac スピノル ψ を作るには,

$$\psi = \begin{pmatrix} \chi_a \\ \bar{\xi}^b \end{pmatrix}, \quad \bar{\psi} = (\xi^a \ \bar{\chi}_b)$$

とすればよい．そうすると，Dirac スピノルの質量項は $m\bar{\psi}\psi$ だから，Weyl スピノルで表わすと,

$$m(\xi^a\chi_a + \bar{\chi}_b\bar{\xi}^b)$$

となる．Dirac スピノルの自由度は 4 であるから，当然 2 つの Weyl スピノルが必要である．Majorana スピノルは，$\chi=\xi$，すなわち,

$$\psi = \begin{pmatrix} \chi_a \\ \bar{\chi}^b \end{pmatrix}, \quad \bar{\psi} = (\chi^a \ \bar{\chi}_b)$$

にしたものにほかならない．対応する質量項は,

$$m(\chi^a\chi_a + \bar{\chi}_b\bar{\chi}^b)$$

である．

本章の超対称性理論の議論で，1 種類のスピノルのみを議論する場合には，それを Majorana スピノルと考えるべきである．

$$G = \exp[i(\zeta^a Q_a + \bar{Q}^a \bar{\zeta}_a)] \tag{H.17}$$

が作用する元をスーパー場とよぶ．スーパー場として3種類の具体的表現を考える．すなわち，自由粒子のスカラー場 $\exp(-ixP)$ の自然な拡張として，

$$\phi(x,\theta,\bar{\theta}) \sim \exp(i\theta Q + i\bar{Q}\bar{\theta} - ixP) \tag{H.18}$$

$$\phi_{\mathrm{L}}(x,\theta,\bar{\theta}) \sim \exp(i\theta Q - ixP)\exp(i\bar{Q}\bar{\theta}) \tag{H.19}$$

$$\phi_{\mathrm{R}}(x,\theta,\bar{\theta}) \sim \exp(i\bar{Q}\bar{\theta} - ixP)\exp(i\theta Q) \tag{H.20}$$

である．それぞれのスーパー場はスピノル θ にも依存するから，スカラー場とスピノル場が混合した関数となっている．θ および Q は単純に移項することができないので，上の3つの表現はそれぞれ異なるが，それらは以下の関係で結ばれていることがわかる．

$$\begin{aligned}\phi(x,\theta,\bar{\theta}) &= \phi_{\mathrm{L}}(x_\mu + i\theta\sigma_\mu\bar{\theta}, \theta, \bar{\theta}) \\ &= \phi_{\mathrm{R}}(x_\mu - i\theta\sigma_\mu\bar{\theta}, \theta, \bar{\theta})\end{aligned} \tag{H.21}$$

これらの元に超対称性変換(H.17)式を左から作用させると，やっかいな計算ではあるが，

$$G\phi(x,\theta,\bar{\theta}) = \phi(x_\mu + i\theta\sigma_\mu\bar{\zeta} - i\zeta\sigma_\mu\bar{\theta}, \theta+\zeta, \bar{\theta}+\bar{\zeta}) \tag{H.22}$$

$$G\phi_{\mathrm{L}}(x,\theta,\bar{\theta}) = \phi_{\mathrm{L}}(x_\mu + 2i\theta\sigma_\mu\bar{\zeta} + i\zeta\sigma_\mu\bar{\zeta}, \theta+\zeta, \bar{\theta}+\bar{\zeta}) \tag{H.23}$$

$$G\phi_{\mathrm{R}}(x,\theta,\bar{\theta}) = \phi_{\mathrm{R}}(x_\mu - 2i\zeta\sigma_\mu\bar{\theta} - i\zeta\sigma_\mu\bar{\zeta}, \theta+\zeta, \bar{\theta}+\bar{\zeta}) \tag{H.24}$$

となることがわかる．また，ζ を無限小としたとき，すなわち無限小超対称性変換 δ は，

$$\delta\phi = \left[\zeta\frac{\partial}{\partial\theta} + \bar{\zeta}\frac{\partial}{\partial\bar{\theta}} - i(\zeta\sigma_\mu\bar{\theta} - \theta\sigma_\mu\bar{\zeta})\partial^\mu\right]\phi \tag{H.25}$$

したがって，この表現における生成元 Q_a は，

$$Q_a = \partial_a - i\sigma^\mu_{ab}\bar{\theta}^b\partial_\mu, \qquad \bar{Q}_a = -\bar{\partial}_a + i\theta^b\sigma^\mu_{ba}\partial_\mu \tag{H.26}$$

である．ただし，$\partial_a = \partial/\partial\theta^a$，$\bar{\partial}_a = \partial/\partial\bar{\theta}^a$ を意味する．ゲージ理論の場合と同様に，拡張された微分 D_a を，$D_a(\delta\phi) = -\delta(D_a\phi)$ となるように作る．

$$D_a = \partial_a + i\sigma^\mu_{ab}\bar{\theta}^b\partial_\mu, \qquad \bar{D}_a = -\bar{\partial}_a - i\theta^b\sigma^\mu_{ba}\partial_\mu \qquad (a=1,2) \tag{H.27}$$

同様にして，$\phi_{\mathrm{L}}, \phi_{\mathrm{R}}$ の無限小変換と対応する生成元の表現および拡張された微分は以下のようになる．

$$\delta\phi_{\mathrm{L}} = (\zeta\partial_\theta + \bar{\zeta}\partial_{\bar{\theta}} + 2i\theta\sigma^\mu\bar{\zeta}\partial_\mu)\phi_{\mathrm{L}} \tag{H.28}$$

$$Q_{\mathrm{L}} = \partial_\theta, \qquad \bar{Q}_{\mathrm{L}} = -\partial_{\bar{\theta}} + 2i\theta\sigma_\mu\partial^\mu \tag{H.29}$$

$$D_{\mathrm{L}} = \partial_\theta + 2i\sigma_\mu\bar{\theta}\partial^\mu, \qquad \bar{D}_{\mathrm{L}} = -\bar{\partial}_{\bar{\theta}} \tag{H.30}$$

$$\delta\phi_{\mathrm{R}} = (\zeta\partial_\theta + \bar{\zeta}\partial_{\bar{\theta}} - 2i\zeta\sigma^\mu\bar{\theta}\partial_\mu)\phi_{\mathrm{R}} \tag{H.31}$$

$$Q_{\mathrm{R}} = \partial_\theta - 2i\sigma^\mu\bar{\theta}\partial_\mu, \qquad \bar{Q}_{\mathrm{R}} = -\partial_{\bar{\theta}} \tag{H.32}$$

$$D_{\mathrm{R}} = \partial_\theta, \qquad \bar{D}_{\mathrm{R}} = -\partial_{\bar{\theta}} - 2i\theta\sigma_\mu\partial^\mu \tag{H.33}$$

ただし $\partial_\theta = \partial/\partial\theta$, $\partial_{\bar{\theta}} = \partial/\partial\bar{\theta}$ である.

$\bar{D}_{\mathrm{L}}\phi = -\partial\phi/\partial\bar{\theta} = 0$ を満足するスーパー場は左手系カイラルスーパー場とよばれるが，この場は $\bar{\theta}$ に依存しないから，一般的に

$$\phi(x,\theta) = \varphi(x) + \theta^a\psi_a(x) + \theta^a\theta_a F(x) \tag{H.34}$$

と書くことができる((H.6)式参照). ここで ψ は 2 成分 Weyl スピノルである. 次元から考えると，第 3 項の F は電場に相当する場であるが，これは φ, ψ と独立でないことがあとでわかる. 無限小超対称性変換を行なうと，右辺第 1, 2, 3 項に付け加わる量は，それぞれ次のように与えられる.

$$\delta\varphi = \zeta\psi \tag{H.35}$$

$$\delta\psi = 2i\sigma_\mu\bar{\zeta}\partial^\mu\varphi + 2\zeta F \tag{H.36}$$

$$\delta F = -i\partial^\mu\psi\sigma_\mu\bar{\zeta} \tag{H.37}$$

確かに，スカラー場とスピノル場がお互いに変換されることがわかる.

このままでは自由度が足りなくてベクトル場 V_μ の成分を導入することができないので，必然的に $\bar{\theta}$ に依存する項を導入せざるをえない. ベクトル場としては当然ゲージ場(2-2 節，2-3 節)を考えているのであるが，超対称性変換が通常のゲージ変換を自然に含むように，ゲージ変換の方も少し拡張する必要がある.

Wess と Zumino によれば，ベクトル場を含むスーパー場を V，任意のカイラルスーパー場を Λ とすると，拡張されたゲージ変換は，$V \to V + i(\Lambda - \Lambda^\dagger)$ である*. 彼らによると，特定のゲージを採用して不用な成分場をどんどん排

---

* J. Wess and B. Zumino : Nucl. Phys. **B78** (1974) 1.

除し，ベクトル場を含み，かつ $V^\dagger = V$ を満たす((2.26)式参照)最も簡単なスーパー場は，

$$V(x,\theta,\bar{\theta}) = -\theta\sigma_\mu\bar{\theta}V^\mu + i\theta\theta\bar{\theta}\bar{\lambda} - i\bar{\theta}\bar{\theta}\theta\lambda + \frac{1}{2}\theta\theta\bar{\theta}\bar{\theta}D \qquad \text{(H.38)}$$

である．λ と D はゲージ変換に対して不変とし，V_μ は $V_\mu \to V_\mu + ig\partial_\mu(\varphi+\varphi^*)/2$ となる．ただし，φ は Λ のスカラー成分である．このスーパー場はベクトルスーパー場とよばれており，特に右辺第4項は無限小超対称性変換によって

$$\delta D = 2\bar{\zeta}\sigma^\mu\partial_\mu\lambda \qquad \text{(H.39)}$$

が付加される．質量0のベクトル場 V^μ は，超対称性パートナーのスピノル λ を持つ．ベクトル場は，ゲージ不変性によって自由度が2になっているので，スピノルの自由度2とうまく対応している．λ はゲージーノ(gaugino)とよばれることがある．また，ベクトルスーパー場は次元を持っていないことに注意する．場 D はカイラルスーパー場の F と同じように独立な場ではない．

H-3　ラグランジアン密度

カイラルスーパー場およびベクトルスーパー場が定義できたあとは，それらの運動を記述するためのラグランジアンを規定しなければならない．ゲージ不変性のような確たる基準がないのがいささか不安であるが，ここでは超対称性変換に対して(2.82)式で定義した作用が不変であるという大原則のもとに，(2.42)式のように運動項と質量項を含むラグランジアン密度を作っていく．(H.37)式と(H.39)式に注目すると，無限小超対称性変換は，カイラルスカラー場の $\theta\theta$ 項(F 項)とベクトルスーパー場の $\theta\theta\bar{\theta}\bar{\theta}$ 項(D 項)に全微分の形をした量を付加している．作用は，ラグランジアン密度の4次元体積積分であるから，F および D 項をラグランジアン密度に取ることにすれば，F, D 項の超対称性変換分の4次元積分を3次元表面積分にすることができ，場が遠方で十分速く収束することを仮定すれば，それらを0に，したがって作用を超対称性変換に不変なようにすることができる．

そこで，運動項および質量項を持つスーパー場の表式を探しだし，そこから F および D 項を引き出してラグランジアン密度を作ることにする．第1の可能性は，カイラルスカラー場 ϕ とそのエルミート共役 $\phi^\dagger$ の積である．ϕ として(H. 34)式で与えられる左手系カイラルスーパー場 ϕ_L を取ると，$(\phi_L)^\dagger$ は $\bar{\theta}$ のみに依存し，したがって $D_R[(\phi_L)^\dagger]=0$，すなわち右手系カイラルスーパー場になってしまう．表現は常に左手系に限定するため，$(\phi_L)^\dagger$ を(H. 21)式を使って左手系に直す．すなわち，

$$\begin{aligned}\phi^\dagger(x,\theta,\bar{\theta}) &= \phi_L{}^\dagger(x_\mu-2i\theta\sigma_\mu\bar{\theta},\bar{\theta})\\ &= \exp(-2i\theta\sigma_\mu\bar{\theta}\partial^\mu)\phi_L{}^\dagger(x,\bar{\theta})\end{aligned} \tag{H. 40}$$

そして2次形式 $\phi\phi^\dagger$ を作り，D 項を求める．

$$(\phi\phi^\dagger)_D = FF^*-\varphi\partial_\mu\partial^\mu\varphi^*+\frac{1}{2}i\psi^b\sigma^\mu_{ba}\partial_\mu\bar{\psi}^a \tag{H. 41}$$

第2項は4次元体積積分の被積分項だから，部分積分をして $+\partial^\mu\varphi\partial_\mu\varphi^*$ に変更できる．このようにして，うまい具合にスカラー場とスピノル場の運動項が出た．

質量項と相互作用項は，カイラルスーパー場の2乗と3乗の和から作ることができる．すなわち，

$$\begin{aligned}W_F &= (m\phi^2+\lambda\phi^3+\mathrm{h.c.})_F\\ &= m\left(2\varphi F-\frac{1}{2}(\psi\psi)+\mathrm{h.c.}\right)+\lambda\left(3\varphi^2F-\frac{3}{2}\varphi(\psi\psi)+\mathrm{h.c.}\right)\end{aligned} \tag{H. 42}$$

ここで h. c. は前2項のエルミート共役を表わす．$W_F(\phi)$ はスーパーポテンシャルとよばれる量である．以上をまとめると，カイラルスーパー場のラグランジアン密度は，

$$\begin{aligned}L &= (\phi\phi^\dagger)_D+(m\phi^2+\lambda\phi^3+\mathrm{h.c.})_F\\ &= FF^*+\partial^\mu\varphi\partial_\mu\varphi^*+\frac{1}{2}i\psi^b\sigma^\mu_{ba}\partial_\mu\bar{\psi}^a\\ &\quad +m\left(2\varphi F-\frac{1}{2}(\psi\psi)+\mathrm{h.c.}\right)+\lambda\left(3\varphi^2F-\frac{3}{2}\varphi(\psi\psi)+\mathrm{h.c.}\right)\end{aligned} \tag{H. 43}$$

場 F の運動項がないことに注意されたい．34 頁脚注の運動方程式を場 F に対して適用すると，F の微分項が存在しないから，

$$F^* + 2m\varphi + 3\lambda\varphi^2 = 0 \tag{H.44}$$

となり，F は独立な場でないことがわかる．そこで，ラグランジアン密度から場 F を消去すると，

$$\begin{aligned} L = &|\partial_\mu \varphi|^2 + \frac{1}{2} i\psi\sigma_\mu\partial^\mu\bar{\psi} - \frac{1}{2} m(\psi\psi + \bar{\psi}\bar{\psi}) \\ &- \frac{3}{2}\lambda(\varphi\psi\psi + \varphi^*\bar{\psi}\bar{\psi}) - |2m\varphi + 3\lambda\varphi^2|^2 \end{aligned} \tag{H.45}$$

となる．右辺最後の項はスカラーポテンシャル V とよばれており，(H.42)式のスーパーポテンシャル中のスーパー場をスカラー場にして，

$$V = |\partial W_F(\varphi)/\partial\varphi|^2 \tag{H.46}$$

$$F^* = -\partial W_F(\varphi)/\partial\varphi \tag{H.47}$$

のように導出することもできる．

さて，スカラー場 φ の質量項は $4m^2\varphi^*\varphi$ であり，Majorana スピノル ψ の質量項は $m(\psi\psi + \bar{\psi}\bar{\psi})$ である．φ の質量が $2m$ であることは自明であるが，ψ の質量はどうかというと，$\bar{\psi}$ の運動方程式を作ってみれば，

$$i\sigma^\mu\partial_\mu\bar{\psi} = -2m\psi - 3\lambda\varphi\psi$$

となり，確かに ψ の質量も $2m$ になっていることがわかる．これは，H-1 節でボソンとフェルミオンの質量が同一であるべしという主張の一例である．

次にベクトル場に関するラグランジアン密度を作る．ただし，簡単のため $U(1)$ ゲージ変換に対するゲージ場の拡張を考えることにする．(H.38)式にベクトルスーパー場の例をあげたが，これから(2.42)式にあるような運動項 $(\partial^\mu V^\nu - \partial^\nu V^\mu)(\partial_\mu V_\nu - \partial_\nu V_\mu)$ を作らなければならない．そのために，左手系スピノルカイラルスーパー場を以下のように作る．

$$\begin{aligned} W_a(x,\theta) &= (\bar{D}_\mathrm{L}\bar{D}_\mathrm{L})D_{\mathrm{L},a}V(x,\theta,\bar{\theta}) \\ &= 4i\lambda_a - 4\theta_a D + 4i\theta^b\sigma_{\nu ac}\sigma^c_{\mu b}(\partial^\mu V^\nu - \partial^\nu V^\mu) \\ &\quad - 4(\theta\theta)\sigma_{\mu ab}\partial^\mu\bar{\lambda}^b \end{aligned} \tag{H.48}$$

W_a は $F^{\mu\nu}=\partial^\mu V^\nu-\partial^\nu V^\mu$ を希望通り含んでいて，かつゲージ不変である．また，$\bar{\theta}$ によらず明らかに左手系カイラリティーを有している．ベクトル場の運動項を出すために，スピノルカイラルスーパー場の積を取り，ラグランジアンが超対称性変換に対して不変になるように F 項のみを取る．

$$\frac{1}{32}(W^a W_a)_F = -\frac{1}{4}F^{\mu\nu}F_{\mu\nu}-\frac{1}{2}i\lambda^a\sigma_{\mu ab}\partial^\mu\bar{\lambda}^b+\frac{1}{2}D^2 \qquad \text{(H. 49)}$$

成分場 D は微分項を含まず，したがって F 同様独立な場ではない．

残念ながら話はここで完結しない．カイラルスーパー場 ϕ とゲージ場の相互作用を入れなければならない．単純に，∂^μ を $\partial^\mu+igV^\mu$ にしてもだめである．これではゲージーノ λ とカイラルスーパー場の相互作用が入ってこない．Wess と Zumino（H-2 節参照）によれば，（H. 41）式を超対称性変換に不変なように拡張する．カイラルスーパー場のゲージ不変なラグランジアン密度の運動項として，以下の表式が可能である．

$$(\phi^\dagger \exp(2gV)\phi)_D = |D_\mu\varphi|^2-\frac{1}{2}i[\bar{\psi}^b\sigma_{\mu ab}D^\mu\psi^a]+g\varphi^*\varphi D$$
$$+ig[\varphi^*(\lambda\psi)-(\bar{\lambda}\bar{\psi})\varphi]+|F|^2 \qquad \text{(H. 50)}$$

ここで，$D^\mu=\partial^\mu+igV^\mu$ である．F は（H. 44）式または（H. 47）式で与えられる．非可換ゲージ場に対するラグランジアン密度も同様に作ることができる．

自然界が以上のラグランジアンに従って動いているかどうかは，実験および観測のみによって判断されるものである．

H-4 Higgs 粒子の質量

4-2 節で電弱相互作用における Higgs 機構の議論をしたが，そこでは Higgs ポテンシャル（4. 13）式中の自己相互作用 $\lambda(\phi^\dagger\phi)^2$ を考えなかった．この項は Higgs 粒子の質量に対する高次の補正項になっていて，図式化すると，図 H-1 の Feynman グラフに相当する．この高次効果を求める計算は，図 5-25 で考察したゲージ粒子のプロパゲーターの高次効果，すなわち真空分極の計算と

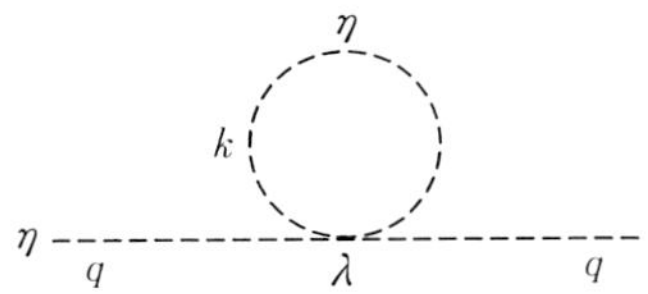

図 H-1 Higgs 粒子の自己相互作用．ただし η は Higgs 粒子である．

似ている．真空分極の計算は対数発散をして，くりこみ操作によって有限な高次効果を引き出した．図 H-1 の計算も(5.99)式と同じ積分項が当然出てきて，

$$\lambda \int \frac{d^4k}{(2\pi)^4} \frac{-1}{k^2-m^2} \tag{H.51}$$

となる．ところが，この場合ゲージ不変性の原理がはたらかないので，積分はエネルギーの2乗で発散する．標準理論はくりこみ可能であるから，この2乗発散も単に摂動計算の限界と考えて，係数 λ にくりこんだ後の数値を代入して議論を進めればよいわけである．しかし，他の原理からこの2乗発散がなくなってくれれば，摂動計算が生きてきて λ の起源などの議論を定量的にすることが可能になる．

超対称性理論は，まさにこの2乗発散を除いてくれるのである．(H.45)式のラグランジアン密度を見てみよう．右辺最後の項がスカラー粒子の自己相互作用 $9\lambda^2(\varphi^*\varphi)^2$ を含んでいる．ところが，スカラー粒子 φ は，その1つ前の項によってスーパーパートナーである Majorana 粒子 ψ との相互作用が自然に入ってくる．図 H-2 に対応するグラフを示したが，スーパーパートナーの寄与は(5.99)式で与えられ，ループエネルギー k の大きなところではちょうど前者の自己相互作用と相殺してしまうのである．そこで両者の和は，むしろ積分範囲の下限で決まってくる．したがって，スカラー粒子の質量に対する補正項は有限となり，大ざっぱにいって，

$$\delta m_\varphi{}^2 \sim \frac{9\lambda^2}{16\pi^2}(m_\varphi{}^2 - m_\psi{}^2) \tag{H.52}$$

程度の大きさになる．ただし，m_ψ は Majorana 粒子の質量である．同様の相殺が，Higgs 粒子とゲージ粒子の高次の相互作用でも起こる．すなわち，(4.24)式の中にある $g^2\eta^2WW$ に比例する項がそれで，図 H-1 で Higgs 粒子の代

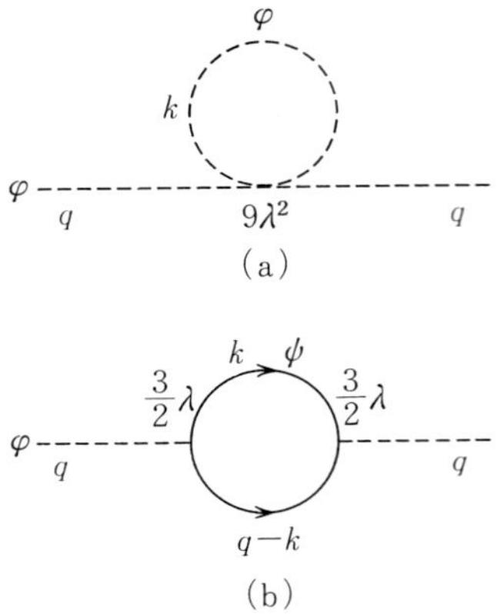

図 H-2 超対称性ラグランジアン密度(H.45)式によるスカラー粒子の質量項の高次効果．(a)自己相互作用 $9\lambda^2(\varphi^*\varphi)^2$，(b)スーパーパートナー ψ の寄与，$(3/2)\lambda\varphi\psi\psi$．さらに $(3/2)\lambda\varphi^*\bar{\psi}\bar{\psi}$ の寄与も付け加える．

わりに W ボソンのループを考えることに相当する．超対称性理論では，図 H-2 においてゲージ粒子のループと対応するスーパーパートナーのループが入ってきて，ここでも 2 次発散をうまく相殺してくれるのである．対応する補正項は，

$$\delta m_\varphi{}^2 \sim \alpha_2(m_V{}^2 - m_\lambda{}^2) \qquad \text{(H.53)}$$

のオーダーとなる．α_2 は電弱相互作用の結合定数である．質量の補正項がゲージ粒子のそれと比べて極端に大きくならないとの条件から，スーパーパートナーの質量が 1 TeV 程度に抑えられることになる．

したがって，重心系エネルギーが 1 TeV 以上の加速器によって，photino，gluino，wino，zino など奇怪な名前のついたゲージ粒子のスーパーパートナーを探索して，超対称性理論の証拠を見つけることができる．

超対称性が自然界で成立していれば，すなわち超対称性に対して体系が不変にできていれば，粒子とスーパーパートナーの質量は当然同一である．しかし，自然界に 0.5 MeV の質量を持つスカラー電子が見つかっていないし，そもそも基本的スカラー粒子は 1 つも発見されていない．ということは，自然界は超対称性にあまり敬意を払っていないことになる．超対称性は必然的に破れており，理論はその破れを定式化することによって，スーパーパートナーの質量を定量的に計算することができなければならない．しかしながら，超対称性の破

れ方には原理的な筋道がない．逆にスーパーパートナーが実験的に観測され，それらの質量が定量的に測定されてから，初めて本格的な研究が始まるように思われる．

H-5 スクォークとスレプトンと *R* パリティー

$SU(2)\times U(1)$ の標準理論を超対称性化すれば，必然的にクォークとレプトンに対応するスーパーパートナーが入ってくる．超対称性化標準理論では，H-3 節で紹介した $U(1)$ ゲージ理論の手順を非可換ゲージ群に拡張し，クォーク，レプトンと Higgs 粒子に対応したカイラルスーパー場を導入し，さらに自己相互作用を表わすスーパーポテンシャルを導入する．いま，左手系カイラルスーパー場を考えているので，必要な場は，

$$U_i^a,\bar{U}_i,\bar{D}_i,L_i^a,\bar{E}_i,H^a,\bar{H}_a \qquad (a=1,2,\ \ i=1,2,3) \tag{H.54}$$

である．ただし，左から順にクォーク $(\mathrm{u},\mathrm{d})_\mathrm{L},\mathrm{u}_\mathrm{L}^\mathrm{c},\mathrm{d}_\mathrm{L}^\mathrm{c}$ およびレプトン $(\nu,\mathrm{e})_\mathrm{L}$, $\mathrm{e}_\mathrm{L}^\mathrm{c}$ を含む左手系カイラルスーパー場である．ここで，上付き添え字 c は反粒子を表わす．これは，(4.3)式の $SU(2)$ 1 重項の粒子 $\mathrm{u_R},\mathrm{d_R},\mathrm{e_R}$ が右手系であるため，それらを左手系に統一するためである．カイラルスーパー場の下付き添え字は世代を表わし($i=1,2,3$)，上付き添え字は弱アイソスピンの第 3 成分を表わす($a=1,2$)．

さらに，2 種類の Higgs 粒子を含む左手系カイラルスーパー場 $H^a,\bar{H}_a$ を導入しなければならない．4-2 節で議論した Higgs 機構では，Higgs 場の複素共役 $(H^a)^*$ が d クォークに質量を付与する役割を受け持っていた．しかし，$(H^a)^*$ はカイラリティーが右手系になってしまうので，もう 1 つ独立な左手系カイラルスーパー場を導入せざるをえないのである．$U(1)$ チャージ，いわゆるハイパーチャージの指定は，左から順に，1/6，$-2/3$，1/3，$-1/2$，1，$-1/2$，1/2 である．そうすると，全ハイパーチャージが 0 になるような湯川相互作用を記述するラグランジアン密度は，

$$L_\mathrm{Y}=[\lambda_{ij}U_i^a\bar{H}_a\bar{U}_j+\lambda'_{ij}U_i^aH^b\varepsilon_{ab}\bar{D}_j+\lambda''_{ij}L_i^aH^b\varepsilon_{ab}\bar{E}_j]_F \tag{H.55}$$

ここで $\lambda_{ij}, \lambda'_{ij}, \lambda''_{ij}$ は結合定数で，i, j は世代を表わす添え字である．$H, \bar{H}$ の中性スカラー粒子 $\mathrm{h}^0, \bar{\mathrm{h}}^0$ が真空期待値を持てば，u, d クォークおよび電子に有限な質量を与えることができる．

クォーク，レプトンのスーパーパートナーはスクォーク，スレプトンといわれ，実在するはずであるが，まだ観測に成功していない．それらの質量のオーダーは(H. 52)式の 3λ の代わりに(H. 55)式の対応する $\lambda, \lambda', \lambda''$ を挿入することによって求められるが，1 TeV 近辺かそれ以上の値になろう．

さて，カイラルスーパー場間の湯川相互作用には，$U_i^a H^b \varepsilon_{ab} \bar{U}_j$ の可能性があるが，ハイパーチャージが 0 にならないので除外されている．ところが，ハイパーチャージが 0 になる相互作用がまだ存在する．すなわち，

$$L'_{\mathrm{Y}} = U^a L^b \varepsilon_{ab} \bar{D} + L^a \bar{E} L^b \varepsilon_{ab} + \bar{U}\bar{D}\bar{D} \qquad \text{(H. 56)}$$

である．これらの相互作用では，スクォークやスレプトンを考えることによって，フェルミオン数を保存させることができる．ところが，第 1, 2 項はレプトン数を保存せず，第 3 項はバリオン数を保存しない．たとえば，第 3 項によって u クォークが反 d クォークと反 d スクォークに分解し，さらに第 1 項によって別の u クォークがこの反 d スクォークを吸収して陽電子に変化することが可能である．すなわち，

$$\mathrm{u} + \mathrm{u} \rightarrow \mathrm{e}^+ + \bar{\mathrm{d}} \qquad \text{(H. 57)}$$

これは陽子崩壊にほかならず，このような反応が電弱相互作用で起こることは決してないので，何らかの方法でこれらの項を排除しなければならない．一番簡単な方法は，R パリティーなる量子数を考え，通常のクォーク，レプトン，ゲージ粒子，Higgs 粒子は $+1$ を持ち，それらの粒子のスーパーパートナーは -1 を持つと仮定することである．超対称性理論が R パリティーを保存すると仮定すれば上の反応を除去できるので，R パリティーはよい量子数であると考えられている．

H-6 超対称性大統一理論(SUSYGUT)と陽子崩壊

さらに一歩を進めて，7-3 節で議論した $SU(5)$ 大統一理論を超対称性化する．その手順は前節の場合と同様である．ただし，大統一のエネルギースケールが超対称性なしの大統一理論と異なってくる．これは，超対称性が TeV 近辺に大量の新粒子を導入したためである．そこで，5-7 節で計算した走る結合定数をもう一度再検討する必要がある．

$$\frac{1}{\alpha_i(Q^2)} = \frac{1}{\alpha_i(\mu^2)} + \frac{1}{4\pi} b_i \ln\frac{Q^2}{\mu^2} \qquad (\mathrm{H}.58)$$

で係数 b_i を定義すると，$\alpha_1(=5\alpha'/3), \alpha_2, \alpha_3(=\alpha_\mathrm{s})$ に対して，

$$b_i = \begin{pmatrix} 0 \\ -22/3 \\ -11 \end{pmatrix} + F\begin{pmatrix} 4/3 \\ 4/3 \\ 4/3 \end{pmatrix} + \begin{pmatrix} 1/10 \\ 1/6 \\ 0 \end{pmatrix} \qquad (\mathrm{H}.59)$$

であった．ただし，右辺第 1 項はゲージ粒子の寄与，第 2 項はフェルミオンの寄与，そして第 3 項は Higgs 粒子の寄与である((7.55)式参照)．F は世代数で，$F=3$．

超対称性を考慮するときには，スーパーパートナーが生成できるエネルギー以上の領域に対して，それらの寄与を各項に付け加えなければならない．結果のみを記すと，

$$b_i = \begin{pmatrix} 0 \\ -6 \\ -9 \end{pmatrix} + F\begin{pmatrix} 2 \\ 2 \\ 2 \end{pmatrix} + N_\mathrm{H}\begin{pmatrix} 3/10 \\ 1/2 \\ 0 \end{pmatrix} \qquad (\mathrm{H}.60)$$

となる．ただし，N_H は Higgs 2 重項の数であって，いまの場合 2 になる．

さて，スーパーパートナーのしきい値を 1 TeV とし，(H.58)式に，さらに高次の補正である ln の 2 乗の項を考慮した式を使って，LEP のデータの解析が行なわれた．その結果を図 H-3 に示す*．驚くなかれ，

$$Q = M_\mathrm{X} = 10^{16.0\pm0.3}\,\mathrm{GeV} \qquad (\mathrm{H}.61)$$

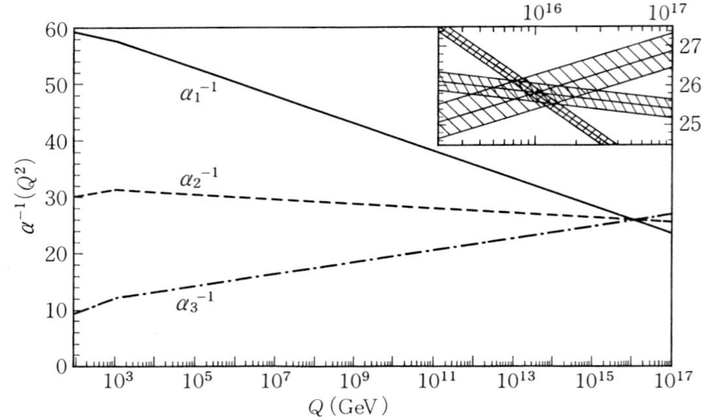

図 H-3 結合定数 $\alpha_1, \alpha_2, \alpha_3$ は 10^{16} GeV で一致するようである．入力データは Z ボソン上における LEP のデータを使い，スーパーパートナーの出現を 1 TeV と仮定して解析を行なった．(U. Amaldi et al.: Phys. Lett. **B260** (1991) 447)

において 3 つの結合定数が一致する．ナイーブな $SU(5)$ 大統一理論ではうまく 3 つの結合定数が一致せず，大統一のエネルギースケールが決められなかったが，超対称性の導入によって，大統一の可能性がにわかに現実味を帯びてきたのである．さらに，そのエネルギーにおける結合定数の値は，

$$1/\alpha_{\mathrm{GUT}} = 25.7 \pm 1.7 \qquad \text{(H. 62)}$$

と求められた．また，この解析結果はスーパーパートナーのしきい値にあまりよらないこともわかった．

この値を陽子崩壊の寿命(7.63)式に代入すると，

$$\tau_{\mathrm{p}} = 2 \times 10^{35 \pm 2.2}\ \mathrm{yr} \qquad \text{(H. 63)}$$

となる．これはあまりにも長い寿命で，$e^{+}\pi^{0}$ モードの陽子崩壊を観測できる可能性は少ない．しかし，あきらめるのはまだ早い．超対称性大統一理論では，新しい陽子崩壊モードが開けてくる．7-3 節ではあえて述べなかったが，電弱

* U. Amaldi, W. de Boer and H. Fürstenau: Phys. Lett. **B260** (1991) 447.

相互作用に出てくるHiggs 2重項は，$SU(5)$の5重項表現に含まれる．すなわち，

$$H = \begin{pmatrix} H^1 \\ H^2 \\ H^3 \\ h^0 \\ h^- \end{pmatrix} \qquad \text{(H. 64)}$$

なる表現で(h^0, h^-)が電弱相互作用のHiggs 2重項である．そのほかに$SU(5)$対称性を破る24重項Higgs粒子Φが必要である．$\bar{5}$および10重項のフェルミオンそれぞれを$Y_i(\bar{5})$および$X_i(10)$と書くと，5および24重項のHiggsに対応するスーパーポテンシャルWは，

$$W = g_{ij}X_iX_jH + g'_{ij}X_iY_j\bar{H} + \lambda_1 H\Phi H + \lambda_2\Phi^3 + M\Phi^2 + M'H\bar{H} \qquad \text{(H. 65)}$$

と書くことができる．ただし，$\bar{H}$は独立なもう1種類の5重項Higgsである．

さて，このポテンシャルから出てくる相互作用のうち，Higgs粒子のスーパーパートナーであるHiggsinoをプロパゲーターとして交換し，uまたはdクォークを2つ含み，かつRパリティー$+1$のものを探し出してみると，プロパゲーター部分を除いて，$(\bar{U}\bar{U}\bar{D}\bar{E})_F$または$(UUUL)_F$のみであることがわかる．最初の相互作用項を詳しく書くと，

$$(\bar{U}_{ia}\bar{U}_{jb}\bar{D}_{kc}\bar{E}_l\varepsilon^{abc})_F \qquad \text{(H. 66)}$$

である．ただし，添え字a, b, cはカラーを表わし，i, j, k, lは世代を表わす．反対称テンソルが入るのは，(3. 82)式で説明したようにカラー$SU(3)$の1重項にするためである．カイラルスーパー場(H. 34)式に出てくるφおよび$(\theta\phi)$は相互に，また自分自身とも交換する．したがって，(H. 66)式が0でないためには，$i \neq j$でなければならない．この相互作用は，$SU(2)$ 1重項に属する$\mathrm{u_R}, \mathrm{d_R}$クォークが消滅して反cスクォークとスカラー陽電子が生成される反応になる．図H-4に従って，スカラー反cクォークとスカラー陽電子はフェルミオンに戻ることが可能であるが，エネルギー的に陽子崩壊に結び付かないのは明らかである．要するに陽子崩壊を起こすことができない．

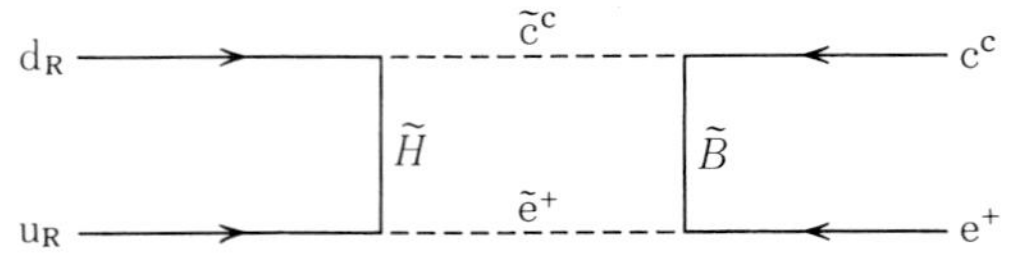

図 H-4 $(\bar{U}\bar{U}\bar{D}\bar{E})_F$ による可能なダイアグラム．エネルギー的に陽子崩壊に結び付かない．u_R, d_R は $SU(2)$ 1重項に属するクォークである．上に ～ のついた粒子はスーパーパートナーである．$\tilde{c}^c$ も $SU(2)$ 1重項であるから，$\tilde{W}$ の交換は禁止され，したがって終状態に反 c クォークが出てくる．$\tilde{H}, \tilde{B}$ は Majorana 粒子であることに注意せよ．

次に第2の相互作用項を書き下すと，

$$(U^r_{ia} U^s_{jb} U^t_{kc} L^u_l \varepsilon^{abc} \varepsilon_{rs} \varepsilon_{tu})_F \tag{H.67}$$

である．添え字 a, b, c はカラー，i, j, k, l は世代，r, s, t, u は弱アイソスピンの第3成分を表わす．反対称テンソルは，いずれも相互作用項を $SU(3)$ および $SU(2)$ の1重項にするために必要である．r, s, t のどれか2つは同じ値を持つから，その2つの U のうち上と同様な議論によって，対応する世代の添え字が異ならなければならない．したがって，陽子崩壊を導く可能なダイアグラムとしては，図 H-5 に示したようなものがある．(a)のダイアグラムでは，KM 行列の係数(4-5 節参照)が作用点 A にかかり，第1世代に対する小さな湯川結合定数が作用点 A と B にかかるため，反応率は大幅に抑えられる．(b)のダイアグラムでも，KM 行列の係数が C, C′ 点に，さらに第1世代の湯川結合定数が C, D 点にかかる．(c)では，第1世代の湯川結合定数が E 点にかかるのみであり，(a), (b)のダイアグラムに比べて反応率が圧倒的に大きくなる．要するに，最も可能性のある陽子崩壊は，図 H-5(c)によって起こり，崩壊モードは，

$$p \to \bar{\nu}_\mu + K^+ \tag{H.68}$$

である．この崩壊モードは，ナイーブな $SU(5)$ 大統一理論が予言する $e^+\pi^0$ とはまったく異なるので，観測によって超対称性大統一理論を識別できる可能性がある．

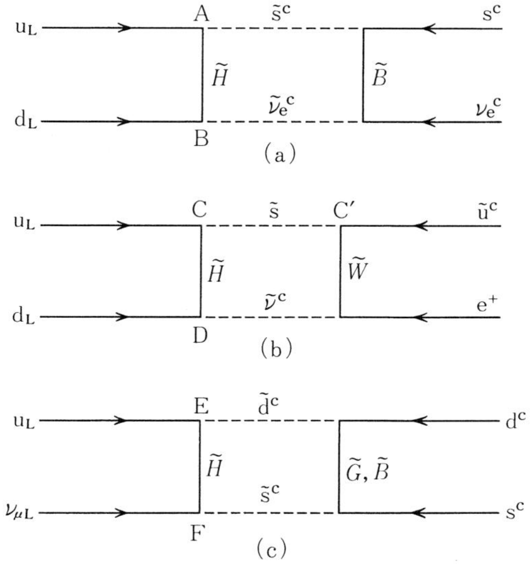

図 H-5 $(UUUL)_F$ による可能なダイアグラム．$\tilde{G}$ はグルイーノである．

Higgsinoの質量を M_H と書くと，M_H は大統一のエネルギースケール M_X と同じ程度の大きさである．Higgsinoはフェルミオンであるため，そのプロパゲーターが散乱振幅に及ぼす効果は $1/M_H$ で，ナイーブな $SU(5)$ 大統一理論の X 粒子交換にともなう $1/M_X{}^2$ と比べて大変大きな寄与をする．湯川結合定数がゲージ結合定数に比べて小さいのでこの寄与はある程度相殺されるが，それでも $\nu\bar{K}^+$ モードの崩壊寿命は，(H. 63)式で与えられる寿命に比べて 2～3 桁短くなるはずである．観測的な証拠が切に待たれる．

第2次刊行に際して

本書の初版が出版されてから，すでに4年が経過した．幸か不幸か，その間に本書がスクラップになるほどの新発見は起こっていないが，新しい情勢や新しい実験結果がいくつか出た．

まず，アメリカで建設されていた超伝導超大型加速器SSCが，約20% 建設が進んだ時点で中止された．予算執行途中で計画を中断することは，日本では考えられないことである．そのかわり，同じく陽子・陽子コライダーLHCがヨーロッパ連合によって建設されることになり，超高エネルギーでの素粒子実験は一応命脈を保つことができた．

また，フェルミ国立研究所の陽子・陽子コライダーTevatronを使った実験で，ついにトップクォークが発見された．その質量は予想外に大きく，約175 GeVだった．1970年代後半から建設された大型加速器のほとんどすべてが，その研究目的としてトップクォークの発見を目指してきたが，ここにようやくその目的が達成されたことになる．トップクォークの発見は予想通りとはいえ，その発見を成し遂げた研究グループに敬意を表したい．

トップクォークとともに，標準模型の最後の検証になるHiggs粒子の発見も，秒読みに入ったと考えられている．今世紀の終わりか来世紀のはじめにも，新発見のニュースが聞けるかもしれない．

一方，太陽ニュートリノ観測には，新たに2実験が参入した．ガリウム元素を使って，0.233 MeV以上のニュートリノ観測が可能になり，はじめてppニュートリノの観測に成功した．ところが観測結果は，他の2実験同様に理論予想よりも大幅に少なかった．1996年現在，4実験すべての結果を定量的に説明できる理論は，ニュートリノ質量を導入したニュートリノ振動が唯一のものである．ニュートリノの有限質量は標準模型を越えた現象であるので，さらなる実験的確立が切に望まれる．

さらに，世界最大の素粒子観測装置Super-Kamiokandeが神岡鉱山の地下1000 mにようやく完成し，運用を開始した．太陽ニュートリノ問題の解決，そしてたぶんニュートリノの有限質量に新しい知見を与えるはずである．また，もし発見されれば素粒子物理学に新しい道筋を与えることになる陽子崩壊の発見にも大きな期待がかかっている．

さて，ボソンとフェルミオンを相互に変換する操作を超対称性という．実験的証拠はまったくないが，20年来精力的に理論的研究がなされてきた．理論の超対称性化は，場の理論における高次計算の発散をおさえ，最後に残った重力の量子化に道を開くものとして，期待されている．超対称性理論はさらに，TeVのエネルギー領域に多数のスカラー粒子の存在や，陽子崩壊の新しい崩壊モードを予言する．新スカラー粒子や陽子崩壊の探索は，もうすぐLHCやSuper-Kamiokandeで可能になり，もしその証拠が得られれば，今後の素粒子物理学に大きな影響を与える．そこで，第2次刊行にあたり，新たに補章を設けて超対称性の紹介を行なうことにした．

素粒子物理学の前には，エキサイティングなフロンティアがまだまだ開けている．

1996年4月

著　者

索引

A

B

C

D

L

M

N, O

P

Q

R

S

T

U, W

Y, Z

■岩波オンデマンドブックス■

現代物理学叢書
素粒子物理

2000 年 10 月 13 日　第 1 刷発行
2016 年 4 月 12 日　オンデマンド版発行

著 者　戸塚洋二（とつかようじ）

発行者　岡 本 厚

発行所　株式会社 岩波書店
〒101-8002 東京都千代田区一ツ橋 2-5-5
電話案内 03-5210-4000
http://www.iwanami.co.jp/

印刷／製本・法令印刷

ISBN 978-4-00-730387-6　　Printed in Japan